經濟部技術處111年度專案計畫

2022資訊軟體暨服務產業年鑑

中華民國111年9月30日

序

回顧 2022 年資訊軟體產業，美中貿易戰、COVID-19 疫情的後續效應對全球資通訊產業影響猶在，「韌性」成為所有企業當前最重視的特質，因此數位轉型成為企業無法迴避的挑戰。在此趨勢下，各產業逐步朝向智慧製造、智慧醫療、智慧零售等方向發展，雲端運算、人工智慧、資訊安全等新興科技備受企業重視，而資訊軟體與服務業者，更是促進這些新興科技落地的關鍵角色，因此相關產業環境、業者動態、技術發展等議題相當值得關注。

俄烏戰爭重創全球經濟，再次印證世界沒有「新常態（New Normal）」，只有只有不斷的「非正常（Not Normal）」，因此數位轉型議題將持續發酵，軟體與資訊服務的角色亦將更加吃重。展望 2023 年，未來企業保持彈性與韌性的關鍵，必須優先考量如何整合「資訊、資安、電信、網路與傳播」等五大數位發展領域，搶先布局人工智慧與物聯網的資安應用，以數據驅動為核心，達到事先預警、緊急應變、持續維運等超前部署目標，再透過新興科技發展數位轉型。

在全球市場快速變化、數位轉型浪潮興起與典範轉移之際，如何引導產業從市場需求，發展跨領域的軟體應用服務，並配合政府的創新產業政策，驅動提升臺灣的資訊服務與軟體產業競爭力，實為當前產業發展的重要挑戰。在經濟部技術處的長期支持與指導下，《2022 資訊軟體暨服務產業年鑑》順利出版。本年鑑探討全球與臺灣資訊服務暨軟體市場的發展現況與動態，剖析最新資訊軟體產業發展概況與趨勢，對政府研擬產業政策、企業組織策略規劃及學界進行產業研究，皆有所助益，也期盼能透過資訊軟體與應用服務，協助臺灣各產業和政府部門發展數位轉型的創新模式。

財團法人資訊工業策進會　執行長

卓政宏

中華民國 111 年 9 月

編者的話

《2022 資訊軟體暨服務產業年鑑》主要收錄臺灣 2021 年資訊服務暨軟體市場發展現況與動態。本年鑑邀請資訊服務與軟體產業相關領域之多位專業產業分析師共同撰寫，內容不但涵蓋全球與臺灣資訊服務與軟體市場的發展現況、廠商動態等，亦包含市場趨勢與規模預估，以及產業關鍵議題探討。期盼本年鑑中的資訊能提供給資訊服務業者、政府單位，以及學術機構等，作為擬訂決策或進行學術研究時的參考工具書。

本年鑑除了彙整及分析整體資訊服務與軟體市場動態之外，亦針對領域進行觀測及發展動態追蹤，以強化年鑑內容豐富度。除此之外，本年鑑亦加入人工智慧、資訊安全、行銷科技、元宇宙之新興科技應用等熱門議題，期能反映近期資訊服務與軟體市場的關注焦點。年鑑內容總共分為五章，茲將各章之內容重點分述如下：

第一章：總體經濟暨產業關聯指標。本章內容包含全球與臺灣經濟發展指標與產業關聯重要指標兩大區塊，俾使讀者能掌握近年總體經濟表現狀況與主要地區資訊服務與軟體市場之發展。

第二章：資訊軟體暨服務市場總覽。本章分述全球與臺灣資訊軟體與服務市場發展現況，包括各主要地區之市場動態、行業別市場規模、主要業別資訊應用現況，以及品牌大廠動態等，讓讀者快速掌握資訊服務與軟體市場的發展脈動。

第三章：資訊軟體暨服務市場個論。本章探討全球與臺灣系統整合、資訊委外、雲端服務、企業解決方案、大眾套裝軟體與嵌入式系統等資訊服務領域，除了分析市場趨勢、產業動態，亦闡述該領域業務之未來發展狀況。

第四章：焦點議題探討。本章針對人工智慧、資訊安全、行銷科技、元宇宙等議題進行剖析，內容包括市場趨勢、資訊應用趨勢與服務模式等，以提供讀者瞭解有關資訊服務新興議題。另外也針對資訊服務人才、ESG 數位轉型議題提供相關調查與分析，以供相關業者參考。

第五章：未來展望。本章針對資訊技術發展、產業發展趨勢、行業發展機會與展望，分別總結研究內容以供政府單位在制定產業政策時，以及相關業者在擬定企業決策時之參考。

附　錄：全球主要國家或地區之資訊服務與軟體產業政策，以及中英文專有名詞對照表，以供讀者作為補充參考之用。

本年鑑內容涉及之產業範疇甚廣，若有疏漏或偏頗之處，懇請讀者踴躍指教，俾使後續的年鑑內容更加適切與充實。

《2022 資訊軟體暨服務產業年鑑》編纂小組　謹誌

中華民國 111 年 8 月

目錄

Table of Contents

圖目錄

表目錄

第一章 | 總體經濟暨產業關聯指標

一、全球經濟發展指標

（一）全球重要經濟數據

1. 經濟成長率（國內生產毛額變動率）

國內生產毛額（Gross Domestic Product, GDP）係指在單位時間內，國內生產之所有最終商品及勞務之市場價值總和。國內生產毛額之變動率不但呈現出該國當前經濟狀況，亦是衡量其發展水準的重要指標，因此一國之經濟成長率通常以國內生產毛額變動率表示。而將一經濟體或地區各國之國內生產毛額加總，並計算其變動率，即可得到該經濟體或地區之經濟成長率。

綜覽全球，經濟相較 2019 年衰退，2020 年以來經濟方面的壞消息不斷，COVID-19 疫情迫使工廠遷出、店面關閉、運輸受限，人民的經濟能力也跟著下滑，經濟成長低於預期。根據國際貨幣基金（International Monetary Fund, IMF）於 2021 年 10 月所發布的資料／數據顯示，2021 年全球經濟成長率約 5.9%，2022 年預估 4.4%以及 2023 年的 3.8%。

觀察 2021 年各地區經濟表現，先進經濟體的經濟成長提升至 5.0%，相較於 2020 年增加 10.8%；在新興市場與經濟體中，經濟成長幅度最高者屬於拉美及加勒比海，2021 年經濟成長率達 6.8%，比起 2020 年的-8.1%，表現甚優；經濟成長幅度最低者則為亞洲開發中國家，2021 年經濟成長率為 7.2%，但也比 2020 年提升 8.9%。

回顧 2021 年，IMF 對經濟表現較 2020 年的-4.4%樂觀許多，全球經濟成長率為 5.9%。從經濟體來看，先進經濟體的經濟表現在 2021 年為 5.0%的經濟成長，其中歐元區在 2021 年的經濟成長率為 5.2%；而新興市場與經濟體部分在 2021 年經濟成長率達 6.5%，高於 2020 年的-3.3%。新興市場與經濟體的的成長主要來自於新興歐洲以及拉美及加勒比海，其中新興歐洲在 2021 年的經濟成長率從 2020 年的 -4.6%上升到 2021 年的 6.5%。

而中東及中亞、北非地區和拉美及加勒比海地區也較去年的經濟成長率增加，中東及中亞地區經濟成長率在 2021 年成長至 3.8%；北非地區的成長率成長至 4.4%；拉丁美洲及加勒比海地區成長率從 -5.4%大幅增長至 2.5%。中東與中亞和北非地區由於地緣政治因素和油價的波動，使得經濟成長情形較不穩定，而拉丁美洲地區受到政策不確定性以及礦業事故的影響，拖累經濟成長。

表 1-1　全球與主要地區經濟成長率

區域／年	2020	2021	2022（e）	2023（f）
全球	-4.4%	5.9%	4.4%	3.8%
先進經濟體	-5.8%	5.0%	3.9%	2.6%
歐元區	-8.3%	5.2%	3.9%	2.5%
新興市場與經濟體	-3.3%	6.5%	4.8%	4.7%
新興歐洲	-4.6%	6.5%	3.5%	2.9%
亞洲開發中國家	-1.7%	7.2%	5.9%	5.8%
拉美及加勒比海	-8.1%	6.8%	2.4%	2.6%

資料來源：IMF，資策會 MIC 經濟部 ITIS 研究團隊整理，2022 年 8 月

在歐美國家方面，美國 2021 年經濟成長率在 5.6%，相較於 2020 年表現上升許多，而英國則回升至 7.2%。

亞洲國家方面，中國大陸與日本推出多項政策刺激經濟成長，但隨著貿易戰的開展，關稅壁壘和出口禁令影響國際貿易的運行連帶影響經濟成長率。隨者 COVID-19 疫情的控制趨穩，中國大陸經濟成長率大幅提升至 8%，而日本雖飽受疫情之苦，經濟成長率也回升到 1.6%。

總結來說 2021 年經濟成長普遍增長許多，新加坡較 2020 年成長了 11.4%，經濟成長率來到 6%；香港經濟成長率則為 6.4%。預估 2022 年美國經濟成長率將小幅下降至 4.0%，歐元區將達 4.3%，英

國將達 4.7%，日本將達 3.3%。新興國家部分，2022 年將達 5.1%，亞洲發展中國家將達 6.3%。

COVID-19 疫情嚴重威脅全球經濟發展，全球金融環境緊縮可能會造成經濟的動盪，同時引發地緣政治的緊張局勢對其他國家產生重大的負面擴散作用。隨著疫情受到控制，以及遠距辦公、線上共享軟體、外送服務等興起，將帶動另一波商機，2021 年的經濟成長也能回升。

表 1-2　全球主要國家經濟成長率

國別／年	2020	2021	2022（e）	2023（f）
美國	-3.4%	5.6%	4.0%	2.6%
日本	-4.6%	1.6%	3.3%	1.8%
德國	-4.6%	2.7%	3.8%	2.5%
法國	-8.0%	6.7%	3.5%	1.8%
英國	-9.8%	7.2%	4.7%	2.3%
韓國	-0.9%	4.3%	3.3%	2.8%
新加坡	-5.4%	6%	3.2%	2.7%
香港	-6.1%	6.4%	3.5%	3.1%
中國大陸	2.3%	8%	5.6%	5.3%

資料來源：IMF，資策會 MIC 經濟部 ITIS 研究團隊整理，2022 年 8 月

2. 消費者物價變動率

消費者物價指數（Consumer Price Index, CPI）乃是衡量通貨膨脹的主要指標，反映與居民生活有關的產品及勞務價格之物價變動情形。一般而言，當變動率高於 2.5%則表示國家面臨通膨壓力。大部分國家通常將消費者物價變動率控制在 1-2%，至多 5%內，以達到刺激經濟發展的效果。

綜觀全球主要國家 2021 年消費者物價變動率，絕大多數無通膨疑慮，而美國 CPI 稍微偏高，為 4.3%。整體而言，主要國家的通膨

情況仍相當溫和。展望 2022 年，大部分國家仍會處於溫和的通膨情況。

表 1-3　全球主要國家消費者物價變動率

國別／年	2020	2021	2022（e）	2023（f）
美國	1.2%	4.3%	3.5%	2.7%
日本	0%	-0.2%	0.5%	0.7%
德國	0.4%	2.9%	1.5%	1.3%
法國	0.5%	2%	1.6%	1.2%
英國	0.9%	2.2%	2.6%	2%
韓國	0.5%	2.2%	1.6%	1.6%
新加坡	-0.2%	1.6%	1.5%	1.5%
香港	0.3%	1.9%	2.1%	2.3%
中國大陸	2.4%	1.1%	1.8%	1.9%

資料來源：IMF，資策會 MIC 經濟部 ITIS 研究團隊整理，2022 年 8 月

（二）臺灣重要經濟數據

2021 年臺灣經濟成長了 3.11%來到 6.28%。由於臺灣屬小型且高度開放的經濟體，對外貿易依存度高，容易受到國際景氣影響，且出口高度集中於電子資通訊產品，受到單一產業景氣影響亦較大。雖然受到中美貿易戰的影響，國際貿易萎靡，但與此同時臺灣挾著國內之半導體具有製程領先的優勢，加上智慧家庭、車用電子應用、5G 等新興議題發酵，接受到國外廠商的大量轉單，臺灣廠商也因此受惠，使得臺灣經濟成長率微幅增加至 6.28%。

在消費者物價指數（CPI）變動率方面，2021 年消費者物價指數變動率為 1.96%，較 2020 年的-0.23%增加 2.19%，根據主計總處分析，此主要因為商品和服務價格成長所致。油價的高低對臺灣 CPI 影響較大，2020 年底 CPI 的上升主要年受到油價上升的影響。

在躉售物價指數(Wholesale Price Index, WPI)變動率方面，2021年躉售物價指數變動率9.44%，據主計總處分析，是受到中美貿易戰與原油價格下跌的影響。2021 全年工業生產指數為 131.48，年增13.22%，創下歷年最佳成績，年增率也是近11 年最大。由於中美貿易戰的轉單效應帶動各項電子零組件的生產，搭配臺灣積體電路挾著製程領先的優勢產能滿載，工業生產表現亮眼。

表 1-4　臺灣重要經濟數據統計

項目／年	2017	2018	2019	2020	2021
經濟成長率	3.08%	2.63%	2.64%	3.11%	6.28%
國內生產毛額（GDP）（百萬美元）	590,780	608,186	611,451	711,079	707,215
出口總值（百萬美元）	317,249	335,908	329,330	345,210	446,443
消費者物價（CPI）變動率	0.62%	1.35%	0.56%	-0.23%	1.96%
躉售物價（WPI）變動率	0.90%	3.63%	-2.26%	-7.79%	9.44%

資料來源：行政院主計處，資策會 MIC 經濟部 ITIS 研究團隊整理，2022 年 8 月

在對外出口貿易部分，2020 年臺灣整體出口貿易總額較去年提升，創下近年最佳表現。究其原因為中美貿易戰造成國際貿易的萎靡，同時歐、美、日等先進國家經濟表現欠佳，新興市場成長動力減速，全球經濟疲軟，臺灣出口貿易成長動能受限。雖然有各國轉單的效應以及雲端、物聯網的新興應用帶動半導體需求，能夠帶動臺灣的出口，然而總結 2020 年出口仍呈衰退的情形。在各貿易地區當中，2020 年對亞洲及歐洲出口衰退幅度減緩，對美洲則是大幅成長，亞洲地區主要來自中國大陸出口減少，而歐洲主要來自於主要經濟體經濟情況的疲軟。對美國出口增加主要原因為中美貿易戰下的轉單效應。

表 1-5　臺灣對主要貿易地區出口概況

單位：仟美元

國別／年	2017	2018	2019	2020	2021
亞洲地區	229,711,710	240,832,172	232,025,022	247,557,620	315,580,295
歐洲地區	29,155,390	31,277,632	29,775,996	28,166,204	38,491,435
北美洲	39,147,461	42,030,102	48,651,805	52,721,852	68,709,490
中美洲	3,087,603	3,340,014	3,609,725	3,345,020	4,636,878
南美洲	2,629,916	2,749,248	2,326,698	2,126,606	3,097,136
中東	6,399,605	5,955,462	5,270,802	4,720,354	5,617,352
非洲	1,878,283	2,106,411	2,117,012	1,704,216	2,222,297
大洋洲	4,043,090	4,234,865	4,009,841	3,951,512	5,842,121
總計	317,249,072	334,007,338	329,335,646	345,210,707	444,197,004

資料來源：財政部，資策會 MIC 經濟部 ITIS 研究團隊整理，2022 年 8 月

在工業生產指數方面，以 2017 年為基期，2021 年工業生產指數為 131.48，為歷年最高，工業生產動能呈現上升的的情況。

在資訊通訊產業方面，主因受美中貿易摩擦影響，伺服器、網通設備零件廠商提高國內產能因應國際訂單的轉單，同時關鍵零組件如 MLCC 受到缺貨的影響表現相對較佳。

隨著美中貿易摩擦升級，全球經濟成長動能放緩，將影響消費性電子的需求，間接將抑制臺灣製造業生產動能，而雲端運算、資料中心、人工智慧、物聯網、車用電子、金融科技等新興科技應用持續擴展，可望挹注我國製造業生產動能的提升。

展望 2022 年，根據主計總處預測，經濟成長率相較於 2021 年，預測數字大幅上修至 4.15%。當前國際市場上存在許多潛在的風險與挑戰，包括美中走向保護主義、貿易戰的擴散效應、債務與地緣政治、各國貨幣政策等經濟議題等，都可能對臺灣的經貿活動產生衝擊。中國大陸供應鏈自主化戰略、以及兩岸政治關係則可能對臺灣造成國際出口之替代排擠效應、人才流失等足以動搖國本之問題，

為此臺灣需審慎以對，進行產業升級的同時運用策略智慧因應國際情勢變動，以掌握先機、再創榮景。

表 1-6 臺灣工業生產指數

項目／年	2017	2018	2019	2020	2021
工業生產指數	105.00	108.83	114.24	116.13	131.48
礦業及土石採取業	98.00	94.42	97.35	106.63	110.53
製造業	105.27	109.41	115.71	117.15	133.62
電力及燃煤供應業	102.22	102.62	97.41	105.01	109.43
用水供應業	101.30	101.39	102.46	103.07	100.50

資料來源：行政院主計處，資策會 MIC 經濟部 ITIS 研究團隊整理，2022 年 8 月

二、產業關聯重要指標

（一）國際重要資訊指標

1. IMD 全球數位競爭力排名

長期以來，瑞士洛桑國際管理學院（International Institute for Management Development, IMD），每年發布的全球數位競爭力評比報告不僅受到國際重視，亦是重要參考指標。有鑑於資通訊科技發展與應用，常被視為提升國家競爭力的關鍵，洛桑國際管理學院著手建置一評估架構，以完整的分析構面與指標來衡量各國之「數位競爭力」（World Digital Competitiveness Ranking, DCR）。DCR 的分析架構大致分為三大面向，第一、知識指數（Knowledge）：評估項目包括人才、教育訓練與科技知識的滲透度；第二、科技指數（Technology）：評估項目包括管制框架、科技資本相關以及科技的可用性；第三、未來準備狀態（Future Readiness）：評估項目包括科技採用態度、商務靈活性與資訊科技整合性。目前 IMD 的全球數位競爭力排名可謂全球最具代表性的國家資通訊競爭力指標。

根據 2022 年發布之 2021 年評比結果，美國的數位競爭力在全球 143 個國家中排名第 1，維持領先地位。其次為上升三名的香港，

三、四名則與去年對調為瑞典、丹麥。臺灣此次表現亮眼，排名第 8，較 2020 年上升 3 個名次，再次刷新排名，連續三年向前超車，顯示臺灣近年致力推動提升國家資通訊競爭力頗具成效。從軟實力角度來看，2021 年臺灣在資安實力位列第 8，而在大數據分析與應用上位列第 5；2021 年資安實力位列第 10，大數據分析與應用則位列第 4，進步一個名次。其他名次上升較多者，包括阿拉伯聯合大公國與以色列，由 2020 年的第 14 名上升 4 名至 2021 年的第 10 名，以色列則由 2020 的第 19 名上升 2 名至 2021 年的第 17 名。反觀排名下降較多者，則包括韓國下降 4 名和澳洲下降 5 名。

表 1-7　2020-2021 年全球數位競爭力前 20 名國家與名次變化

國家／年	2020 年名次	2021 年名次	2021 年分數	名次變化
美國	1	1	100.00	-
香港	5	2	96.58	▲3
瑞典	4	3	95.19	▲1
丹麥	3	4	95.16	▼1
新加坡	2	5	95.14	▼3
瑞士	6	6	94.94	-
荷蘭	7	7	93.31	-
臺灣	11	8	92.24	▲3
挪威	9	9	91.29	-
阿拉伯聯合大公國	14	10	90.52	▲4
芬蘭	10	11	90.13	▼1
韓國	8	12	89.72	▼4
加拿大	12	13	87.31	▼1
英國	13	14	85.83	▼1
中國大陸	16	15	84.43	▲1
奧地利	17	16	80.88	▲1
以色列	19	17	79.58	▲2
德國	18	18	79.33	-
愛爾蘭	20	19	79.16	▲1
澳洲	15	20	78.68	▼5

資料來源：IMD，資策會 MIC 經濟部 ITIS 研究團隊整理，2022 年 8 月

2. Waseda 電子化政府評比

電子化政府（e-Government）的發展程度可反映出一國公共行政服務的便利性，並透露出國家資訊素養的高低。為了評估各國政府電子化程度，日本早稻田大學（Waseda University）近十年與亞太經濟合作會議（Asia-Pacific Economic Cooperation, APEC）合作發展相關評比指標，對各國電子化政府的推動情形作出完整評比，並為各國政府電子化程度評分。

根據 2021 年發布的評比結果，丹麥超越美國等國成為第 1，評分達 94.27；新加坡的電子化政府第 2，評分達 94.05；英國位居第 3，評分達 93.98；美國與加拿大分別占據第 4 名與第 5 名，評分分別為 93.72 及 90.98；臺灣則提升至第 10 名，評分為 87.33，再度擠進全球前 10 名之內。

表 1-8　2017-2021 年全球電子化政府程度評比前 10 名國家

名次	2017	2018	2019/20	2021	評分
1	新加坡	丹麥	美國	丹麥	94.27
2	丹麥	新加坡	丹麥	新加坡	94.05
3	美國	英國	新加坡	英國	93.98
4	日本	愛沙尼亞	英國	美國	93.72
5	愛沙尼亞	美國	愛沙尼亞	加拿大	90.98
6	加拿大	韓國	澳洲	愛沙尼亞	90.16
7	紐西蘭	日本	日本	紐西蘭	90.09
8	韓國	瑞典	加拿大	南韓	88.14
9	英國	臺灣	韓國	日本	87.62
10	臺灣	澳洲	瑞典	臺灣	87.33

資料來源：Waseda University、International Academy of CIO，資策會 MIC 經濟部 ITIS 研究團隊整理，2022 年 8 月

（二）臺灣重要資訊指標

1. 廠商家數

根據財政部統計處之營利事業家數資料／數據顯示，2020 年符合資策會 MIC 資訊服務暨軟體廠商家數約 14,621 家。來到 2021 年，在數位轉型需求持續升溫、新興科技應用逐趨成熟下，雲端運算（Cloud Computing）人工智慧（Artificial Intelligence, AI）、物聯網（Internet of Things, IoT）等技術、產品加速落地，持續推升臺灣整體資訊服務暨軟體廠商家數成長，2021 年臺灣整體資訊服務暨軟體廠商家數達到 15,560 家。

表 1-9　2017-2021 年臺灣資訊軟體暨服務業廠商家數

	2017	2018	2019	2020	2021
廠商家數（仟家）	11.95	12.68	13.52	14.62	15.56

資料來源：資策會 MIC 經濟部 ITIS 研究團隊，2022 年 8 月

2. 對 GDP 的貢獻度

近年臺灣資訊及通訊服務業業者整體營收表現呈現小幅下降，綜觀 2017 年至 2021 年臺灣資訊服務暨軟體產業對我國 GDP 貢獻度，從 2.84%稍微下降至 2.59%，但在企業數位轉型需求、資訊安全、新科技應用場景的系統需求驅動下，2022 年資訊服務暨軟體產業對臺灣 GDP 貢獻度可望進一步提升。

表 1-10　2017-2021 年臺灣資訊軟體暨服務業對 GDP 貢獻度

	2017	2018	2019	2020	2021（p）
對 GDP 貢獻度（%）	2.84%	2.68%	2.74%	2.68%	2.59%

資料來源：資策會 MIC 經濟部 ITIS 研究團隊，2022 年 8 月

3. 就業人數

2021 年臺灣資訊服務暨軟體產業部分業者營收持續成長，由於人工智慧、雲端服務、資訊安全等市場動能持續延燒，加之數位轉型需求持續發酵，有助於提高資訊服務暨軟體廠商招募新員工的意願。此外，隨著行動應用軟體與手機遊戲、手機影音等風潮興起，吸引不少新創公司、團體加入軟體開發行列，政府擴大培育軟體人才亦促成 2021 年資訊服務暨軟體產業就業人數大致持平，但依然較 2017 至 2019 年高，2021 年臺灣資訊服務暨軟體產業就業人數達 26.6 萬人。

表 1-11　2017-2021 年臺灣資訊軟體暨服務業就業人數

	2017	2018	2019	2020	2021
就業人數（仟人）	249	258	262	266	266

資料來源：資策會 MIC 經濟部 ITIS 研究團隊，2022 年 8 月

4. 勞動生產力

此處勞動生產力指的是臺灣資訊服務暨軟體業生產總額除以就業人數所得到的數據，而生產總額則是以臺灣資訊服務暨軟體產業的總營收（產值）為計算基準。據估計，近年的勞動生產力逐步走升，至 2021 年約達 310 萬元新臺幣，預估 2022 年將進一步攀升。

表 1-12　2017-2021 年臺灣資訊軟體暨服務業勞動生產力

	2017	2018	2019	2020	2021
勞動生產力（仟元）	2,305	2,267	2,336	2,633	3,102

資料來源：資策會 MIC 經濟部 ITIS 研究團隊，2022 年 8 月

5. 軟體人才實力

HackerRank 是一個提供各式軟體挑戰題目的網站，內含多種程式與演算法考題，可視為軟體工程師自學與突破自我的題庫網站 2016 年，該網站針對全球工程師的各式類型答題結果，發出了一份全球軟體工程師的競爭力排名，臺灣位列全球第 7，亞洲排名第 4。另外，在演算法、數據結構、基礎編程、資料庫等領域，臺灣軟體工程師實力皆榜上有名。

GitHub 是一個軟體原始碼代管服務平台，廣為軟體開發者所適使用。目前 GitHub 上有超過 4,000 萬位註冊者，與超過 4,000 個開源軟體專案。GitHub 在 2020 年根據其用戶或越程度與專案數目，釋出了一份除美國外，各國軟體工程師對開源社群貢獻程度排名。我國軟體工程師在開源軟體社群的貢獻程度，於 2020 年首度擠進前 20 名，亞洲區位列第 10。

表 1-13　GitHub 各國軟體工程師對開源社群貢獻程度排名

排名	1	2	3	4	5	6	7
國家	中國大陸	印度	德國	英國	日本	加拿大	法國
排名	8	9	10	11	12	13	14
國家	俄羅斯	巴西	香港	荷蘭	澳洲	南韓	西班牙
排名	15	16	17	18	19	20	
國家	烏克蘭	波蘭	新加坡	印尼	臺灣	越南	

資料來源：資策會 MIC 經濟部 ITIS 研究團隊，2022 年 8 月

第二章｜資訊軟體暨服務市場總覽

資訊軟體暨服務市場，依據其中產品功能與服務提供的模式，可分為資訊服務與資訊軟體二大區隔。資訊服務係指於資訊科技領域中，為用戶提供專業之基礎架構服務、開發部署服務、商業流程服務、顧問諮詢服務、軟體支援服務與硬體維運服務等全方面服務，主要以服務提供之價值獲取營收。而資訊軟體則是提供用戶所需之軟體產品，包括企業用戶所使用之應用軟體、資訊安全、資料庫、開發工具等軟體，消費大眾所使用的生產力、遊戲、行動應用、影音工具、系統軟體、應用軟體與工具軟體等。

資訊服務市場定義與範疇，以服務模式分類，可分為系統整合、與資料處理。系統整合之核心範疇主要專注於企業用戶之資訊系統的基礎架構、開發部署、商業流程等開發與建置服的服務。其中又包含顧問諮詢服務，主要針對企業做財務管理、風險管理與企業策略管理等經營面的商業顧問諮詢，以及與資訊科技或資訊系統直接相關的系統顧問諮詢。資料處理是指資訊服務廠商以契約簽訂形式，協助企業進行資料備份、回覆、資料重複備份及網站代管等業務，包含入口網站經營、資料處理、主機及網站代管、雲端服務等。

表 2-1 資訊軟體暨服務市場主要分類與定義

市場	區隔	次區隔
資訊服務	系統整合	根據使用者需求，提供具專案特性之客製化資訊服務，其範疇包括從前端規劃、設計、執行、專案管理到後續顧問諮詢服務及資訊系統整合服務等。此類服務通常為專案形式進行，具高客製化特性，包含不同平台與技術整合，並透過合約定義專案範疇與規格
	資訊委外	資訊服務廠商以契約簽訂形式，協助企業進行資料備份、回覆、資料重複備份及網站代管等業務，包含入口網站經營、資料處理、主機及網站代管、雲端服務等
資訊軟體	軟體設計	涵蓋企業與大眾應用之相關應用軟體設計、修改、測試等服務，應用於金融、醫療、流通業等行業，例如商業智慧、企業資源規劃（ERP）、顧客關係管理（CRM）、資訊安全等
	軟體經銷	從事作業系統軟體、應用軟體、套裝軟體與遊戲軟體之銷售與相關軟體的教育訓練，並協助客戶與消費者能夠使用其代理銷售的軟體

資料來源：資策會 MIC 經濟部 ITIS 研究團隊，2022 年 8 月

表 2-2 資訊服務市場定義與範疇

資訊服務	次區隔	定義與範疇
系統整合	系統設計	提供用戶對於資訊系統之需求分析與功能設計服務
	系統建置	依據資訊系統規格，提供系統之實作、測試、修改或汰換等服務
	顧問諮詢	提供用戶對於資訊系統之導入評估與諮詢服務
	其他服務	從事上述以外之電腦系統設計服務，如電腦災害復原處理、軟體安裝等
資訊委外	網站經營	利用搜尋引擎，以便網際網路資訊搜尋之網站經營，例如定期提供更新內容之媒體網站、網路搜尋服務等
	資料處理、主機及網站代管服務	從事以電腦及其附屬設備，代客處理資料之行業，例如雲端服務、資料登錄、網站代管及應用系統服務

資料來源：資策會 MIC 經濟部 ITIS 研究團隊，2022 年 8 月

資訊軟體市場可分為軟體設計與軟體經銷。軟體設計涵蓋企業與大眾應用之相關應用軟體設計、修改、測試等服務，應用於金融、醫療、流通業等行業，例如商業智慧、企業資源規劃（ERP）、顧客關係管理（CRM）、資訊安全等。軟體經銷係指從事作業系統軟體、應用軟體、套裝軟體與遊戲軟體之銷售與相關軟體的教育訓練，並協助客戶與消費者能夠使用其代理銷售的軟體。

軟體係指安裝與運行於資通訊裝置之中，用以操控硬體功能，處理企業、大眾或系統所需資訊之程式。軟體產品市場之定義與範疇當中的區隔分別為企業解決方案、大眾套裝軟體、嵌入式軟體，其中企業解決方案之核心範疇主要專注於企業用戶之資訊系統的基礎架構、開發部署、商業流程等開發與建置所需的軟體。商用軟體主要安裝於伺服器主機，提供各行業企業管理所需要的應用方案，例如：行業別軟體、企業資源規劃、客戶關係管理、產品研發、財會、進銷存、生產、薪資、整合溝通、網路管理、文件管理等。

資訊安全軟體提供資訊或系統讀取、儲存、傳遞等安全防護，以及藉由資訊安全產品為基礎所提供之加值應用服務，例如防毒、入侵偵測、加解密、網路通訊、文件安全管理等軟體。資料庫系統為提供數據或文件之儲存、搜尋與管理之軟體；開發工具為提供程式設計、撰寫、測試、編譯、部署與管理之工具軟體。套裝軟體之使用者主要為消費者，生產力軟體為安裝於個人終端，提升工作效率之軟體，例如文書、簡報、試算表、理財、統計、翻譯、輸入法等；遊戲軟體安裝於終端裝置，例如電腦遊戲、電視遊戲、掌上遊樂等；行動應用 App 為安裝於手機與平板的應用軟體，透過網路下載與付費使用。

表 2-3　資訊軟體市場定義與範疇

資訊軟體	次區隔	定義與範疇
軟體設計	程式設計	從事電腦軟體之設計、修改、測試及維護
	網頁設計	提供網頁設計之服務
軟體經銷	遊戲軟體	線上遊戲網站經營
	軟體經銷	包括非遊戲軟體經銷，如作業系統軟體、應用軟體、套裝軟體等經銷

資料來源：資策會 MIC 經濟部 ITIS 研究團隊，2022 年 8 月

一、全球市場總覽

依據前述的資訊軟體暨服務市場定義與範疇，以下將分析全球市場規模與發展趨勢，並剖析全球資訊服務暨軟體大廠之發展動態。

（一）市場趨勢

綜觀全球資訊軟體暨服務市場，預估市場規模將由2020年的1.7兆美元成長至2024年的2.1兆美元，年複合成長率5.5%。

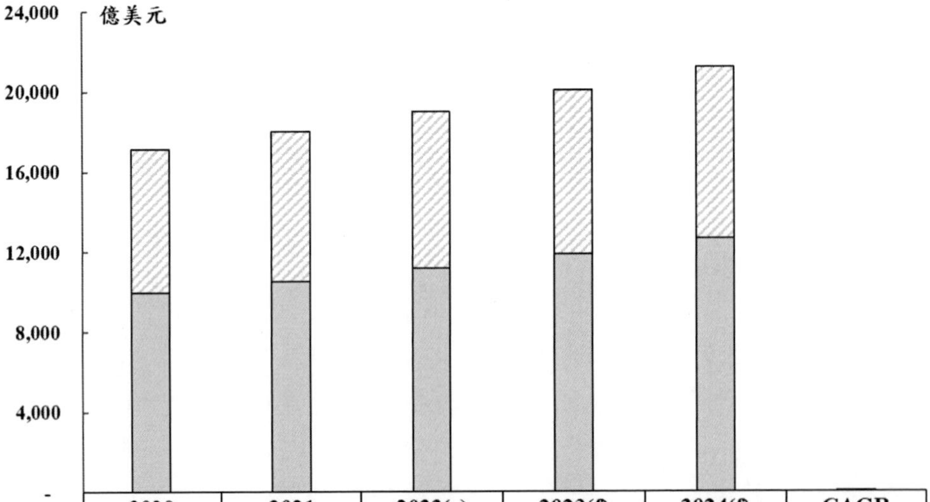

	2020	2021	2022(e)	2023(f)	2024(f)	CAGR
□資訊軟體	7,184	7,494	7,826	8,184	8,568	4.5%
□資訊服務	9,963	10,542	11,180	11,885	12,671	6.2%
Total	17,147	18,036	19,006	20,069	21,239	5.5%
成長率	1.5%	5.2%	5.4%	5.6%	5.8%	

資料來源：資策會MIC經濟部ITIS研究團隊，2022年8月

圖2-1 全球資訊軟體暨服務市場規模

1. 資訊服務市場規模

全球資訊服務市場規模方面，雖然近年全球政經局勢動盪，但由於主要市場之政府與企業仍需持續發展業務，加之近年數位轉型發酵，推升資訊科技基礎建設以及資訊服務需求，使全球資訊服務市場規模穩定成長。

此外，新興資通訊應用發展亦有助於推動全球資訊服務市場規模持續成長，其中雲端運算與巨量資料應用仍扮演主要角色，而物聯網應用則可望接棒成為下一波資訊服務市場主要成長動能。根據資策會 MIC 預估，全球資訊服務市場規模將由 2020 年的 9,963 億美元成長至 2024 年的 12,671 億美元，年複合成長率為 6.2%。

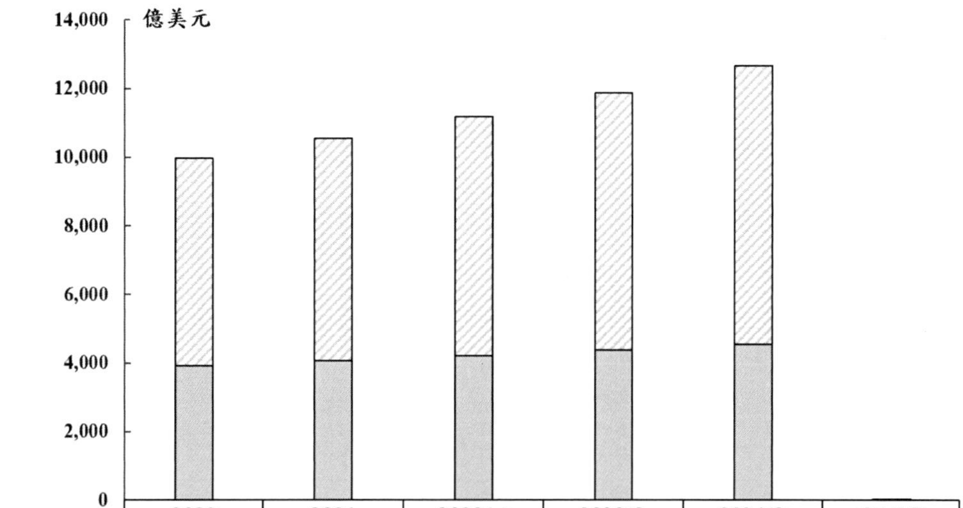

	2020	2021	2022(e)	2023(f)	2024(f)	CAGR
□資料處理	6,036	6,471	6,959	7,509	8,131	7.7%
■系統整合	3,927	4,071	4,221	4,377	4,540	3.7%
Total	9,963	10,542	11,180	11,885	12,671	6.2%
成長率	4.2%	5.8%	6.0%	6.3%	6.6%	

資料來源：資策會 MIC 經濟部 ITIS 研究團隊，2022 年 8 月

圖 2-2 全球資訊服務市場規模

(1) 系統整合市場規模

系統整合市場方面，在各種新興應用與服務驅動下，企業數位轉型預估將影響未來數年系統整合市場發展，整體系統整合市場走向亦逐漸由提供單一軟硬體科技的建置服務，轉為協助企業達成數位轉型的整體科技規劃服務。

根據資策會 MIC 估計，全球系統整合市場將由 2020 年的 3,927 美元成長至 2024 年的 4,540 億美元，年複合成長率為 3.7%。呈現平穩成長趨勢。其中各分項之複合成長率，以顧問諮詢最高，其次為系統設計，再來是系統建置。

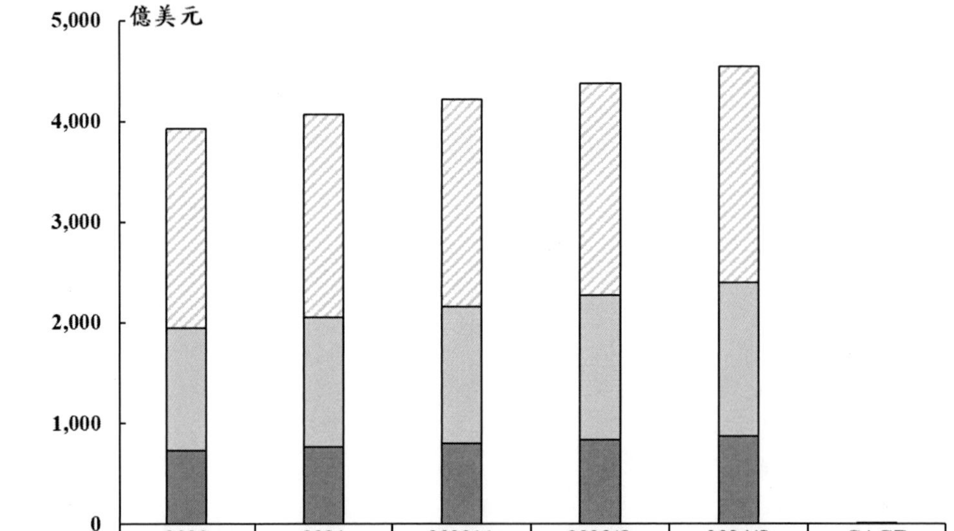

	2020	2021	2022(e)	2023(f)	2024(f)	CAGR
□系統建置	1,977	2,018	2,061	2,104	2,148	2.1%
□顧問諮詢	1,221	1,289	1,362	1,438	1,518	5.6%
■系統設計	730	763	798	835	873	4.6%
Total	3,927	4,071	4,221	4,377	4,540	3.7%
成長率	2.0%	3.7%	3.7%	3.7%	3.7%	

資料來源：資策會 MIC 經濟部 ITIS 研究團隊，2022 年 8 月

圖 2-3 全球系統整合市場規模

(2) 資料處理市場規模

資料處理市場包含委外與雲端，隨著雲端服務持續擴張發展之下，企業對雲端服務的接受度日漸增長，將取代基礎建設及應用軟體委外服務，全球資料處理市場規模將由 2020 年的 6,036 億美元成長至 2024 年的 8,131 億美元，年複合成長率為 7.7%。

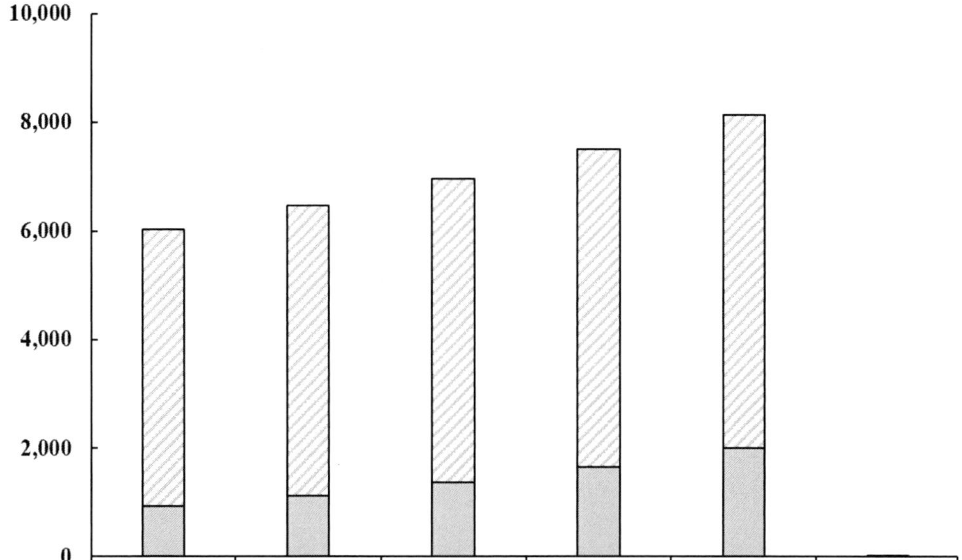

	2020	2021	2022(e)	2023(f)	2024(f)	CAGR
□委外	5,104	5,344	5,595	5,858	6,133	4.7%
□雲端	932	1,127	1,364	1,651	1,997	21.0%
Total	6,036	6,471	6,959	7,509	8,131	7.7%
成長率	5.7%	7.2%	7.5%	7.9%	8.3%	

資料來源：資策會 MIC 經濟部 ITIS 研究團隊，2022 年 8 月

圖 2-4 全球資料處理市場規模

2. 軟體市場規模

全球軟體市場規模方面，傳統企業解決方案隨著雲端服務發展，需求成長恐逐漸趨緩。大眾套裝軟體則仰賴行動應用軟體的快速推陳出新，持續維持高幅度成長。受惠於物聯網的應用發展，各種感測裝置與智慧聯網的中介軟體需求升溫，規模成長可望持續擴大。根據 MIC 預估，全球軟體市場規模將由 2020 年的 7,184 億美元成長至 2024 年的 8,568 億美元，年複合成長率為 4.5%。

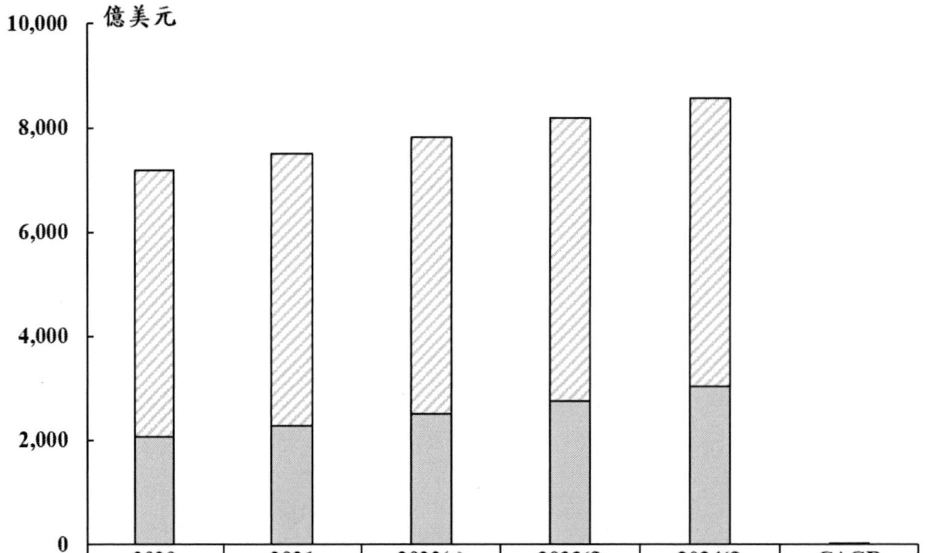

	2020	2021	2022(e)	2023(f)	2024(f)	CAGR
□軟體設計	5,111	5,213	5,317	5,424	5,532	2.0%
■軟體經銷	2,074	2,281	2,509	2,760	3,036	10.0%
Total	7,184	7,494	7,826	8,184	8,568	4.5%
成長率	-2.0%	4.3%	4.4%	4.6%	4.7%	

資料來源：資策會 MIC 經濟部 ITIS 研究團隊，2022 年 8 月

圖 2-5 全球軟體市場規模

（二）大廠動態

1. Microsoft

微軟（Microsoft）創立於 1975 年，總部位於美國華盛頓州雷德蒙德市（Redmond）。為全球商用軟體領導廠商，業務涵蓋研發、製造、授權以及提供廣泛的電腦軟體服務，並以個人電腦作業系統 Microsoft Windows、生產力應用程式 Microsoft Office、雲端服務 Azure 以及 XBOX 遊戲業務聞名。根據美國財富雜誌於 2021 年全球最大 500 家公司評選中，Microsoft 於 500 強企業中排行第 15，若只單看科技業者則排名第 3。

2021 年營收約 1,681 億美元，年營收成長率約 18%，主要來自於雲端服務與伺服器產品服務的成長。2021 年第四季度時，在 Azure 的推動下，伺服器產品和雲服務收入增長了 39 億美元。近年 Microsoft

轉變為以雲端服務為主的營業模式，主要成長動能來自 Azure 雲服務、Office 辦公軟體、Dynamic 365 商用軟體。

Microsoft 透過 Azure 服務建立穩固的雲端生態系，Azure 本質為基礎設施即服務（Infrastructure as a Service, IaaS），企業使用該服務後，可不必負擔基礎設施維運，能更專注於程式開發與價值提供，在此基礎上，Microsoft 近年致力將過去的產品工具，如 SQL Server、C#、.Net 等搬遷至雲 Azure 上，打造出一個豐富的雲端生態系。

商用軟體與作業系統一直是 Microsoft 的護城河，近幾年 Microsoft 積極將其商用軟體產品轉型成 SaaS 的服務模式，如雲端版的 Dynamic 365 與 Office 365，除了可讓產品更容易升級外，也讓其營收更加穩固，根據 Microsoft 的年度財報，選用雲端版商軟體的用戶比例正逐年提升。此外，Microsoft 不斷將旗下產品交叉整合以提升整體綜效，例如 2020 年，Microsoft 推出了 Fluid Framework 協作框架，整合了所有 Office 軟體的資料格式，讓所有文字、圖片、表格等元件在不同程式中可互相連結與共享，消除了產品之間的藩籬。

觀察 Microsoft 近年重要動態，可發現多跟軟體開發與雲端服務相關。2019 年，Microsoft 收購雲遷移技術提供商 Movere，協助用戶無縫進行雲端遷移。2020 年，微軟收購 5G 雲端新創 Affirmed Networks、機器人流程自動化（RPA）新創公司 Softomotive、電信軟體公司 Metaswitch、資安公司 CyberX、數據模型公司 ADRM software、電腦視覺新創 Orions Systems 以及軟體開發公司 Movial，聚焦在雲端及軟體開發領域，並與 SpaceX 合作推出太空雲端服務。

Microsoft 近年亦針對垂直領域積極發展，例如在 2021 年初，微軟一口氣推出金融、製造、非營利組織三朵產業雲：金融雲 Microsoft Cloud for Financial Services、製造雲 Microsoft Cloud for Manufacturing 及非營利事業雲 Microsoft Cloud for Nonprofit，針對不同產業的情境與需求，設計出適合其使用的雲端工具組合。

遊戲領域上，2022 年 1 月，Microsoft 宣布以 687 億美元收購動視暴雪（Activision Blizzard），為遊戲產業史上最大的收購案，同時也是 Microsoft 歷年最大規模收購案，交易完成後，Microsoft 將成為全球第三大遊戲公司，僅次於騰訊和 Sony。Microsoft 此次收購看準了動視暴雪旗下重要系列作品，包含：《魔獸爭霸（World of Warcraft）》、《暗黑破壞神（Diablo）》、《決勝時刻（Call of Duty, CoD）》等，除了為其將來在遊戲與電競領域建立競爭優勢外，也為布局元宇宙打下基礎。

2022 年 4 月，Microsoft Build 大會中公布多項新產品與服務，內容重點有三。首先，將 Open AI 開發的 GPT-3 自然語言處理模型釋放出更多商業合作機會，並赴能至 Microsoft 旗下所有產品，讓所有的產品服務都能更加智慧化；第二，將 AI 元素加入 PowerApps 低程式碼平台，以及 GitHub 版本控制平台，讓有無資訊背景的開發者皆可獲得 AI 協助；第三，在辦公協作軟體 Teams 中新增 Live Share 功能，可視為進階版的分享畫面功能，讓與會者間能有更多互動。

俄烏戰爭下，Microsoft 宣布暫停向俄羅斯提供新服務，並大幅縮減在該國的業務。Microsoft 公布一份長達 28 頁的報告指出，自俄烏戰爭開打以來，俄羅斯除對烏克蘭進行網路攻擊與資訊戰外，也加強對烏克蘭以外的盟國政府或智庫、企業及援助組織等非政府機構的滲透與間諜行。

2. Google

Google 創立於 1998 年，總部位於美國加州山景城（Mountain View）。為全球搜尋引擎、人工智慧的領導廠商，業務涵蓋 Android 行動作業系統、數位廣告、商用軟體、雲端運算、影音平台（YouTube）等軟體服務，也包含 Pixel 系列手機、Chrome Boook 等個人電腦等消費性電子產品。根據美國財富雜誌於 2021 年全球最大 500 家公司評選中，Google 於 500 強企業中排行第 9，若只單看科技業者則排名第 2。

Google 於 2021 年營收約 1,825 億美元，年營收成長率約 12.8%，主要收益來自 Google Ads、YouTube 等旗下服務內的廣告相關業務。此外，近年 Google 積極推動雲端服務—Google Cloud Platform（GCP）服務，2021 年營收達 190 億美元，較前年成長約 46%，佔 Google

總營收約 7.5%，隨著 Cookie 逐漸走進歷史進而影響線上廣告收益，預期未來 GCP 在 Google 的角色會更加吃重。

除了廣告與雲端服務外，Google 開發了一系列的線上軟體服務，辦公軟體包含：Google Drive 雲端硬碟、G-Mail 電子郵件、Google Meet 線上會議、Google Spreadsheet 試算表、Google Document 文書處理等，其他應用軟體服務包含：Google Map 地圖導航、Google Translate 翻譯等。

人工智慧（Artificial Intelligence, AI）亦是近年 Google 發展重點，Google 早於 2011 年即開啟 Google Brain 計畫，聯合包含 Jeff Dean、吳恩達（Andrew Ng）等多位電腦科學專家開發多項 AI 相關專案，並將相關成果應用於旗下軟體服務中。2013 年 Google 收購知名深度學習教授—Geoffrey Hinton 創立的 DNNReasearch 公司，2014 年再收購開發 AlphaGo 的 DeepMind 公司，讓 Google 在深度學習領域位居領先。

Google 的開源文化影響了多項軟體領域的生態系發展方向，包括：Google 於 2007 年將 Android 開源，如今 Android 已是全球市占率最高的行動作業系統；2014 年 Google 將 Kubernetes（K8S）專案開源，為軟體容器（Container）化後的管理豎立標準，並帶動 AWS、Microsoft、IBM 等雲端大廠響應支援，奠定混合雲、雲原生、微服務等新 IT 思維與生態系；2015 年 Google 將深度學習框架—TensorFlow 開源，讓 AI 的開發過程被大幅簡化，如今 TensorFlow 已是深度學習領域最流行的開發框架。

觀察近年 Google 動態，可發現主要圍繞在 AI 與雲端上。2021 年 10 月，Google 子公司—DeepMind 收購 MuJoCo（Multi-Joint Dynamics with Contact）物理引擎公司。為強化網路安全，2022 年 1 月，Google 以 5 億美元收購色列新創資安業者 Siemplify。同年 3 月，Google 再以 54 億美元收購老牌資安企業 Mandiant，為 Google 史上金額第二高的併購案，收購 Mandiant 有助於其擴充網路安全相關服務，也更加強化雲端事業打進企業客戶市場。

2022 Google I/O 開發者大會上，除發布新的 Pixel 6 手機、Google Glass 硬體裝置外，Google 亦公布多項新軟體服務，包括 Google 翻譯增加 24 種新語言，另外 Android 行動支付 Google Pay 也改名回 Google Wallet，整合更多用戶的會員卡、數位疫苗證明、甚至數位駕照和多種發票載具，可取代實體錢包的功能。

俄烏戰爭下，Google 宣布只要在其網站、應用程式、YouTube 上被認定為利用、駁斥或縱容烏俄戰爭的內容，Google 都不會提供其廣告營利機會。另外自戰爭開打後，Google 已封鎖超過 800 萬則與俄烏戰爭相關的廣告，並從平台上逾 60 個由俄羅斯政府資助的媒體網站中移除廣告。

3. Oracle

甲骨文股份有限公司（Oracle）創立於 1977 年，總部位於美國加州紅木城的紅木岸（Redwood Shores），為全球最大的資料庫公司，並以全球第一個商業化的關聯式資料庫系統聞名。除了關聯式資料庫系統，Oracle 也提供企業資源規劃（Enterprise Resource Planning, ERP）等商用軟體，2021 年 Oracle 與資訊服務及軟體相關營收約 405 億美元，「雲服務和許可支持」及「雲許可證和本地許可證」的收入皆增長 5%，分別達到 287 億美元及 54 億美元。

Oracle 的產品架構大致延伸自 2000 年所確立的商用套裝軟體、中介軟體、資料庫產品的主軸，並結合 2010 年併購的 Sun Microsystems 的 OS/Hardware 的產品，成為軟體與硬體兼備的產品架構。其中，中介軟體 WebLogic Server 為主軸，結合 Sun Micro Java 相關的 Virtual Machine 技術開發資料庫與元件。資料庫則以原本 Oracle 的資料庫系統為基礎，並進一步與 Sun Micro 的 SPARC 作業系統及硬體結合。

面對巨量資料分析風潮，Oracle 推出 Oracle Advanced Analytics 平台，提供全面性即時分析應用，可協助企業用戶觀察和分析關鍵性的業務資料，例如客戶流失預測、產品建議與欺詐警示等。在協助使用者提高資料分析的效率，同時保障企業資料安全。除此之外，隨著企業逐步導入雲端運算與巨量資料應用，傳統資料庫儲存結構逐漸無法滿足企業在巨量資料的儲存與查詢，為此 Oracle 將新一代資料庫產品的開發方向，設計成專為處理雲端資料庫整合，可協助使用者有效率地管理巨量資料、降低儲存的成本、簡化巨量資料分析並提高資料庫效能，同時針對資料提供高度的安全防護。

此外，Oracle 亦積極布局雲端產業，觀察其近年重要發展動態，甲骨文於 2019 年併購 CrowdTwist，增強其在 CRM 和客戶服務的雲端實力，並推出雲端無伺服器服務 Oracle Functions 讓企業用戶不須介入運算、網路基礎架構的維運工作，開發者只須專注功能開發，即使服務流量增加，系統也會自動進行水平擴充。2020 年 1 月，Oracle 宣布併購藥物安全監控與回報系統的供應商 NetForce，未來 Oracle 套裝軟體將可延伸至生命科學產業，包含臨床試驗與售後監督。為了讓企業可在自家資料中心內部署 Oracle 雲端產品，Oracle 在 2020 年 7 月推出 Autonomous Database on Exadata Cloud@Customer 自動化的資料庫管理服務，鎖定 AWS 及 Microsoft Azure 的解決方案，主打整合多種資料庫，並支援機器學習等功能。

2021 年 2 月，Oracle 擴展混合雲解決方案推出 Roving Edge 基礎設施，部署 IaaS 和 PaaS 服務執行低延遲運算。3 月時，Oracle 聘請 Microsoft 高管 Doug Smith 擔任新的戰略合作夥伴，由他負責與雲端及獨立軟體供應商相關的事務。Oracle 與中國大陸獨立的在線營銷和企業數據解決方案提供商 iClick 合作推出量身訂製的 SaaS 產品，另與 Saama 合作提供生命科學行業基於 AI 的應用程式，以加速臨床試驗。6 月，歐洲聯邦銀行擴大與 Oracle 和 Infosys 的合作，通過 Oracle CX 平台提供更好的客戶體驗。此外，Oracle 透過小型初創公司 NetFoundry 的 ZTNA 技術來增強雲端和網路安全功能，並且與 Dish Wireless 簽訂雲端運算合約，Dish 選擇 Oracle Cloud 為 5G 網路提供基於服務的架構。

2021 年 8 月，Oracle 發布 Java 17 並推出 Fusion Marketing，其為首款完全自動化潛在客戶生成和資格認證的解決方案。11 月，Oracle 擴展 Fusion Cloud HCM Analytics 來增強工作力洞察，以吸引、留住和培養人才；更新 Oracle Fusion ERP Analytics 使財務和運營領導者能夠更好地瞭解成本和資產，並加快決策速度；Oracle 融合 SCM 分析可幫助組織構建具有彈性的供應鏈，提高可視性。

2021 年 12 月，Oracle 宣布以 283 億美元收購電子病例公司 Cerner，為 Oracle 規模史上最大的收購案。此併購案預計在未來可幫助 Oracle 將大量健康資訊導入其雲端與資料庫服務，提升該公司在醫療保健領域的影響力，吸引更多醫療院所客戶使用其雲端平台。

俄烏戰爭下，Oracle 宣布暫停在俄羅斯的所有業務，由於 Oracle 是資料庫的重要供應商，這直接影響數據儲存與使用，因此預期將對俄羅斯政府、企業產生較延大的衝擊。

4. Salesforce

Salesforce 成立於 1999 年，總部位於美國加州山景城（Mountain View），其核心的業務在於提供個人化需求的客戶關係管理的軟體服務和解決方案，是客戶關係管理（Customer Relation Management, CRM）的領導廠商，2021 年營收約 212 億美元，較前年增長 24%。

觀察 Salesforce 近期的重要發展動態，在 2019 年 6 月，Salesforce 宣布以 157 億美元，買下資料分析公司 Tableau，透過此併購，Salesforce 可以強化資料分析與視覺化工具。2020 年 2 月，Salesforce 宣布併購雲端及行動軟體解決方案供應商 Vlocity，Vlocity 是一家原生建立在 Salesforce 平台，針對電信、媒體、娛樂、能源、公用事業、保險、衛生和政府組織的行業提供雲端及行動應用的軟體服務商。同年 12 月，Salesforce 宣布將以 277 億美元併購 Slack，未來 Slack 將成為 Salesforce Customer 360 的新介面。此外，Salesforce 推出工作流程自動化工具 Einstein Automate，可讓用戶可以不需要撰寫程式碼，就能建置自動化工作流程，以及串接不同平台的資料。

2021 年 3 月，Salesforce 推出了下一代銷售雲—Sales Cloud 360，它具有靈活的技術和全球最大的銷售合作夥伴生態系統，各種規模的公司都可以依靠該生態系統來增加收入和提高生產力。此外，在 Salesforce Digital 360 中推出了新的基於 AI 的基於帳戶的營銷

（ABM）功能，旨在幫助銷售團隊擴展其活動。4 月時，全球統一通信提供商 net2phone 與 Salesforce 合作，以提高 CRM 巨頭環境中的通話效率 。另 Salesforce 發布了 Salesforce 學習路徑，該產品將允許用戶將學習計畫直接整合到 Salesforce 中。

2021 下半年，Salesforce 推出專為企業重新設計的新 Tableau 平台，包括新的企業訂閱計畫以及從治理和安全性到平台可擴展性的新企業功能；為 Einstein Automate 增加了新的機器人流程自動化和 AI 功能，包含 MuleSoft RPA、Einstein Document Reader；推出 Trailhead for Slack，在數位總部提供學習和支援。此外，Salesforce 首次推出「備份和恢復」以保護業務數據免受意外和混亂。雲方面，推出 Health Cloud 2.0，這是一個連接平台，可幫助從任何地方提供健康和安全；Sustainability Cloud 2.0 加速客戶實現淨零排放的道路。另，完成了對 Servicetrace 以及 LevelJump 的收購。

2022 年 3 月，推出一種新的智慧 AppExchange 主頁體驗；Customer 360 for Health 更新，包括對 Patient Data Platform 和 Patient Commerce Portal。4 月，宣布推出 CRM Analytics 及無代碼工具，幫助實現政府計畫交付自動化；低代碼開發人員工具，將 Salesforce 應用程式和自動化引入 Slack。收購方面，4 月 Salesforce 完成對 Phenecs 的收購，5 月簽署最終協定以收購 Troops.ai。

俄烏戰爭下，Salesforce 宣布停止在俄羅斯境內銷售活動，此外 Salesforce 旗下的通訊軟體—Slack 宣布暫停所有俄羅斯帳戶權限。

5. IBM

國際商業機器股份有限公司（International Business Machines Corporation, IBM）創立於 1911 年，總部位於美國紐約州的阿蒙克市（Armonk），擁有將近 40 萬名員工，市值超過 1,000 億美元。IBM 挾其在軟硬體的強大研發與併購能量，加上全球綿密的行銷網路，成為全球數一數二的資訊軟體與服務領導業者，2021 年 IBM 全球資訊軟體暨服務相關營收約達 574 億美元，IBM Software 收入增長了

4%，其中第四季度按固定匯率計算增長近 21%，這得益於其與 IBM 產品組合的整合以及對開源創新的強勁需求。

IBM 生產並銷售電腦硬體與軟體，同時結合系統整合以及顧問諮詢服務發展完整的解決方案。除了自行研發與製造，IBM 亦挾其營收規模，持續對具有特定優勢的廠商或事業單位進行併購，以擴大其營運領域或提高其競爭力。觀察 IBM 近期重要併購方向，主要是以雲端為基礎的商業智慧以及資訊安全等領域，可以看出 IBM 轉型為雲端服務公司的策略目標。

為搶攻雲端運算大餅，IBM 於 2019 年以 340 億美元併購開源軟體公司紅帽（Red Hat），進一步鞏固在雲端市場的地位，希望透過紅帽的加持，能獲得與亞馬遜、微軟這些雲端領先者競爭的能力。

2020 年，IBM 與 Adobe、紅帽宣布成為戰略夥伴，幫助企業提供更個人化的體驗已加速數位轉型。為了加速混合雲及 AI 業務，IBM 將管理伺服器、儲存、網路等的服務部門由全球科技服務（GTS）獨立出來，成為全球最大的基礎架構管理服務供應商，業務規模高達 190 億美元。此外，IBM 也收購了芬蘭雲端諮詢服務提供商 Nordcloud，望在雲端運算獲得更多優勢。

2021 年 2 月 Vodafone 和 IBM 將在葡萄牙啟動 Vodafone 虛擬私有雲，3 月則與工業解決方案供應商 Lumen 合作，推出混合雲平台 Cloud Satellite，另與印度珠寶零售商 Joyalukkas 合作開發雲電子商務平台，且為強化工業物聯網（IIoT）安全性，西門子（SIEMENS）、IBM 以及紅帽宣布將共同推出全新合作計畫，透過混合雲技術為製造業者和工廠營運者提供開放、靈活且更安全的解決方案。4 月與專利 IP 商 IPwe 合作，把專利鑄成 NFT 並儲存於 IBM Cloud 區塊鏈，另外，IBM 推出可在 x86 Linux 環境運作的 COBOL 版本，使 COBOL 應用程式也能雲端化。6 月時，IBM 翻新 Cloud Paks，分為 6 大產品項目，涵蓋業務自動化工作流程平台、整合套件組、業務自動化工作流程平台、AIOps 解決方案、網路作業自動化產品組合，以及資安解決方案。除此之外，IBM 宣布於德國斯圖加特建置歐洲的首台量子電腦「IBM Q System One」，另推出全球首個 2 奈米晶片製造技術。

而臺灣方面，台智數位科技與 IBM 攜手，透過 IBM Cloud Virtual Servers 為半導體、製造與 3C 零組件等臺灣重點產業提供系統化的供應鏈管理服務工具，提升企業決策精準度。並且 IBM 決定加入台積電也參與的日本「先進半導體製造技術聯盟」，和日本攜手研發先進半導體製造技術。

2021 年 4 月，IBM 計劃以 15 億至 20 億美收購軟體供應商 Turbonomic，以完善該公司的 AIOps 產品，這也是 IBM 布局混合雲的又一大舉措；另宣布收購義大利流程採礦軟體新創業者 myInvenio，未來將整合到 IBM 雲端流程服務中。5 月 IBM 宣布將收購雲端運算諮詢公司 Taos Mountain，表明對混合雲和 AI 的側重。

2021 下半年，IBM Watson 推出新的 AI 和自動化功能，幫助企業更快地使用 IntelePeer 設置語音代理，並實現與即時座席的更無縫切換；另外，IBM 推出面向環境智慧的 AI 驅動型軟體 IBM Environmental Intelligence Suite，為 SaaS 解決方案，幫助企業實現可持續發展目標和氣候風險。10 月，收購 Adobe Workfront Consulting，增強業務轉型專業知識，並利用 AI 實現行銷工作流程的自動化。11 月，推出突破性的 127 量子位量子處理器。

在 2022 年 1 月，IBM Watson Advertising 將 AI 驅動的天氣分析引入 AWS Data Exchange，加入 CISA 的聯合網路防禦合作，以增強美國的網路彈性；2 月推出為期兩年的全球非營利組織公益環境計畫；3 月推出旨在實現軟體許可證合規性自動化的全新 AIOps 解決方案；4 月推出 IBM z16，為用於大規模事務處理的即時 AI，是業界首個量子安全系統；5 月時 IBM 擴展合作關係，與 Amazon Web Services 簽署戰略協作協定，在 AWS 上交付 IBM 軟體即服務；通過 RISE with SAP 解決方案實現業務運營轉型。而在收購方面，2022 年 IBM 收購了 Envizi、Sentaca 及 Microsoft Azure Consulting 的 Neudesic。

為了協助對抗 COVID-19 疫情，IBM 推出了區塊鏈醫療解決方案 Rapid Supplier Connect，協助政府及醫療機構能夠辨識醫療供應鏈中的新供應商，解決醫療設備短缺問題，此外，IBM 以創始成員的身分加入 Open COVID Pledge 聯盟，並開放數千項 AI 專利，包括 Watson 技術，及目前在美國受保護的生物病毒綜合領域專利，此授權計畫自 2019 年 12 月 1 日起生效，在世界衛生組織（WHO）宣布疫情大流行結束後，仍可持續授權一年。2021 年 12 月，IBM Digital Health Pass 與醫療保健 IT 領導者 Healthy Returns 合作，提供 COVID-19 數位憑證。

俄烏戰爭下，IBM 宣布逐步關閉在俄羅斯業務，並預計裁掉在俄羅斯的 100 多名員工。

6. SAP

SAP 成立於 1972 年，總部設於德國沃爾多夫，是目前歐洲最大軟體公司，同時亦是全球最大的商業應用、企業資源規劃（ERP）解決方案以及獨立軟體的供應商，在全球企業應用軟體的市場占有率超過 3 成，2021 年 SAP 資訊服務與軟體營收約 297 億美元，雲端產值約占 33%，有高達 26%的雲收入增長。

早期 SAP 的產品主軸為 SAP CRM、SAP ERP 等企業應用套裝軟體，其後隨著客戶對資料分析、後端整合的需求增加，開始發展 Business Objects 系列的企業分析軟體，以及 SAP Netweaver 中介軟體等。行動應用興起後，SAP 透過併購 Sybase，切入行動管理平台、行動解決方案以及行動資料庫管理系統等市場。直至今日，SAP 已經擁有資料庫軟體、中介軟體以及企業流程軟體，布局趨於完整。

觀察 SAP 近年的重要發展動態，以積極布局雲端服務為主要方向，包括結合合作夥伴的雲端基礎服務，如 Microsoft Azure、IBM Bluemix 等，透過與合作夥伴在雲端應用的合作與互通，由合作夥伴提供 IaaS、PaaS 等雲端基礎及平台服務，SAP 提供 SAP HANA 等企業雲應用服務，將 SAP 服務推廣到合作夥伴所在的主要市場。

2020 年 7 月，SAP 透過在美國公開募股的方式，出售旗下軟體服務部門 Qualtrics 的股權。Qualtrics 是用戶體驗管理市場領導者，此類軟體是一個龐大、快速增長且發展迅速的市場。SAP 打算保留 Qualtrics 的多數股權，這次公開募股的主要目的是希望強化 Qualtrics 自主權，並使其能夠擴大在 SAP 客戶群內以及其他客戶群，SAP 仍將是 Qualtrics 最大和最重要的上市及研發（R&D）合作夥伴，同時通過與 Qualtrics 建立合作夥伴關係並建立整個體驗管理生態系統。

在 2020 年底到 2021 年初，SAP 陸續與鴻海、微軟及 Software AG 合作，主要為整合相關數據及應用，刺激工業 4.0 發展。2021 年 3 月，波士頓 BayPine LP 選擇 SAP SE 作為戰略技術合作夥伴，另 SAP 發布了九個安全更新，包括對兩個新發現的關鍵漏洞的修復。4 月，推出 SAP 智慧機器人流程自動化（SAP Intelligent Robotic Process Automation, SAP Intelligent RPA），此為一款能跨系統實現端到端業務流程自動化的解決方案。

為加速臺灣企業快速投入數位轉型，5 月臺灣思愛普 SAP 推出 RISE with SAP 一站式解決方案，而到 6 月 NTT DATA 加速 RISE with SAP 落地臺灣，協助企業輕鬆轉型上雲。除此之外，健身器材新創 Peloton 宣布投入智慧穿戴裝置市場，並與 SAP、三星等合作。遠程協助提供商 TeamViewer 與 SAP 建立了新的戰略合作夥伴關係，提升 AR 系統，優化的工作流程及遠程支持推動工業環境中的數位化轉型。SAP 則是重新推出 Upscale Commerce，與 Shopify 的高端產品展開競爭。

2021 下半年，SAP 宣布在全球推出 SAP Fioneer，此為 SAP 和 Dediq GmbH 的金融服務行業（FSI）合資企業；推出 SAP Product Footprint Management，該解決方案可讓公司計算其產品和整個價值鏈的碳足跡；SAP 和 Qualtrics 合作推出 Concur Experience Optimizer，為業界首創幫助公司利用員工情緒數據重新設計差旅和費用計畫。

2022 年，SAP 和 Icertis 擴大合作夥伴關係，另與 IBM 加強合作，幫助客戶將工作負載從 SAP 解決方案轉移到雲端，而 Google Cloud

和 SAP 促成 Google Workspace 與 SAP S/4HANA Cloud 之間的原生整合。3 月，SAP 宣布完成對領先的營運資金管理解決方案提供商 Taulia 的多數股權收購。

SAP 於俄羅斯深耕超過 30 年，但在俄烏戰爭影響下，SAP 亦宣布撤出在俄羅斯的業務，並逐步關閉在俄羅斯的雲端業務。

7. HPE

惠普企業（Hewlett-Packard Enterprise Company, HPE）創立於 2015 年，總部位於美國加州聖塔克拉拉郡的帕羅奧圖市（Palo Alto），2021 年營收約 278 億美元。

惠普企業由惠普（Hewlett-Packard Development Company, HP）分拆而來，HP 是全球電腦、印表機、資料儲存、數位影像以及資訊服務的領導廠商，主要優勢在於其產品與服務橫跨企業與消費者，其中企業資料儲存、數位影像與列印雖然不是其營收最大的事業單位，但因具備高度競爭力，仍在全球占有舉足輕重的地位。

2015 年 11 月，HP 將公司一分為二，分拆為 HPI（HP Inc.）與 HPE，並由 HPI 負責硬體的開發與銷售，包括個人電腦與印表機，HPE 則專注在雲端與伺服器相關的企業軟硬體解決方案，包括伺服器、儲存設備、網通設備及相關的資訊顧問服務。

觀察 HPE 近年動態，積極透過部門分拆與併購重組產品部門、改善資源運用效率與競爭力。2019 年 5 月 HPE 宣布併購超級電腦先驅 Cray，同年 8 月宣布併購雲端大數據平台服務供應商 MapR。

2020 年 2 月 HPE 宣布併購雲端安全新創 Scytale，增加雲端大數據和雲端安全的實力，7 月宣布併購軟體定義廣域網路業者 Silver Peak，並在 9 月以 9.25 億美元完成收購，強化智慧邊緣、雲端網路布局。10 月，HPE 宣布獲得超過 1.6 億美元的資金，將在芬蘭建設一台名為 LUMI 的超級電腦。此外，HPE 於 12 月宣布將總部從矽谷遷往德州休士頓。

2021 年 2 月，HPE 與 NASA 合作在國際太空站部署邊緣運算系統「Spaceborne Computer-2」，另外，收購 CloudPhysics 使 IT 更加智慧化。3 月推出 HPE Open RAN Solution Stack，以實現商用 Open RAN 在全球 5G 網路中的大規模部署，更重要的是 HPE 為中端市場企業增加了模組化 GreenLake 服務。

COVID-19 疫情加速數位轉型，根據 HPE 對 2021 年的趨勢預測，許多企業都將上雲視為數位轉型的發展關鍵。而 HPE 臺灣董事長王嘉昇表示，HPE 推出 GreenLake 服務，希望能滿足企業在數位優化或數位轉型上的需求。

GreenLake Cloud Service 是將雲端的靈活性與擴充性落實在地端或混合環境中，可協助企業落實私有雲管理，具備依用量付費、混合環境管理和部署平台、最簡化可行產品概念、符合企業資安與合規、連結企業營運績效等特色。HPE GreenLake 雲服務業務正在快速增長，合約總價值超過 48 億美元，超過 900 個合作夥伴。2021 年 4 月，擎昊攜手 HPE 推行 GreenLake 商業模式，協助企業規劃 IT 新架構；6 月 Nutanix 在 ProLiant 和 HPE GreenLake 上推出 Nutanix Era，Qumulo 與 HPE GreenLake 雲服務合作，為客戶提供 Qumulo 文件數據平台。而下一步，HPE 希望能將 GreenLake 延伸至混合雲，未來計劃將推出混合雲管理及優化服務。

4 月，HPE Nimble 儲存陣列與 Veeam Backup & Replication 軟體的深度整合，形成強大的「AI 全方位智能儲存資料保護解決方案」。5 月 HPE 發表新世代中階儲存陣列 Alletra 6000；6 月則發表最新 SAN 儲存陣列－HPE Primera 600，以及伺服器產品線的更新－HPE ProLiant DL360 與 DL380 Gen10 Plus 均搭載 Intel 第三代 Xeon 可擴充處理器。另外，HPE 也開始布局 Open RAN 市場，在新推出的 HPE Open RAN Solution Stack 解決方案中，就包含了 ProLiant DL110 Gen10 Plus 這款主要針對 Open RAN 工作負載最佳化的伺服器。而在刀鋒伺服器方面，則推出了 Synergy 480 Gen10 Plus。9 月 HPE 完成對雲數據管理和保護行業領導者 Zerto 的收購，並與國家安全局（NSA）簽訂了一份價值 20 億美元的契約，該契約將在 10 年內用於通過 HPE GreenLake 平台提供 HPE 的高效能運算（HPC）技術即服務。

HPE 將逐漸轉型為服務公司，並於 2022 年前透過訂閱服務、以量計價及其他形式提供產品組合，並持續以資本支出與授權模式提供軟硬體產品，讓客戶自由選擇以傳統方式或服務形式使用 HPE 產品與服務。

2022 年 4 月，HPE 在 AI 方面有許多發展。其於西班牙開設人工智慧和數據全球卓越中心，構建 Swarm Learning 解決方案，並藉由大規模 AI 開發和培訓解決方案，加速從 POC 到生產的 AI 之旅。此外，HPE 也加速 RAN 部署，5 月於加拿大開設新總部，另在捷克設立新工廠。

針對 COVID-19 的疫情，HP 在 2020 年 3 月宣布將其 3D 印表機產品客戶，利用 3D 列印技術生產口罩、面罩、開門裝置，甚至包含陽春版的呼吸裝置，以因應日益緊張的醫療物資與器材需求。而臺灣的口罩國家隊的重要成員亞崴機電，與 HPE 攜手合作，藉由 HPE Nimble Storage dHCI 智慧儲存融合式解決方案，同時滿足效能與空間的彈性擴充需求。

俄烏戰爭下，HPE 宣布暫時退出俄羅斯及白俄羅斯市場，終止業務包含伺服器與軟體服務，但會保持與受此決定影響的員工、客戶及合作夥伴溝通。

8. Accenture

埃森哲(Accenture)，其前身為 Andersen Consulting，創立於 1989 年，總部位於愛爾蘭都柏林（Dublin），是全球顧問諮詢、系統整合與委外服務的領導業者。雖然 Accenture 的業務是以服務為主體，但 Accenture 也擅長將其服務與其他資通訊軟體及硬體產品進行整合，因此包括 Microsoft、Oracle、SAP 等資通訊產品大廠都將 Accenture 視為重要的策略合作夥伴。Accenture 的資訊服務模式可分為兩大類，第一類是期程較短的個別專案，另一類則是期程較長的委外服務。其服務模式可以依照客戶的特性與所在的地理位置進行模組化組合，2021 年 Accenture 全球淨收入達 505 億美元，營收成長約 14%。Accenture 是《財富》全球 500 強企業之一，目前擁有約 49.2 萬名員工，服務於 120 多個國家的客戶。

Accenture 自 2015 年來持續針對具有特定優勢的廠商或事業單位進行併購，以擴大其營運領域與市場區域。近期較為顯著的併購策略方向是強化其在商業智慧、商業分析、數位行銷與世界各地企業諮詢方面的服務能量，目標是希望未來能透過新興的資通訊科技應用，提供企業客戶更有價值的系統整合與顧問服務，更加深入企業營運與決策流程，並多方著墨新興產業領域，如能源領域、金融科技與物聯網產業等。

2020 年 8 月，Accenture 宣布併購總部位於義大利 Turin 的系統整合商 PLM Systems，收購 PLM Systems 是 Accenture 整體策略的一部分，其目的在戰略性擴展關鍵技術和能力。這是繼併購加拿大 Callisto Integration、法國 Silveo 和愛爾蘭 Enterprise System Partners 後，Accenture 併購的第四家智慧製造諮詢、服務和解決方案供應商。此外，Accenture 為加強其工業 X.0 業務，而併購德國嵌入式軟體公司 ESR Labs、荷蘭產品設計和創新機構 VanBerlo、美國產品創新和工程公司 Nytec 以及德國戰略設計諮詢公司 designaffairs。

2021 年 2 月，Accenture 與 SAP 合作部署基於雲的 SAP 解決方案，並收購了英國的 SAP 雲和軟體諮詢合作夥伴 Edenhouse，且與微軟擴大合作關係以支持英國低碳轉型。3 月，Accenture 收購技術諮詢公司 REPL Group、Imaginea 及巴西的工業機器人和自動化系統公司 Pollux，擴大其零售技術和供應鏈，並拓展雲端功能。6 月宣布收購總部位於德國亞琛的工程諮詢和服務公司 umlaut，拓展 Accenture 的專業能力，助力企業利用雲端、AI 和 5G 等數位技術革新產品設計、開發和製造方式，落實可持續發展。

為提倡綠色環保與永續發展等概念，2021 年 5 月時，微軟攜手 Accenture、GitHub 及軟體諮詢公司 ThoughtWorks 一同成立了「綠色軟體基金會」(Green Software Foundation)，微軟、Accenture、高盛集團、GiHhub，以及 Linux 基金會、氣候團體等非營利組織合作，要為資料中心開發更環保的「綠色軟體」。目的是開發一個可持續的生態系統，為產生較少碳的應用程式提供支援，該基金會的目標是到 2030 年將軟體的碳排放減少 45%。

9 月，收購 Google Cloud Services Boutique Wabion、Gevity、King James Group（南非最大的獨立創意機構之一）、Blue Horseshoe、HRC 零售諮詢公司、Experity。10 月，完成對 umlaut 的收購，以及 Advoco（擴展智能資產管理解決方案的能力）、BRIDGEi2（擴展數據科學、機器學習和人工智慧驅動的洞察力）、BENEXT、Glamit、Xoomworks、BCS Consulting（加強其英國金融服務諮詢和技術服務能力）。11 月，收購阿拉伯 AppsPro、ClearEdge Partners、TA Cook（增強資本密集型行業客戶的資產績效管理能力）、Founders Intelligence（幫助企業高管通過創新推動增長）、日本 Tambourin、King James Grou（在品牌戰略、創意和數字營銷服務方面擁有深厚的專業知識）。12 月，收購 Headspring 以擴展和增強 Cloud First 平台工程能力，另收購 Zestgroup。2022 年 3 月至 5 月，Accenture 收購 Avieco、Ergo、akzente，另投資 Talespin（專注於勞動力人才發展和技能流動的空間計算公司）、數據技術公司 Inrupt、Strivr。

在合作夥伴方面，2021 年 11 月，Accenture 和 AWS 宣布在未來五年內進行額外的聯合投資，通過業務集團（AABG）提供解決方案，幫助客戶在 Cloud Continuum 上推動創新。2022 年 1 月，與 Celonis 結成戰略聯盟，幫助客戶在業務流程中釋放新價值。5 月，Accenture 與 SAP 聯合推出產品 RISE，大型企業將從雲服務和業務創新中創造新價值；紅帽與 Accenture 擴大聯盟以加速混合雲創新。

俄烏戰爭下，Accenture 宣布撤出在俄羅斯的業務。

9. NortionLifeLock

Symantec 成立於 1982 年，總部位於美國加州山景城（Mountain View），其核心的業務在於提供個人與企業用戶資訊安全、儲存與系統管理方面的解決方案，是全球資訊安全、儲存與系統管理解決方案領域的領導廠商，2019 年 11 月，賽門鐵克更名為 NortonLifeLock Inc.，2021 年營收約 25 億美元。

在產品服務方面，Symantec 主要提供資訊安全與管理服務，並可以分為雲端安全防護產品、備援歸檔以及雲端儲存等功能，其中雲端安全產品包括 DLP(Data Loss Prevention)、CSP(Critical Systems Protection)、Endpoint Protection、Verisign 身分驗證服務等。Symantec 的資訊安全與管理服務為一整套的雲端安全解決方案，提供企業全方位的雲端資訊安全服務，涵蓋網路、儲存設備、端點系統等，達到監控、偵測、防護企業資料，保護企業虛擬機器與資產的目的。除了一般個人電腦，Symantec 的資訊安全與管理服務同時切入資安需求日漸增加的行動裝置市場，包括行動裝置的網路安全、檔案傳輸安全與裝置安全等。

觀察 Symantec 近期重要發展動態，在 2019 年 8 月，通訊晶片大廠博通（Broadcom）以 107 億美元現金（約新臺幣 3,383 億元），收購 Symantec 的企業安全業務，而 Symantec 仍然保有消費性安全產品，包括身分防護服務 LifeLock 及 Norton 防毒軟體。2020 年 1 月，博通宣布將原賽門鐵克網路安全服務部門（Cyber Security Services）賣給 IT 顧問公司 Accenture，Symantec 網路安全服務部門將整併到 Accenture 安全服務部門。全球性 IT 代理商 Westcon Taiwan 威實康科技自 2022 年 8 月起正式成為賽門鐵克臺灣區代理商。12 月時，前身是賽門鐵克消費產品部門的 NortonLifelock 宣布以 3.6 億美元收購德國防毒軟體業者 Avira。

儘管企業端產品線股權已易主，賽門鐵克首席技術顧問張士龍表示，Symantec 仍持續進行研發，包含地端及整合式網路防禦（Integrated Cyber Defense）平台，在 OT 場域，亦設計實體設備 ICSP（Symantec Industrial Control System Protection），協助機台確保使用隨身碟進行程式修補更新的安全。透過整合式網路防禦降低資安複雜度與雲端風險管理是其近年來的發展重點，整合式網路防禦是指透過統一管理介面，掌握來自不同控制點所蒐集的資訊，以標準化格式進行資料蒐集與交換，並透過 API 介接企業既有的安全資訊事件管理系統（Security information and event management, SIEM），解除異質資安技術的資料孤島問題，提高可視性與資料分析力。

擁有高市占率的 Symantec 企業防毒軟體（Symantec Endpoint Protection, SEP），自 2019 下半年開始，出現不少漏洞，像是本地端權限漏洞，可讓駭客隨著 SEP 啟動在受害電腦持續載入惡意程式，還有因病毒碼更新導致電腦出現 BSOD 而無法使用等情況。在安全部門被博通買下後，情況有好轉的現象。2022 年 8 月，Symantec 發現一起全球網路間諜攻擊，又名 BlackTech 的駭客組織 Palmerworm，運用 Putty、PSExec、SNScan、WinRAR 這類兩用工具（dual use tools）進行離地攻擊，臺灣、中國大陸、日本與美國許多企業受害，而 Symantec 也提供了其使用的惡意程式 Consock、Waship、Dalwit、Nomri、Kivars 及 Pled 使用的入侵指標（IoC）供企業資安部門參考。

2021 年 10 月，NortonLifeLock 推出 AntiTrack 以保護客戶免受線上跟蹤。2022 年 2 月，推出社交媒體監控，新功能有助於防止社交媒體帳戶接管和網路欺凌。3 月，在英國推出 Norton™ Identity Advisor Plus，該產品利用公司的消費者身分保護專業知識幫助身分盜竊的受害者解決他們的問題。

俄烏戰爭下，NortonLifeLock 宣布停止在俄羅斯的銷售業務，並停止其產品服務。

二、臺灣市場總覽

依據前述的資訊軟體暨服務市場定義與範疇，以下將分析臺灣市場規模與發展趨勢，並剖析臺灣資訊軟體暨服務產業結構及現況。

（一）市場趨勢

臺灣資訊軟體暨服務產業，預估產值將由 2020 年的 3,292 億元成長至 2024 年的 4,773 億元新臺幣，成長動能來自系統整合與資料處理業務的成長，主要來自雲端、5G、物聯網、資安等應用，帶動企業 IT 建置需求增加，驅動民間商機成長及行業別應用，此外，不少企業在疫情驅動下改變了營運模式，亦帶動整體資服產值成長。

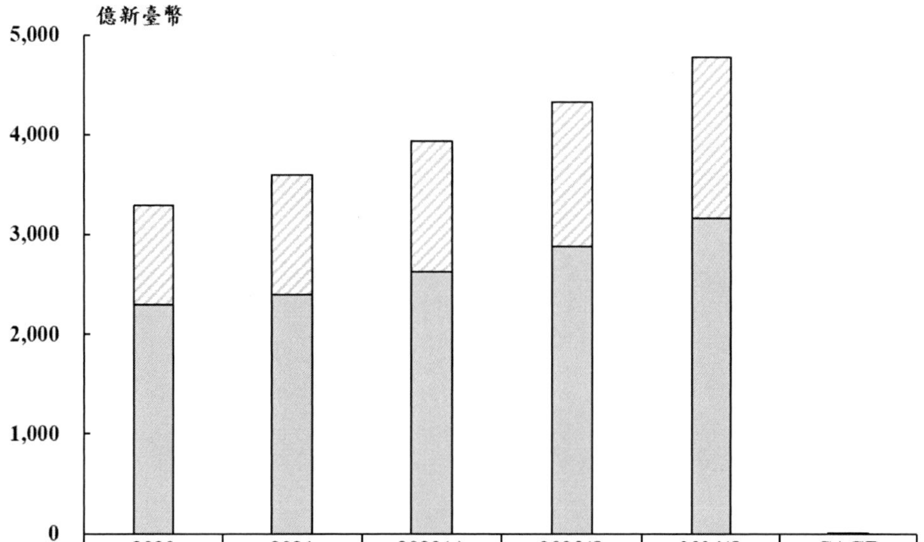

	2020	2021	2022(e)	2023(f)	2024(f)	CAGR
□資訊軟體	1,001	1,191	1,313	1,450	1,606	12.5%
□資訊服務	2,291	2,400	2,623	2,877	3,167	8.4%
Total	3,292	3,591	3,936	4,328	4,773	9.7%
成長率	11.3%	9.1%	9.6%	9.9%	10.3%	

資料來源：資策會 MIC 經濟部 ITIS 研究團隊，2022 年 8 月

圖 2-6 臺灣資訊軟體暨服務產業產值

1. 發展趨勢分析

2020 年資訊產業技術發展趨勢聚焦於 5G 基礎建設（基地台建置與商業模式探索）、物聯網（發展邊緣運算）與人工智慧（技術提升與產品落地），進而串聯不同的技術來開創新的應用場景和商業模式。而後擴散到不同產業，包括製造業（智慧製造）、金融業（智慧金融）、零售業（智慧零售）、醫療業（智慧醫療）等領域，並從中發展領域專業知識並提供顧問諮詢服務。

觀測 2020 年到 2024 年，預估產值將由 2020 年的 3,292 億元成長至 2024 年的 4,773 億元新臺幣，年複合成長率 9.7%，其中資料處理占比超過 27%。主要受惠於雲端服務、人工智慧、金融科技、資訊安全及雲端服務之應用等議題發酵，同時科技化解決方案的普及也帶動產值的增加。

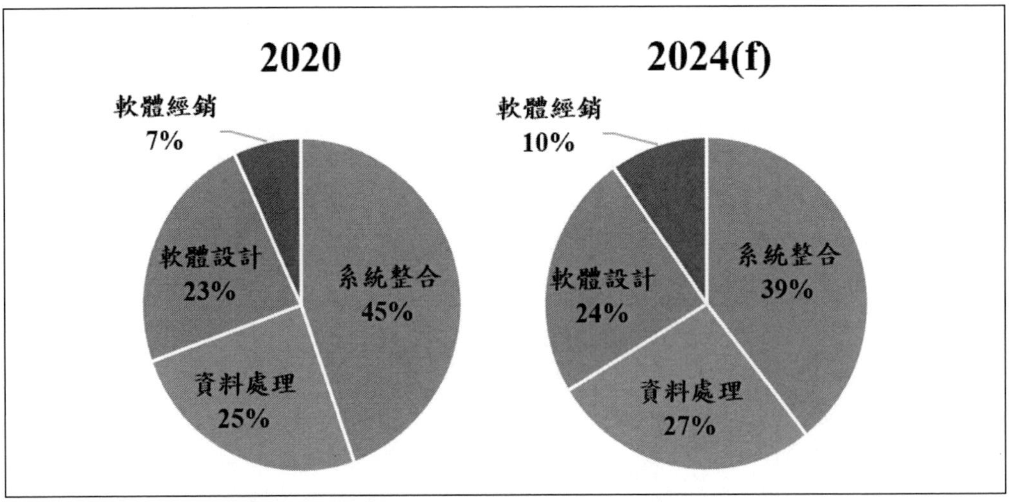

資料來源：資策會 MIC 經濟部 ITIS 研究團隊，2022 年 8 月

圖 2-7 臺灣資訊軟體暨服務產業次產業分析

(1) 系統整合產業趨勢分析

系統整合市場方面，臺灣系統整合市場主要是由大型企業的持續採用需求驅動。大型企業因布局全球市場而擴增資通訊軟硬體，或因週期性需求更新或汰換原有的資訊系統，或因企業與部門之間的整併而調整資訊解決方案的投資應用。

綜觀近年臺灣系統整合市場規模成長平穩，除了智慧製造的議題逐步發酵外，資訊安全議題也隨著企業進行數位轉型而開始受到重視，預期會成為未來系統整合市場的成長動能。預估臺灣系統整合產值將由 2020 年的 1,471 億元成長至 2024 年的 1,883 億元新臺幣，主要支撐力來自系統規劃、分析、設計及建置等相關專標案，及資訊安全、災害復原、設備管理、技術諮詢等需求，此外，COVID-19 疫情加速企業數位轉型腳步，5G、雲端、人工智慧等科技帶動系統整合產值提升。

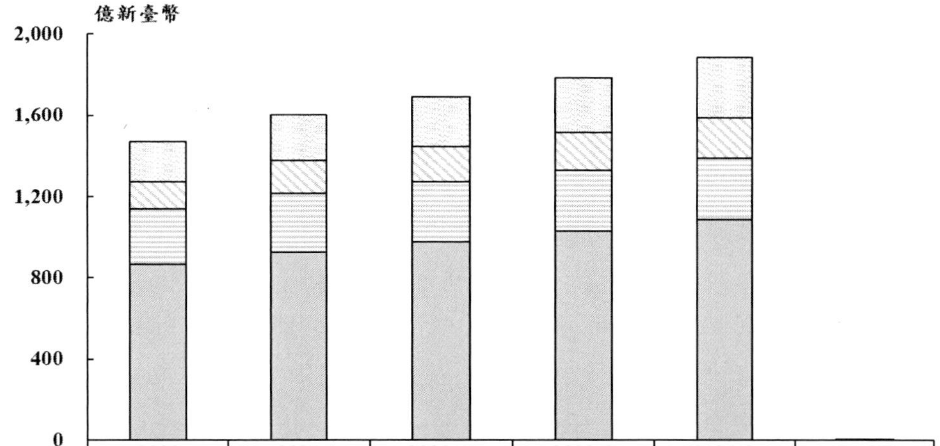

	2020	2021	2022(e)	2023(f)	2024(f)	CAGR
□其他服務	199	226	248	271	297	10.6%
□系統建置	132	161	172	184	197	10.5%
□顧問諮詢	273	291	295	299	302	2.6%
□系統設計	867	927	977	1,030	1,086	5.8%
Total	1,471	1,605	1,692	1,784	1,883	6.4%
成長率	9.8%	9.1%	5.4%	5.5%	5.5%	

資料來源：資策會 MIC 經濟部 ITIS 研究團隊，2022 年 8 月

圖 2-8 臺灣系統整合業產值

在系統整合業中，系統設計及設備管理及技術諮詢占整體系統整合業產值占比達 6 成。相較 2020 年，2021 年系統整合較 2020 年成長。隨著製造業、金融業、政府公部門等企業與組織的數位轉型需求，以及混合辦公趨勢帶動的雲服務、防疫帶動的無接觸商機，企業在資安防護的需求，均不斷驅動系統整合建置的需求。

次產業	2020	2021	2022（e）	2023（f）
其他電腦相關服務	13.5%	14.1% ↑	14.6%	15.2%
電腦設備管理及資訊技術諮詢	18.6%	18.1% ↓	17.4%	16.7%
系統規劃、分析及設計	58.9%	57.8% ↓	57.8%	57.7%
系統整合建置	9.0%	10.0% ↑	10.2%	10.3%

資料來源：資策會 MIC 經濟部 ITIS 研究團隊，2022 年 8 月

圖 2-9 臺灣系統整合業分析

(2) 資料處理業趨勢分析

在資料處理服務市場方面，主要是以資訊管理委外和系統維護支援為主軸。流程管理委外則偏重於客服中心服務委外，以及金融帳單管理委外，程式開發代工多採用由外包廠商派駐程式開發人力於企業的模式。預估資料處理及資訊供應服務業產值，將由 2020 年的 820 億元新臺幣成長至 2024 年的 1,284 億元新臺幣，其中資料處理、主機及網站代管占整體系統整合產值超過 8 成，主要支撐力來自於主機代管、異地備援及雲端運算業務的成長，此外，來自 AI、FinTech、大數據等新科技，及數據驅動的各種 IT 需求，亦是推動產值向上的主要原因。

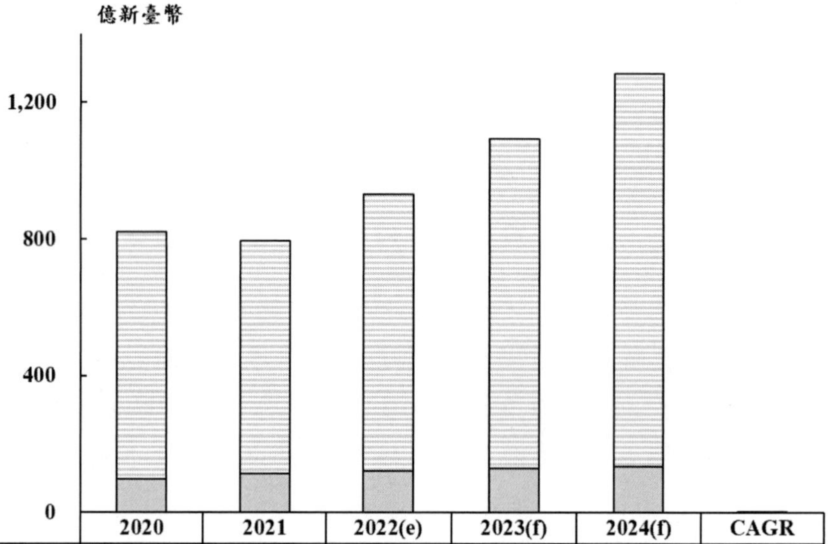

	2020	2021	2022(e)	2023(f)	2024(f)	CAGR
□資料處理／主機代管	721	681	811	965	1,148	12.3%
■網站經營	99	114	121	128	136	8.3%
Total	820	795	931	1,093	1,284	11.9%
成長率	13.1%	-3.0%	17.2%	17.3%	17.5%	

資料來源：資策會 MIC 經濟部 ITIS 研究團隊，2022 年 8 月

圖 2-10 資料處理產業產值

在資料處理與資訊供應服務業中，資料處理及主機代管服務業之產值占比超過 8 成。相較 2020 年，整個次產業占比中，2021 年資料處理及主機代管服務業之產值較 2020 年微幅下降，預估 2022 年將成長到 90% 。主要支撐力來自雲端、委外及主機網站代管等服務業務的拓展，受惠於疫情對企業營運模式帶來的改變，有許多公司採用「在家工作、遠端協作」模式取代傳統的辦公室上班，此外，越來越多企業數據需要即時分析，對於資料處理的需求也越來越即時，加上數據分析、人工智慧、機器學習、深度學習、機器人流程自動化等應用，開始大量應用在企業運作中，各種雲端應用如「電子商務」、「宅經濟」、「數位安全」需求，持續為雲端服務形成新藍海。

次產業	2020	2021	2022(e)	2023(f)
資料處理、主機及網站代管	87.9%	85.7% ↓	87.1%	88.3%
網站經營	12.1%	14.3% ↑	13.0%	11.7%

資料來源：資策會 MIC 經濟部 ITIS 研究團隊，2022 年 8 月

圖 2-11　臺灣資料處理與資訊供應服務業分析

2. 資訊軟體市場規模

在軟體市場方面，雲端運算、巨量資料服務、行動應用、遊戲軟體與智慧型裝置仍左右臺灣軟體市場未來數年走勢，預估資訊軟體業產值，將由 2020 年的 1,001 億元新臺幣成長至 2024 年的 1,605 億元新臺幣，主要支撐力來自非遊戲程式設計、修改、測試及維護，如作業系統程式、應用程式之設計，此外，在雲端、AI、5G、遠距等技術相互疊代發展下，新技術發展將愈來愈成熟，加上疫情加快企業數位轉型的腳步，軟體應用與服務因為虛實整合、顧客導向、多元技術融合、智動化四個背景因素影響，發展出新的格局，也帶動軟體業產值提升。

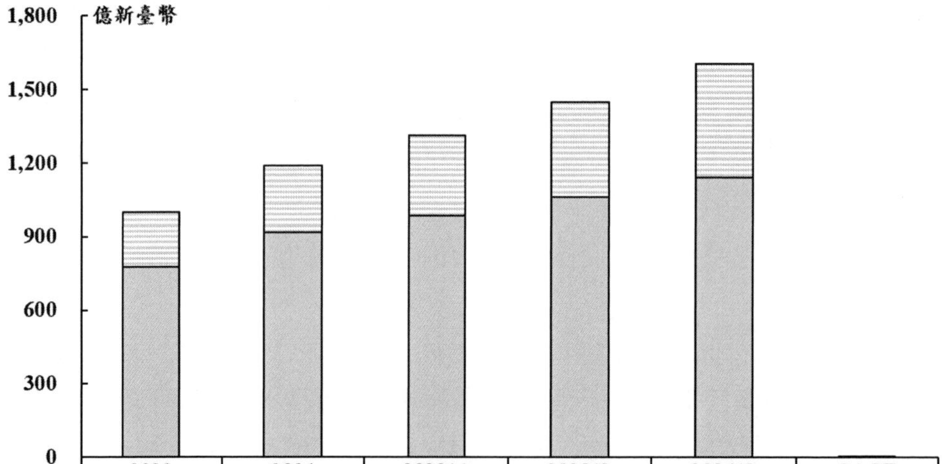

	2020	2021	2022(e)	2023(f)	2024(f)	CAGR
□軟體經銷	225	274	326	389	463	19.8%
■軟體設計	776	917	987	1,062	1,142	10.1%
Total	1,001	1,191	1,313	1,451	1,605	12.5%
成長率	12.0%	19.0%	10.3%	10.5%	10.6%	

資料來源：資策會 MIC 經濟部 ITIS 研究團隊，2022 年 8 月

圖 2-12 臺灣軟體產業產值

(1)軟體設計產業分析

臺灣軟體設計市場主要由大型企業持續需求採用所驅動，包括持續擴建或升級資訊系統，或因週期性需求而更新或汰換原有資訊系統等。其中應用軟體市場方面，雖受惠智慧製造，MES 建置熱絡，但由於 ERP 等傳統應用不振，使整體應用軟體規模成長短期難有表現；資訊安全市場伴隨著聯網裝置出貨量提升、物聯網應用擴張而持續升溫；資料庫市場受惠於近年巨量資料應用和雲端運算的發展，表現較其他軟體為優；開發工具部分則以虛擬化應用、商業分析為要角。預估軟體設計業產值，將由 2020 年的 776 億元新臺幣成長至 2024 年的 1,143 億元新臺幣，其中電腦設計占整體資訊軟體設計業產值超過 9 成，主要支撐力來自於軟體之程式設計、修改、測試及維護等業務成長，此外，隨著 Web 技術、雲端架構、容器技術、DevOps 流程等新興開發技術和方法的成熟和普及，加上因防疫需求帶動遠距商機所驅動的各種資訊服務需求，帶動軟體設計業的需求。

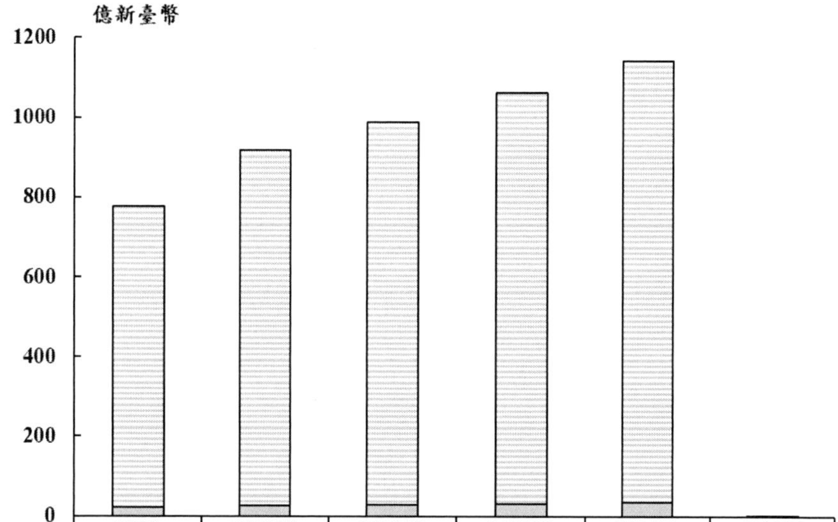

	2020	2021(e)	2022(f)	2023(f)	2024(f)	CAGR
□其他電腦程式設計	753	891	958	1030	1108	10.1%
▩網頁設計	23	26	29	32	35	11.1%
Total	776	917	987	1,062	1,143	10.2%
成長率	7.2%	18.2%	7.6%	7.6%	7.6%	

資料來源：資策會 MIC 經濟部 ITIS 研究團隊，2022 年 8 月

圖 2-13 臺灣軟體設計產業產值

(2) 軟體經銷產業

在軟體經銷市場方面，臺灣大眾套裝軟體主要以商用軟體和遊戲軟體為主。隨著行動裝置應用逐漸普及，消費者使用行為習慣逐漸轉變，行動應用成為企業接觸消費者重要窗口，其市場規模將持續走揚，預估臺灣軟體經銷產值將由 2020 年的 225 億元新臺幣成長至 2024 年的 464 億元新臺幣。其中遊戲軟體佔整體通路經銷業產值超過 8 成，而其他軟體出版包括非遊戲軟體出版，如作業系統軟體、應用軟體、套裝軟體等。

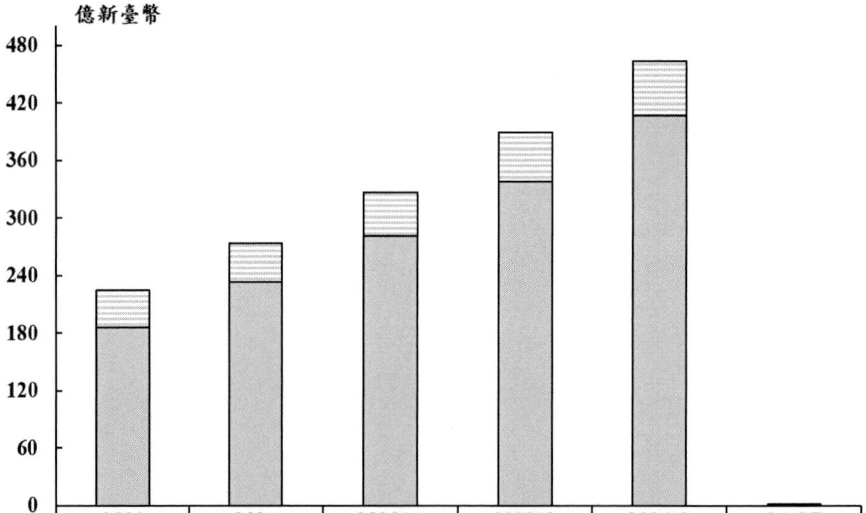

	2020	2021	2022(e)	2023(f)	2024(f)	CAGR
□其他軟體出版	39	41	46	51	57	10.0%
□遊戲軟體	186	233	281	338	407	21.6%
Total	225	274	327	389	464	19.8%
成長率	32.4%	21.8%	19.2%	19.0%	19.3%	

資料來源：資策會 MIC 經濟部 ITIS 研究團隊，2022 年 8 月

圖 2-14 臺灣軟體經銷產業產值

在臺灣軟體業中，程式設計之產值占比接近 8 成，相較 2020 年，整個次產業占比中，2021 年遊戲軟體較 2020 年增加 1%，網頁設計較 2020 年減少 0.1%，軟體出版較 2020 年減少 0.5%。

主要支撐力來自於遊戲軟體、商用軟體、辦公室應用軟體等的需求，此外，例如公文管理、薪資管理、知識管理、CRM、會計系統等雲端應用軟體及資安防護的解決方案成為企業數位轉型的重要推手。

次產業	2020	2021	2022(e)	2023(f)
程式設計	75.2%	74.8% ↓	73.0%	71.0%
網頁設計	2.3%	2.2% ↓	2.2%	2.2%
軟體出版	3.9%	3.4% ↓	3.5%	3.5%
遊戲軟體	18.6%	19.6% ↑	21.4%	23.3%

資料來源：資策會 MIC 經濟部 ITIS 研究團隊，2022 年 8 月

圖 2-15 臺灣軟體業分析

隨著 COVID-19 疫情影響，遠距辦公和線上會議的轉變加速了雲端的使用，而搭配行動應用、巨量資料、社交媒體等新興科技的蓬勃發展，不少企業在疫情驅動下營運模式改變，提升整體資訊服務及軟體業產值升。

疫情仍持續影響讓企業對數位化需求更加迫切，而隨著企業紛紛採用分流或是居家辦公機制，衍生出更多的雲端存取、遠距協作、視訊會議、以及資訊安全的需求，因此在營運方面將更加仰賴資訊服務業者提供更彈性的數位轉型服務。

近年來業者積極朝向 ICT 資通訊服務轉型，並進軍雲端、大數據、AI 等領域，可以預期資訊軟體與資訊服務的角色將越發重要，原本傳統上分開營運科技 OT 與資訊科技 IT，兩者之間的邊界也將變得愈來愈為模糊，兩邊必須協調及緊密地合作，以確保端對端的資訊安全無虞，而 IT 與 OT 數據整合，也是智慧化發展的重要路徑。

隨著國際局勢如烏俄戰爭的瞬息萬變，供應鏈危機不但考驗企業的營運韌性，也加速企業數位轉型的布局，如何透過新興科技進行轉型升級並改善內部營運流程與服務已是當務之急，資服業如能透過雲服務所需的核心技術能力，結合顧問服務能量，將新興技術疊加融合應用於各垂直產業及工作環節中，將可協助企業有效提升營運韌性，並創造出各種加值服務的商機。

（二）產業結構

綜觀臺灣整體資訊服務與軟體產業結構與現況，呈現出臺灣本土業者與外商競合之情形。位於軟體產業價值鏈上游之本體軟體產品供應商雖比不上外商強勢，但因深耕臺灣國內市場多年，已廣受中小企業青睞。位於軟體產業價值鏈中游之本土代理商，則憑藉其通路優勢，代理本土業者或外商之軟體產品與資訊服務以獲取利益。位於軟體產業價值鏈下游之資訊服務商與加值經銷商（Value Added Reseller, VAR），為大部分臺灣軟體業者之經營型態，其中主力為系統整合商，依據用戶需求提供軟硬體、資通訊及服務之整合解決方案，其業務需依據用戶需求進行一系列之系統規劃與建置，以達到最佳化、客製化與後續支援維運。

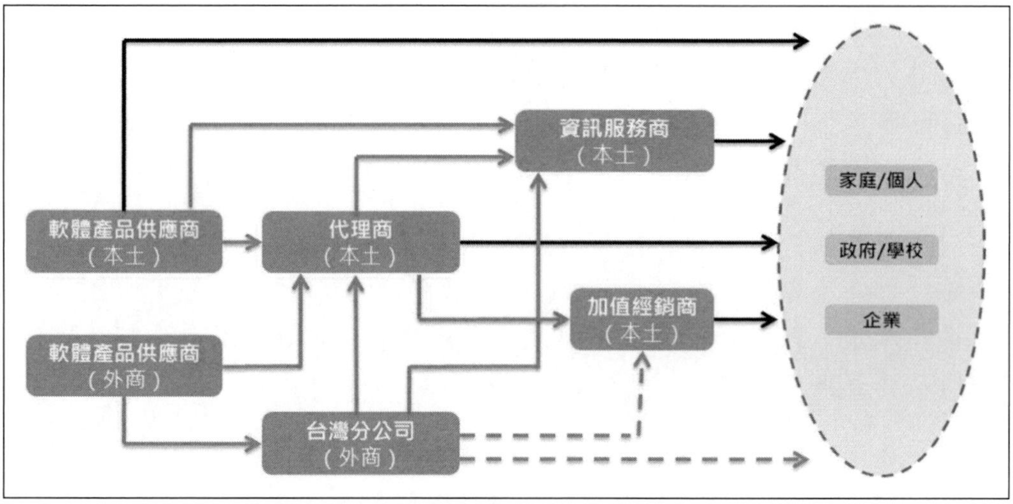

資料來源：資策會 MIC 經濟部 ITIS 研究團隊，2022 年 8 月

圖 2-16 臺灣資訊服務暨軟體產業結構

臺灣軟體之使用者方面，涵蓋企業、政府與個人，用戶多以價格、產品功能、市占率及軟硬體系統彈性為採用軟體之主要考量。另外，用戶對於軟體廠商之挑選條件，還包括檢視廠商知名度與評價、業者營運規模與穩定性、專業顧問能力與導入經驗、客製化服務能力、技術支援能力與服務品質。

整體而言，臺灣資訊軟體暨服務產業發展已具基礎，廠商皆於各自之領域中累積長期經驗及領域知識，已能精確掌握且提供滿足用戶需求之解決方案。然而，因為產業進入門檻不高，導致小廠林立，且廠商又集中於少數之利基市場，形成小而零散之產業結構。

第三章｜資訊軟體暨服務市場個論

一、系統整合

軟體系統整合市場係指將不同的系統以及軟體應用串聯的服務，讓多個不同的次系統能夠以單一完整的體系運作，在系統整合的過程中，確保所有的次系統的功能都能夠在單一體系下彼此串聯相容。系統整合資訊服務廠商則是在協助企業進行資訊科技的評估、建置、管理、最佳化等作為，這些服務包含牽涉到專案導向的商業顧問、科技顧問、軟硬體系統設計與建置，以及期約導向的資訊委外、軟硬體維護等服務，而依照整合範疇來看，可分為垂直整合以及水平整合兩種模式：

- 垂直整合：相對於水平整合，垂直整合依據各次系統的功能疊加各種功能及應用，系統相對封閉，通常整合速度較快且成本較低。
- 水平整合：著重在各個系統間的相互通訊以及整合方式，讓不同的應用服務協調運作，能夠增加系統擴展的彈性。

系統整合業者利用各種套裝軟硬體、整合與顧問服務等資訊科技與服務，將資訊系統所需之要素彙整，協助企業達到各種營運策略與目的。

1. 顧問諮詢

面對數位轉型的複雜性以及與組織策略的整合困難，讓數位轉型的顧問諮詢服務持續成長，全球大型的數位轉型顧問資訊業者包括：Accenture、Cognizant、PWC、Capgemini、KPMG、Deloitte 及 EY 等，顧問諮詢廠商在各產業的領域知識以及顧問的方法論、科技應用經驗等，都應具備其價值。

2. 系統設計與建置

與顧問諮詢業者的模式不同，系統設計與建置業者專精在資訊科技系統建置與導入，重點在於科技上的專精以及系統整合的能力，透過結合跨領域、跨技術的合作夥伴，協助企業完成系統導入、異質系統整合，近年也積極與顧問諮詢業者、電信業者、資訊安全、人工智慧等相關領域的業者合作，協助客戶將新興科技導入在企業運營上，主要的業者包含 IBM、CSC、NTT DATA、Dell 等。

（一）市場趨勢

2021 年至 2022 年全球 COVID-19 疫情逐漸消退，但疫情仍持續影響全球的系統整合市場，疫情期間因為封城等因素導致專案性質的資訊服務受到衝擊，在今年延宕的專案紛紛開始啟動，企業在疫情後仍持續投入在數位轉型發展，部分員工已回到實體辦公空間，但仍有部分員工維持雲端以及遠距辦公的工作模式，企業朝向混合的模式發展，另外隨著各國政府的環保法規以及消費者意識的抬頭，越來越多業者朝向永續轉型，企業因應市場及法規的要求轉變營運模式，成為系統整合業者的重要發展方向。

1. 企業永續轉型

永續及環境相關的法規管制逐漸趨向嚴格，消費者對於環境保護意識的抬頭，促使企業開始重視企業社會責任（Environmental, Social and Government, ESG）的發展，永續議題成為企業轉型的重要發展方向，企業追求短期的利益的同時也思考長期、永續的經營理念，企業轉型的過程仰賴資訊業者在系統建置規劃以及顧問服務輔助，針對企業價值鏈的重新檢視與合作，結合數據管理及分析逐一的改善，創造企業的永續價值，此外，永續長（Chief Sustainability Officer, CSO）已成為重要 ESG 高階職務協助企業永續轉型。

近年關於法規及管制包含以下：

(1) 聯合國永續發展指數協助企業永續發展

聯合國在 2015 年所發布的永續發展指標（Sustainable Development Goals, SDGs），總共提出 17 項指標，呼籲各國政府及企業更加重視永續的議題，並針對各個指標提出相關的作法建議、可利用資源，以及相關科技等資訊，系統整合業者如何利用資訊與科技的工具，協助企業落實永續發展，在資源有限的狀況下維持企業營運，達成 SDGs 的要求增加企業在國際的競爭力。

資料來源：聯合國，資策會 MIC 經濟部 ITIS 研究團隊整理，2022 年 8 月

圖 3-1　聯合國永續發展指標

(2) 歐盟法規管制加速企業永續轉型

近年來歐盟相當積極地推動碳中和及永續議題，在 2019 年 12 月發布「歐洲綠色協議」（The European Green Deal），該協議訂定之中期目標為在 2030 年溫室氣體排放縮減至 50-55%，長期目標則是在 2050 年實現歐洲地區的碳中和，並預計在近幾年陸續實施「碳邊境調節機制」（Carbon Border Adjustment Mechanism, CBAM），推行碳關稅政策，透過碳關稅的強制管制作法，促使各企業加速落實綠色能源採用及碳中和相關的計畫。

(3) 永續發展與金融

相較於過去投資人著重在短期的營收，越來越多投資人開始重視永續經營，入選永續指標的企業獲得投資人的關注，讓永續經營的重要性在金融市場逐漸提高，讓企業不僅追求短期的利益，更重視長期的發展。

法規管制上，金管會在2022年3月發布了「上市櫃公司永續發展路徑圖」，協助國內的企業規劃及建置減碳目標，金管會要求所有的上市櫃公司在2027年以前完成溫室氣體「盤查」，並在2029年以前完成溫室氣體盤查之「查證」，法規強制性的規範將會帶動業者在溫室氣體管理的系統需求。

2. 資訊安全

隨著企業內部網路逐漸與外部連結，網路的環境日趨複雜，企業在資訊安全防護的需求持續增加，對於企業內部系統的要求除了提升營運效率外，也更加重視資訊安全的問題，系統整合業者著重在協助企業規劃完整的資訊安全解決方案，同時兼顧企業營運需求以及安全。

(1) 金管會要求設立資安長

臺灣也為提升企業在資安的重視程度，金管會要求企業內控準則中，成立資安長一職，專責負責企業的資訊安全規劃，在2021年12月，金管會發布「公開發行公司建立內部控制制度處理準則」，要求上市櫃公司配置資訊安全人力編制，以及資安長（CISO）的職缺。

資安長同時具備資安管理以及公司治理的思維，有助於企業在資安資源的配置與投入，顯示不管是政府單位或是企業，將提升對於資訊安全的重視程度，系統整合業者協助企業整合及建置內部資安團隊與工具，確保各種異質系統的資安解決方案能夠持續運作。

(2) 工控環境安全

隨著工業4.0以及智慧製造的興起，企業為追求生產效率的提升，朝向自動化以及智慧化的方向發展，讓許多工業系統與設備逐漸連接網路，隨之而來的就是安全的議題，近年國家基礎設施供應商或是大型製造業接連發生多起重大的資訊安全危害事件，顯示在工業控制系統中安全性不足，資訊安全相關系統規劃及整合的需求因應而生，協助企業在導入智慧化解決方案的同時，需要同時兼顧資訊安全的防護。

表 3-1 近期多起重大工控環境資安事件

日期	事件概述	危害及影響
2020/03	美國聯邦政府財政部及商務部下屬之國家電信及資訊管理局（NTIA）遭受駭客攻擊，透過微軟、SolarWinds 以及 VMware 的軟體及憑證入侵，竊取大量國家機密資訊	駭客潛伏長達數個月的時間監控美國國家電信局以及財政部的內部電子郵件，外洩資料以及被盜用竄改的資料已無法估計
2021/02	美國佛羅里達州淨水設施遭受駭客攻擊，透過遠距操作軟體 Teamviewer 系統漏洞取得淨水場控制系統權限	駭客取得系統權限後，調高淨水設備的氫氧化鈉的濃度，從正常值 100ppm 提升至 11,100ppm，所幸在投入前被及時發現且修正通報主管機關
2021/05	美國燃油運輸公司 Colonial Pipeline，該油管公司主要供應從德州到紐約的石油，在 20221 年 5 月遭受勒索病毒攻擊，駭客透過破解密碼入侵組織內部，取得系統操作權限，並勒索交付贖金	燃油運輸公司遭到駭客勒索 75 個彼特幣，或是 4,400 萬美元的贖金，而燃油運輸公司為避免駭客攻擊進一步擴散，決定停止油管管理系統運作，迫使供應美國東岸 45%的油管關閉長達 6 天的時間

資料來源：資策會 MIC 經濟部 ITIS 研究團隊，2022 年 8 月

(3) 零信任資安

在 2021 年 5 月，美國拜登政府發布行政命令「EO 14028」國家網路安全戰略，強調在國家的層級將以更積極的作為對抗網路安全威脅，以因應與日俱增的資訊安全危害。在 2022 年 8 月由美國 OMB 提出「聯邦零信任戰略」草案，聯邦政府各單位將依據該戰略發展其資安防護能力。美國聯邦政府機構出版的零信任資安架構相關文件如表 3-2 所示。

隨著資安危害日益擴大，顯示基於信任原則的授權管理模式受到挑戰，各國政府也採取更加積極的作為，將會帶動資訊安全權限管理以及遠端存取管理的資訊安全系統設計及規劃市場，企業與組織期望能夠採用更進階的權限管理手段以提升資安防護層級，如多因子認證以及較細緻的身分辨識機制，管理工具的落實仰賴系統業者在顧問及規劃的服務，提供企業從資安管理策略以及解決方案的整合。

表 3-2　2021-2022 年美國國家官方零信任資安架構指南

出版單位	出版文件
聯邦資安及基礎建設安全局 CISA	Zero Trust Maturity Model
美國標準暨技術研究院 NIST	NIST 800-207：零信任架構
美國國防部 DoD	零信任參照架構（Zero Trust Reference Architecture）
美國國家安全局 NSA	擁抱零信任安全模型（Embracing a Zero Trust Security Model）
美國資訊安全與基礎建設安全局 CISA	零信任成熟度模型（Zero Trust Maturity Model）
美國行政管理和預算局 OMB	聯邦政府零信任策略（Federal Zero Trust Strategy）

資料來源：資策會 MIC 經濟部 ITIS 研究團隊，2022 年 8 月

3. 量子運算及安全

目前量子運算技術仍處於前期的發展階段，許多企業及研究機構仍在尋求技術及概念的驗證，期望將相關技術從實驗室推向市場，未來隨著量子運算技術不斷的發展，將開啟許多新興市場發展機會。

量子運算在「最佳化運算」、「機器模擬」、以及「機器學習」運算上具有更高的效率，系統整合業者能夠結合量子運算技術，協助

企業客戶在量子相關的應用，常見的應用包含：風險管理、資訊安全、物流配送新藥開發，以及營運排程等，由於這些領域上量子運算具有更高的效率，成為各家企業極力發展的目標。目前量子運算相關技術的發展趨勢及應用場景如下：

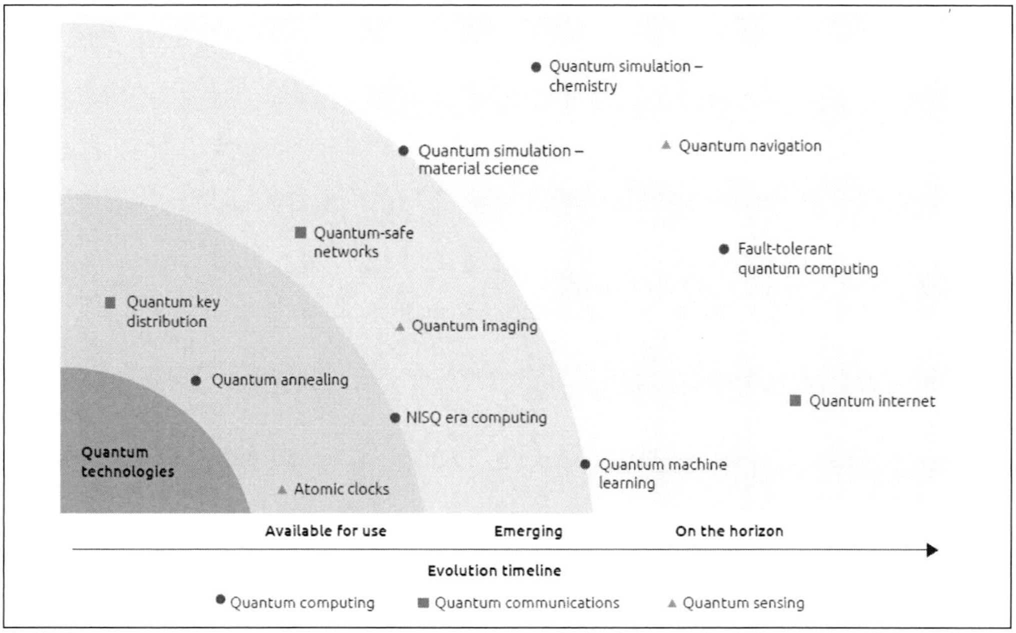

資料來源：Capgemini Research Institute analysis，資策會 MIC 經濟部 ITIS 研究團隊整理，2022 年 8 月

圖 3-2　量子運算技術發展趨勢及關鍵應用場景

(1) 量子運算應用

量子運算透過量子的特性提供運算資源，基礎的量子運算單位為量子位元（Qubit），透過量子的運算解決目前的運算基礎上難以解決的問題，如複雜的最佳化運算、模擬或是機器學習，其中目前主要的應用場景包含：

- 製藥業：生命科學領域相關的新藥開發等應用。
- 金融業：金融服務領域的衍伸性金融商品訂價策略。
- 製造業：供應鏈生產排程最佳化運算。

目前的量子運算仍存在許多挑戰需要克服，導致目前多數還在驗證的階段，尚未能在真實世界採用，待相關限制克服後，才有可能有進一步的發展機會，其中主要的挑戰包含：

- **雜訊問題**：目前量子運算存在雜訊（Noisy）的問題，將會有更高的錯誤率，導致目前還無法提供穩定的應用。
- **極低溫環境需求**：多數的量子電腦需要特定的環境，如超導體（Superconducting qubits）要求極端低的溫度以維持量子的穩定，將增加企業的採用難度。
- **更高的量子位元**：許多的運算要求至少上千的量子位元，但目前多數的量子運算還無法提供足夠的量子位元計算。

(2) 量子通訊及安全

由於傳統的密碼學基於數學的演算法在計算的複雜度進行加密，但在量子計算的基礎上，傳統的加密方式已無法確保通訊的安全，因此量子通訊的安全將採用量子的機制進行通訊，以量子金鑰分發（Quantum key distribution, QKD），利用量子力學的特性實現密碼協定的通訊方式，來加密及解密訊息，為因應量子時代的資訊安全議題，企業也同時思考透過量子通訊及安全以確保獲得足夠的資訊安全能力。

（二）國際業者動態

1. Accenture

埃森哲（Accenture）為全球性的大型系統整合、顧問服務業者，在全球擁有將近 70 萬名員工，營運範圍橫跨 200 個地區以及 50 個國家，在財富世界（Fortune Global）100 大企業中，有 89 家為其客戶，提供的服務包含永續服務、人工智慧、雲端、自動化以及資訊安全等，Accenture 在公司擴展策略上積極的透過併購與策略投資增加營運規模以及範疇，今年著重在永續科技、元宇宙、雲端服務以及數位轉型等領域，以下整理 2021 年至 2022 年 Accenture 的企業發展動態：

表 3-3　Accenture 2021-2022 年大廠動態

年／月	類型	說明
2022/05	數位轉型	與 ERP 資訊解決方案業者 SAP 合作，共同協助大型企業進行數位轉型以及雲端化的服務
2022/04	上市	將 Accenture Interactive 重新更名為 Accenture Song 未來將會獨立上市
2022/05	永續	併購德國永續顧問公司 Akzente，加入 Accenture 在永續上的服務組合中
2022/04	數位轉型	併購阿根廷數據分析公司 Ergo，透過大數據及人工智慧協助企業轉型
2022/04	永續	併購歐洲永續顧問及工程公司 Greenfish，協助 Accenture 在歐洲的永續服務推展，以因應快速增長的永續相關需求
2022/04	元宇宙	投資美國加州虛擬實境 VR 以及沉浸式學習及訓練業者 Strivr，透過 Strivr 的訓練平台協助企業提升員工培訓的效率以及效益
2022/04	永續	併購英國永續顧問服務業者 Avieco，增加永續相關的服務
2022/04	雲端服務	在 Accenture 創新基地內成立雲端研發中心 Sovereign Practice
2022/04	量子電腦	投資 Good Chemistry Company，透過量子運算以及機器學習加速化學模擬運算速度
2022/04	雲端服務	併購法國巴黎的 5G 及光纖網路工程服務公司 AFD.TECH，作為 Accenture 在 Cloud Fisrt 的戰略一環
2022/03	永續	併購德國／英國的永續顧問服務公司 Arabesque S-Ray，著重在 ESG 數據以及大數據演算法，透過數據分析提升在環境以及財務上的表現
2022/03	智慧製造	併購日本物流科技服務提供商 Trancom ITS，整合智慧倉儲及物流系統至 Accenture 的 Industry X 服務中
2022/03	供應鏈	併購巴塞隆納供應鏈管理業者 Alfa Consulting，協助企業在供應鏈上的韌性以及科技轉型
2022/02	元宇宙	投資 XR 沉浸式學習新創 Talespin，專注在空間運算，讓企業能夠透過平台建立沉浸式學習內容，協助企業在員工教育訓練
2021/12	永續	併購荷蘭的能源及公用事業服務提供商 Zestgroup，未來將會整合至 Accenture 的服務項目中，著重在氣候變化以及零碳交易相關的專業顧問服務
2021/09	數位轉型	併購法國數位轉型服務提供商 Benext，將會與 Accenture 在 2017 年併購的科技顧問公司 OCTO Technology 進行整併，作為 Accenture Cloud First 戰略的一環
2021/06	金融服務	併購法國金融服務管理顧問公司 Exton，協助金融領域業者在金融管制、數位轉型、顧客服務體驗以及政治經濟等議題，結合 Accenture 在系統整合的能力，提供客戶顧問的服務
2021/06	金融供應鏈	併購法國企業營運表現管理顧問公司 Nell'Armonia，著重在金融服務以及供應鏈上，採用人工智慧與及機器人相關的科技，協助企業進行數位轉型

年／月	類型	說明
2021/05	雲端服務	併購雲端顧問服務公司 Linkbynet，著重在科技顧問以及資訊安全等業務發展

資料來源：資策會 MIC 經濟部 ITIS 研究團隊，2022 年 8 月

(1) 持續演進的元宇宙

Accenture 在 2022 年的科技視野（Technology Vision 2022）以元宇宙（Meet Me in the Metaverse）為主題，結合科技以及體驗重塑企業營運，並提出以下四大元宇宙科技趨勢：

- **WebMe**：在過去兩年有許多的企業投入在 Metaverse 以及 Web 3.0 上，塑造下世代的虛擬世界，驅動新的營運、工作模式，並給予互動新的意義，為未來建構新的數位世界的機會，超越過往人們在虛擬世界中想像。
- **Programmable World**：透過各種新科技進行控制（Control）、個人化（Personalization）以及自動化（Automantion），企業將會建構各種體驗，提供更廣、更個人化的消費者體驗。
- **The Unreal**：透過各種數位科技的發展，企業採用機器人、人工智慧等，創造更多可能，當人工智慧及模型持續演進，建立類真實世界的虛擬樣態，如 Deepfakes 或是 Bots。
- **Computing the Immpossible**：運算力革新驅動產業進行轉型，解決各種產業的根本問題，如量子計算提供更高的運算效能，能更有效率的解決過去無法解決的產業問題。

(2) 永續及科技結合

在 2021 年聯合國氣候變遷大會（COP26）上，Accenture 發表「The Accenture Sustainability Value Promise」，強調結合科技創造永續價值。而 Accenture 的永續長 Peter Lacy 也在受訪時強調，在企業的永續轉型上成功的關鍵在於「科技導向」

（Technology-driven）以及「價值連結」（linked to value）。Accenture 對於永續價值的發展方向包含：

- **責任企業**：以全方位的價值建立永續，包含環境永續、供應鏈、人民、治理、等面相，Accenture 也成立循環加速器（The Circular Accelerator），該加速器在過去一年透過投資與併購多家永續科技相關的新創業者加速永續相關技術的發展，目前加速器內有 17 家與永續有關的新創培育。

- **永續服務**：協助企業創造商業價值及永續影響力，企業社會責任 ESG 興起，隨著永續相關的法規管制逐漸趨向嚴格，以及消費者對於企業的永續期待提升，促使許多企業存在永續服務的需求，Accenture 在永續服務上著重解決企業所面臨的「零碳交易」、「永續的價值鏈」、「永續科技」、「永續量測、分析及表現」、「永續領導與組織」、「永續客戶體驗與品牌」等議題。

- **永續設計**：Accenture 將永續的概念設計設計至所提供的產品與服務中，結合聯合國所發布的 SDGs 指標，包含「供應鏈納入 ESG 評估」、「綠色軟體開發」、「雲端優先計畫」以及「零碳為基礎的企業轉型」等。

- **永續公民**：Accenture 針對全球各個社群提供解決方案以及影響力，包含針對 COVID-19 疫情的回應、提供給學生的數位培育、與非營利或小型組織的合作以及社群創新等行動。

在 2021 年 5 月，Accenture 與微軟、高盛集團、Github、Linux 基金會等軟體開發單位合作，建立「綠色軟體基金會」（Green Software Foundation），隨著軟體與資料中心逐漸發展，也意味著未來將會有更高的運算資源需求以及電力需求來支撐，期望透過綠色軟體的發展，能夠降低軟體產業的對於環境的危害，共同合作降低碳排放量，並且鼓勵各方針對永續的議題設定目標，Accenture 的投入，也顯示綠色與環保議題為系統整合業者在資訊科技發展與應用上的重要發展方向。

(3) 雲端優先

在 2020 年 Accenture 發布「雲端優先」Accenture Cloud First 戰略，在 2020 財年共併購了 34 家企業，在雲端服務方面，Accenture 提供多種系統整合服務：

- **雲端搬遷服務**：協助企業進行雲端數位轉型，採用 Microsoft Azure、Amazon Web Service、Google Cloud 等主要的公有雲，並與 SAP 合作建置雲端 ERP。
- **基礎架構服務**：協助企業建置私有雲資料中心、針對雲端的需求建置網路以及配置，也提供數位辦公空間以及雲端資訊安全等服務。
- **資料轉移**：協助企業將資料放置在雲端上，提高資料的完整性、可用性以及可取得性，處理極大量的企業資料，加速企業在上雲的速度。
- **永續科技**：新興科技如人工智慧、區塊鏈、量子運算等，皆會消耗許多的能源，Accenture 提供各種節能的解決方案協助提升器誒的營運效率並減少碳足跡，並透過雲端運算協助能源的管理。
- **雲端安全**：為增加 Accenture 在雲端優先的韌性，雲端安全相當重要，Accenture 根據企業的資訊架構以及資安風險評估後進行雲端安全的建置，採用自動化的資訊安全解決方案，能夠部署在 AWS、Google Cloud、Microsoft Azure 上，並且符合資安法規的要求，建置持續性的監控及回應機制，以滿足企業所需的安全防護。

2. Capgemini

凱捷管理顧問公司（Capgemini）位於法國巴黎的資訊系統整合業者，為歐洲規模最大的資訊顧問服務公司，在全球約有 27 萬名員工，以及 50 個國家設立據點，提供顧問服務、資訊委外以及系統整合等業務為主要營收來源，Capgemini 在 2021-2022 年的重要動態整理如下：

表 3-4　Capgemini 2021-2022 年大廠動態

年／月	類型	說明
2022/07	顧客體驗	併購英國倫敦設計公司 Rufus Leonard，該公司主要提供體驗設計行銷服務，協助企業透過數位化工具再造客戶價值
2022/05	金融服務	併購金融服務新創 Chappuis Halder，協助金融領域的業者在數位轉型服務，著重在資料科學、數位化以及永續等服務
2022/05	跨境支付	SWIFT 與 Capgemini 合作，發展央行數位貨幣（Central Bank Digital Currency，CBDC）之間的跨境支付能力，將各國所發行的數位貨幣連結，使得跨境支付更加順暢
2022/05	數位支付	投資風險管理解決方案公司 LexisNexis
2021/11	數位轉型	以 2 億 3,300 萬美元併購澳洲及紐西蘭資訊服務公司 Empired 以及 Intergen，強化 Capgemini 在數位化、數據以及雲端的能力，在 2022 年 7 月完成併購
2021/10	政府資訊服務	併購資通訊解決方案業者 VariQ，該企業主要提供美國聯邦政府在資訊安全、雲端以及軟體開發的服務，協助 Capgemini 在政府機構資訊解決方案的發展

資料來源：資策會 MIC 經濟部 ITIS 研究團隊，2022 年 8 月

(1) 永續轉型

Capgemini 協助企業在永續的數位轉型，整合各種資訊化解決方案，提供給企業在資訊顧問及系統整合的服務，主要包含以下服務：

- **定義目標**：以淨零碳排的目標規劃發展路徑，協助企業發展創新的商業模式以完成目標。
- **執行**：根據其價值鏈進行轉型，協助企業規劃相關的資訊解決方案。
- **監控及回報**：協助企業在永續轉型上的數據監控，並透過人工智慧強化永續的發展。

(2) 人工智慧與數據

Capgemini 協助企業建立完整的策略規劃，提升企業在 AI 應用、智慧化以及學習系統能力，建立數位、資料以及人工智慧三個領域能力的發展。

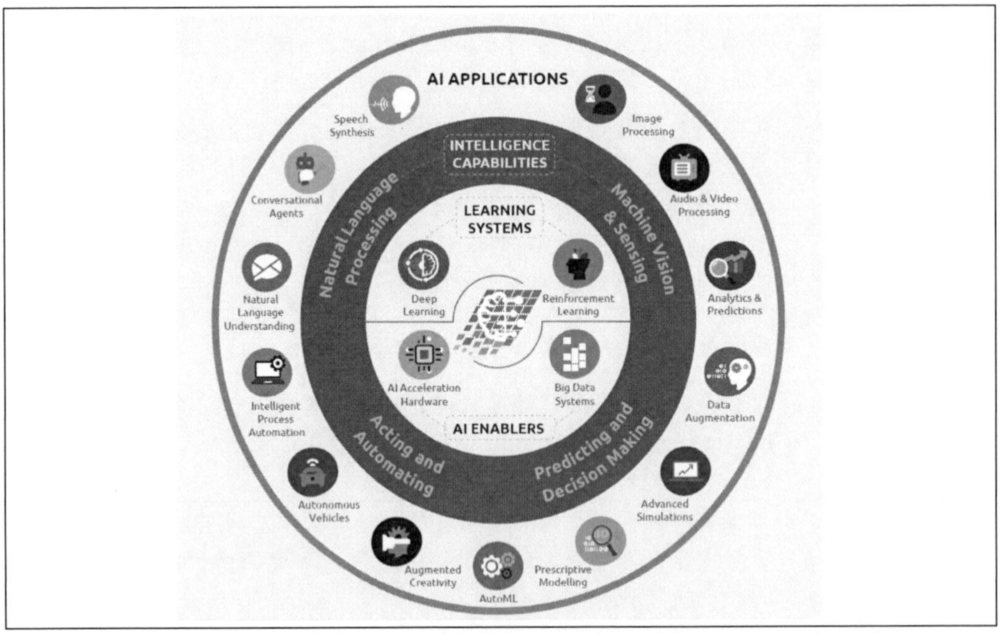

資料來源：Capgemini，資策會 MIC 經濟部 ITIS 研究團隊整理，2022 年 8 月

圖 3-2　Capgemini 人工智慧發展藍圖

- **顧客優先策略**：協助客戶在跨營運功能的數位轉型規劃，透過人工智慧以及資料能力，在系統導入的前期提出數位轉型的發展策略，提供客製化的客戶體驗。
- **智慧化產業**：協助企業在資料以及人工智慧的發展，結合物聯網、5G 網路、雲端以及機器人等科技，發展產業的智慧化解決方案。
- **企業管理**：依據企業客戶的偏好以及市場的挑戰，快速的因應與採用相關的資訊解決方案，透過數據驅動的管理模式，強化企業在成本、風險上的管理。

(3) 資訊安全

Capgemini 將資訊安全視為數位轉型的驅動力，改變過去企業視為成本其費用的觀點，增加企業在資訊能力的韌性，以企業願景為目標，協助企業完整的資訊解決方案設計及規劃：

- **規劃資安解決方案**：協助企業定義資訊安全的目標及規劃，並提供顧問服務、各種評估及測試工具，客製化企業在資訊安全的目標以及發展藍圖。
- **資料、系統以及使用者防護**：設計並建置資訊安全解決方案，針對敏感資料、企業內部環境以及系統進行防護。
- **營運安全**：系統導入考量資訊安全規劃，考量相關資安威脅，提供企業完整的資安防護。

（三）臺灣產業動態

臺灣系統整合業者主要業務以代理國外硬體產品或軟體產品後為主，根據企業客戶的個別需求，提供系統安裝、系統維護、軟體客製、異質軟體整合乃至於發展適合本地市場、各種行業的整合性解決方案。因此，臺灣諸多資訊整合業者經常身兼國際大廠夥伴及產品服務代理商的角色，諸多國際資訊大廠在推展臺灣市場業務時，強調生態系整合，常以結盟、夥伴關係形式結合國內系統整合大廠共同開發國內市場，系統整合業者需要解決跨系統、跨架構的串接整合問題，提供給客戶完整的解決方案。國內系統整合業者發展動態包含：

1. 資訊安全

國內系統整合業者多透過代理的模式引進國外的資訊安全解決方案，依照企業客戶的實際需求規劃合適的產品線，並提供系統安裝建置、維護、導入顧問等服務，業者近期著重的資訊安全解決方案包含：

- **微服務環境安全**：隨著虛擬化的工具逐漸被企業採用，Virtual Machine、Serverless 以及容器 Container 等環境的安全也受到重視，系統整合業者著重在建設流程、基礎設施、工作負載等防護，確保企業採用微服務的安全。

- **工控／製造業資安**：隨著工控的環境逐漸連網開放，資訊系統（IT）與營運系統（OT）串聯，讓工控環境的複雜度提升，傳統內外網隔離的方式已難以防禦，系統整合業者提供物聯網裝置以及控制器持續性的掃描與偵測，提高工控環境的可視化程度，已提升工控系統的資訊安全。

- **資安維運服務**：對於系統整合業者而言，其系統整合規劃及導入經常搭配相對應的資訊安全解決方案，以提供給客戶更安全且完整的服務，國內業者推出資安維運及託管的服務，協助企業在資訊安全導入後續的維運及管理上，透過專業的資安服務，達到資料的機密性、完整性以及可靠性，協助中小型的業者，再尚未建立足夠的資安團隊之前，透過託管獲得更好的資安防護。

2. 永續科技

國內系統整合業者也推出相關的資訊解決方案，協助企業透過永續科技發展，並結合外部資源，其中包含組成 ESG 科技的聯盟以及結合新創的生態圈，擴大資訊業者在永續發展的影響力。

- **能源管理系統**：結合物聯網、雲端、人工智慧等科技，系統者和業者推出能源管理解決方案，連結感測器、控制器、電腦系統、控制匝道等，連結電錶，進行燈光及排風相關設備的調控，並整合綠電，將能源使用狀態可視化，協助企業建置能源管理能力。

- **儲能管理系統**：系統整合業者與太陽能發電廠合作，建置儲能系統的整合，透過再生能源結合儲能系統，儲存再生能源供給其他時段使用，並申請儲能系統安全性認證，透過 AFC

調頻輔助，調整電網的頻率維持供電品質，提供給台電更高的儲能參與量，提升再生能源的使用。

3. 數位轉型

在 2021 至 2022 年隨著國內 COVID-19 疫情的爆發，企業採用遠距辦公的趨勢，以及消費者在電商、影新串流的需求，加速雲端的發展，國內系統整合業者發展雲端服務的解決方案，協助企業移轉或是導入不同的雲端平台，提升雲端採用比例，加速企業進行數位轉型發展。

- **容器應用**：國內系統整合業者結合容器平台業者在人工智慧及大數據領域規劃解決方案，協助企業導入與整合，並協助維運的程序，提供給企業客戶更加彈性的解決方案，加速企業雲端容器應用。
- **人工智慧與大數據**：系統整合業者協助企業使用新興的數位科技技術，創造企業的價值，協助企業在客戶體驗、營運流程及數位資產累積等，業者透過系統整合服務，強化企業在系統的使用彈性與效率，串聯瑣碎及散落各處的資料，整合資料及軟硬體，加速企業在人工智慧及大數據的應用。
- **混合雲顧問**：提供混合雲的整合服務，協助企業評估以及建立最佳化的雲端環境規劃，依據企業的混合雲需求，提供移轉、導入及擴充的服務，以提升企業在雲端的使用效益。

4. 元宇宙

國內系統整合業者在元宇宙相關的解決方案著重在 5G 以及 XR 相關的應用管理系統開發上，業者搭配國際大廠的 XR 頭戴式硬體設備，結合產業別的應用，開發出相對應的解決方案，

- **教育訓練**：國內系統整合業者與醫療產業合作，搭配智慧眼鏡，透過虛擬實境的成像，並搭配及時定位以及地圖建構技術，使用者能夠模擬真實的情境進行教育訓練，讓情境更為接近現實，提升醫療相關的教育訓練品質。

- **維修模擬**：與工業系統業者合作，共同發展在工業領域的元宇宙應用，結合智慧眼鏡以及雲端運算，並採用 5G 網路通訊，協助第一線的人員與遠端的專家共同協作維修。

5. 智慧零售

對於國內系統整合業者而言，在智慧零售領域整合軟體及硬體的優勢，搶占無接觸的商機，在疫情持續延燒的國內市場透過資通訊的技術協助零售通路業者，打造自動化以及智慧化的購物環境，提供給消費者全通路的購物體驗。

- **資訊流串接**：系統整合業者在系統規劃設計上著重在金流、物流及訂單的整合，協助零售業者加速電子商務的交易流程，提高營運效率。
- **全通路行銷**：結合客戶資料分析、商業智慧 BI、學消科技等應用，並整合物聯網裝置進行線上及線下的資訊流串接，達到全通路行銷，提升客戶消費體驗。
- **無人商店**：由於疫情影響，讓更多業者開始投入在零接觸的零售銷售，設置智慧商店，並整合金流與物流，實現無人商店的示範消費模式，降低接觸的風險。

6. 智慧醫療

國內的系統整合業者透過與醫療機構或是醫學大學的合作，發展健康及醫療相關的商業化應用及創新服務模式，透過智慧醫療提高醫院及人員的工作效率。

- **遠距醫療**：遠距醫療能夠解決醫療資源區域分配不均以及接觸感染的問題，系統整合業者結合通訊軟體，協助醫師透過手機與病患問診，避免人與人的直接接觸，而在偏鄉的病患也能夠透過該系統，能夠獲得相當程度的醫療資源，提高醫院的服務品質。

- **智慧護理站**：透過系統整合串聯，協助護理病房的人員及家屬快速取得病床資訊，並整合至院內系統，協助護理排班及醫療排班等功能。

- **精準醫療**：協助醫院及醫療團隊共同開發人工智慧平台，實現人工智慧精準醫療，協助醫院代理訓練人工智慧及機器學習，並提供軟體及硬體環境的維護，提供資通訊相關的顧問服務，讓醫療單位專注於醫療技術。

7. 智慧製造

在製造業經常面臨成本計算、生產效率提升的議題，透過系統整合業者的協助，能夠有效地提升營運的效率，國內的系統整合業者與工業物聯網業者及雲端服務提供業者合作，共同建置製造業的數位轉型方案，協助國內製造業業者在工廠端的數位轉型以及系統規劃。

- **製程最佳化**：透過歷史生產數據的蒐集，並搭配人工智慧演算法，透過資料訓練預測模型，提升製造過程的最佳化，協助業者提升生產效率。

- **異常偵測**：國內系統整合業者透過用電資訊的資料，進行產線設備的異常偵測，透過數據的蒐集能夠達到異常用電管理以及設備異常預警。系統整合業者透過聯網裝置蒐集相關的數據，並協助企業在用電上增加可視化，降低生產製造的耗電成本。

（四）未來展望

因應 COVID-19 疫情的影響，企業改變營運及辦公模式，遠距辦公及雲端化比例大幅增加，在疫情趨緩後，已有不少企業藉機進行數位轉型發展，提升企業的數位化程度，然而隨著企業數位化的發展，也衍伸出資訊安全的需求，數位化的發展增加企業遭受資安攻擊的機會，也進一步提升在資訊安全系統顧問及規劃設計的需求，未來系統整合業者如何提供企業更加具備產業特性以及資安法遵需求成為重要的趨勢。

另外隨著永續議題獲得大量的關注，企業為符合法規及消費者的期待，也增加在永續的投入，系統整合業者在協助企業追求營運效率的同時，也需考量如何協助企業在永續經營的發展，完整的永續及資訊方案規劃，增加系統設計及顧問服務的價值。

二、資訊委外

資訊委外指的是企業將資訊軟硬體的開發、維護與企業流程等業務，以一年以上的長期契約，委託資訊委外服務商代為處理，外包服務包含效益服務、軟體服務、雲端服務、專業的外包服務以及合適的契約模式讓企業更能夠專注於營運發展，達到資訊委外廠商及委託方雙贏的關係。傳統資訊委外包含服務商提供企業資訊軟、硬體的修改、程式開發、維護等服務的資訊管理委外（IT Outsourcing, ITO），以及企業功能流程軟硬體與人力服務提供的企業流程管理委外（Business Process Outsourcing, BPO），亦有資訊委外廠商提供企業程式開發代工服務及系統維護支援服務。資訊委外為企業在進行資訊投資上相對彈性的方式，企業通常以第三方契約化的方式進行，透過委外的方式，企業能夠有效地降低內部資訊人員的負擔，對企業而言，將部分資訊以及流程委外能夠降低企業經營的成本。

1. 資訊管理委外

傳統資訊委外包含服務商針對客戶擁有的資訊軟硬體設備提供資訊系統日常營運的管理，諸如電腦的軟體安裝、版權管理的資訊管理委外，臺灣在傳統資訊管理委外市場方面，過去主要以實體主機代管服務為大宗，由自有資料中心或租用資料中心的一類或二類電信業者，提供企業主機設備置放、連接、遠端管理維護的服務。

近年企業資訊環境逐漸走向虛擬化與雲端架構，免去前期的建置成本，具有較靈活的擴充彈性且部署快速，導致傳統資訊管理委外的市場規模逐漸縮減，加上因應雲端技術的演進及單位網路頻寬的價位降低，受到許多國外大型業者分食，企業對傳統資訊委外業務的需求朝向雲端服務移轉。

臺灣目前資訊委外市場以金融業、製造業、電信業為大宗，資訊委外服務市場受到雲端服務興起的影響，不少企業採用雲端運算處理公司業務，對於未能提供雲端運算的業者而言，將抑制其發展，雲端能夠讓企業更有彈性的選擇服務，受到企業的青睞。

2. 企業流程委外

企業流程管理委外將業務處理流程、人力、電腦系統均委託給企業流程管理委外業者，臺灣最為常見的流程管理委外為客服中心委外、信用卡處理流程委外、帳單列印委外等。企業流程委外管理由於企業經營環境日趨複雜，持續聚焦本業、切割非核心業務或營業活動，成為企業保持競爭能力的一帖良方。

臺灣在企業流程委外需求方面，對於金融業務相關的委外而言，均具備在地化需求的特質，如行銷中心、各類帳單等，均涉及金融法規對於資料落地的限制，較無跨國競爭的問題，流程委外廠商提供信用卡資料輸入、徵信、信用評等、紅利點處理等服務。

對於客服中心委外而言，臺灣企業在面臨勞動力成本逐步走揚的情況下，將直接驅動委外客服中心業務的成長，但臺灣經營客服中心的成本逐漸提高，可能為境外客服中心委外服務業者分食，而不少業者將部分客服服務轉移至社群媒體上，透過聊天機器人回覆客戶問題，也有效地降低人力成本的需求。

對於供應鏈流程委外而言，供應鏈流程委外則有運輸、倉儲、產品回收維修等務流活動的委外市場，在臺灣製造業回流、企業自建物流不敷成本之情況下，將逐步釋放出來，有助於增進供應鏈流程委外的市場規模。

臺灣目前流程委外以政府機構、金融業、服務業的需求為大宗，企業透過自動化技術、業務流程專業化、或是智慧化的工具輔助，以加速企業營運流程的效率。近年隨著社群媒體的興起，透過社群更貼近消費者，作為企業在產品開發或是客戶服務上的重要工具，因此相關的委外服務市場快速成長。

3. 程式開發代工

程式開發代工主要協助企業開發、測試、部署、品質保證應用程式的開發與生命週期管理。企業委託程式開發代工的主要考量還是以人力短缺為主，仍須仰賴程式開發代工服務協助程式開發。

由於 DevOps 開發營運偕同的思維，影響程式開發業者，提供給企業快速開發以及後續維運服務整體的生命週期管理，不僅協助企業開發，也協助企業應用軟體服務營運。

（一）市場趨勢

資訊委外透過外部的供應商提供各種營運活動，隨著科技、技術的發展，資訊委外業者能夠提供各種規模的企業更加多元的服務，常見的資訊委外服務包含應用程式開發、維修及維運、資料中心營運、資料庫管理、資訊安全服務等。因 COVID-19 疫情的影響，增加企業對於資訊委外的需求，主要包含因應遠距辦公所需的能力以及在數位相關的活動規劃，並期望透過資訊委外業者降低營運的成本，參考下圖：

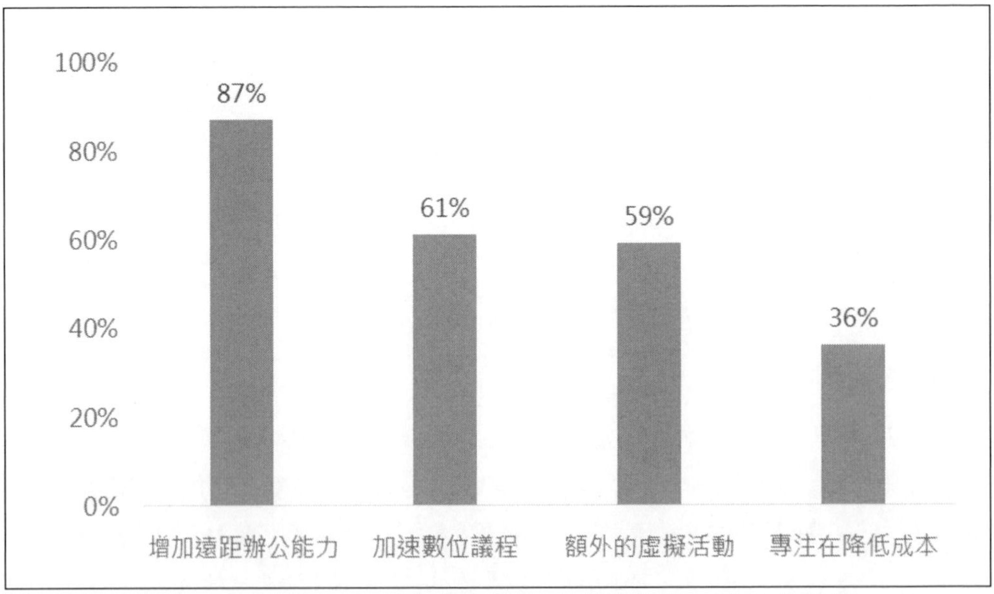

資料來源：Deloitte，資策會 MIC 經濟部 ITIS 研究團隊整理，2022 年 8 月

圖 3-3　後疫情時代企業發展方向

在2021年企業在資訊委外服務上，多數的業者期望在機器人流程自動化、ERP 及雲端等領域發展，透過智慧化的工具增加企業的營運韌性，根據Deloitte調查，企業透過資訊委外數位轉型的主要發展方向包含機器人流程自動化、ERP及雲端等方向。

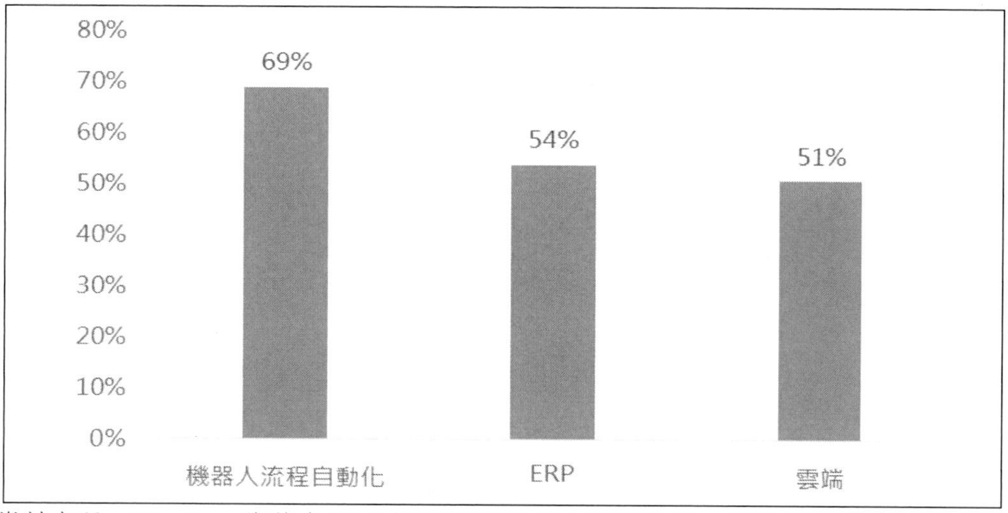

資料來源：Deloitte，資策會MIC經濟部ITIS研究團隊整理，2022年8月

圖3-4 2021年資訊委外數位轉型驅動力

企業運用人工智慧與自動化的技術獲得營運上的優勢，如透過聊天機器人處理客戶問題、抱怨、或是透過資料的探勘及分析改善顧客體驗等，但並非所有的企業能夠建立自有的人工智慧團隊，因此仰賴外部的資訊委外團隊，整合人工智慧相關的專業提升企業的特定功能及營運效率。

機器人流程自動化（Robotic process automation, RPA）為近年來企業投入的優先項目，資訊委外業者透過簡化流程、人工智慧等科技協助企業達到降低成本的效益，並透過更多的人機互動整合，避免資訊孤島的狀況發生。機器人流程自動化透過虛擬機器人提供更加智慧的功能，解決重複性的工作，讓員工能夠更加專注在具有生產力的工作。此外，由於COVID-19疫情所導致的停工經驗，讓更多企業願意嘗試自動化的流程，避免相同的限制再次造成企業營運中斷。

根據 MarketandMarket 的統計資料顯示，雲端運算市場將會從 2019 年的 1,488 億美元成長至 2023 年的 2,468 億美元，由於 COVID-19 疫情的影響，促使許多企業變更營運流程以因應遠距工作的需求，未來持續的雲端數位轉型將成為企業的重要發展目標，透過雲端運算，企業能夠將重要的資訊需求委外，如資料儲存、管理、防護等，以達到降低企業營運成本及提升營運效率的目標。

資訊委外業者經常需要與企業的敏感性資料接觸，企業期望資訊委外業者能夠增加在資訊安全防護上的投入，尤其在疫情期間，資訊安全事件大幅提升，因此資訊安全能力已經成為防護企業營運資料及運作的關鍵，尤其在權限管理、資料備份儲存上尤為重要，這也讓許多資訊委外業者積極發展多因子驗證及資安權限管理技術與解決方案，以防止資料外洩的事件發生，資訊委外業者除了基礎的網路監控及資訊協助外，也需要協助企業規劃資安發展策略，增加專業委外的價值。

在後疫情時代部分業者已開始恢復正常的營運模式，許多公司從過去異地辦公的模式轉而回到辦公室上班，在工作模式改變下，資安的管理規則及系統架構也需隨之變更，對於資訊委外業者而言，將因應企業的營運需求調整資訊安全解決方案及服務模式，確保企業的營運安全。在後疫情時代，部分企業員工仍採用遠距的營運模式，有些員工則需要回到辦公室工作，在混合辦公的營運模式之下，企業資訊安全的管理上需要更嚴格地檢視及審查，從過去放寬的存取權限開始限縮外部的使用者存取，資訊委外業者如何協助企業避免營運轉換的過程所面臨的資安風險，並協助企業的資訊安全架構評估、存取權限的機制設計以及遠距存取的安全等。

部分的員工在回歸公司後，攜帶自有裝置（Bring your own device）的風險也隨之增加，員工自有裝置的資訊安全控制及管制模式需要進一步管理及訂定，除此之外，持續性的威脅偵測需求也將提升，透過人工智慧、大數據及機器學習等技術，資訊委外業者協助企業部署相關的資安解決方案。

（二）國際業者動態

全球大型委外服務廠商主要為TCS、ATOS、IBM、HPE、Fujitisu、CSC 等，資訊委外廠商更加強調自動化、雲端化的產品與服務，資訊委外廠商不僅提供專業的委外服務，也投入資源在自有產品平台發展。

1. TCS

資訊委外大廠塔塔諮詢顧問服務公司（Tata Consultancy Services, TCS）為印度孟買著名的企業，也是全球最大的軟體程式代工商，在資訊委外服務中，強調產業垂直領域的專業委外服務，並透過雲端、人工智慧、區塊鏈、資訊安全等技術，發展具產業特色的資訊委外服務。

(1) 智慧永續

在過去一年 TCS 與紐約能源局合作，導入智慧化的能源管理解決方案（TCS Clever Energy），該解決方案能夠進行即時的能源管理監控及分析，達到降低能源成本及碳排放的效益，TCS 提供雲端為基礎的能源管理系統，結合物聯網、人工智慧、數據分析等技術。TCS 的智慧能源管理解決方案配合紐約能源局在縮減碳排放的補助計畫，增加企業導入節能系統的意願，能夠在微軟 Azure、AWS 上運作，有利於加速企業的永續轉型。

TCS 的智慧能源管理解決方案特色包含：

- **即時性的維護**：採用人工智慧機器學習的技術監測能源的需求、使用模式以及異常狀態。
- **自適性最佳化**：無須透過人為的操作，提供客製化的分析。
- **可擴充性架構**：在 8-10 週內能夠快速部署及擴充。
- **碳排管理與回報**：提供企業精確的碳排放數據，符合法遵的要求。

當企業面臨投資人要求、持續上升的原料成本以及各種永續的法規及管制措施，TCS 以生態系的角度協助企業規劃永續的策略，建構具有韌性的發展策略，由企業內部經營管理、價值鏈朝向外部永續生活及經濟影響等面向，塑造企業的影響力。

- **永續的經營模式**：協助企業建立永續、敏捷、韌性的創新產品及服務，包含能源管理、高擴充性的雲端部署、員工健康及福利、計算及減少碳排放。

- **永續的價值鏈**：透過共同合作，將永續擴散至企業供應鏈及合作夥伴，利用適當的工具及誘因驅動價值鏈合作夥伴共同創造永續價值，如採用循環的原則、可永續的原物料及物流配送。

- **永續的生活**：企業與多個生態系共同合作，影響消費者的永續購買行為，如建立環保標章、效率標準以及產品再循環等措施。

- **可再生的經濟**：透過協助社會的教育、就業機會、健康等議題回饋社會。

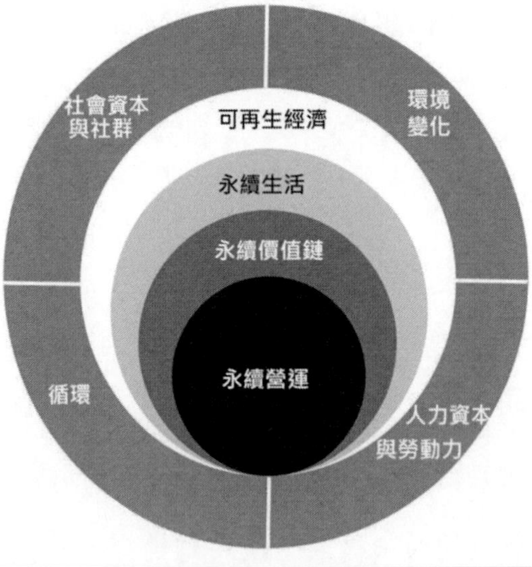

資料來源：TCS，資策會 MIC 經濟部 ITIS 研究團隊整理，2022 年 8 月

圖 3-5　TCS 永續生態系

2022 年 4 月 TCS 與新加坡大學(National University of Singapore, NUS) 的永續及治理中心（Centre for Governance and Sustainability, CSG）共同合作，提升企業在公司治理的評估效率，結合新加坡大學的專家以及 TCS 在 ESG 人工智慧的平台解決方案，能夠從各種來源取得企業治理的資料，減少在資料蒐集及整理的時間，並透過直觀的儀表板呈現。

(2) 資訊安全

TCS 協助企業在資訊安全的投入，以提升營運的韌性，透過資訊委外的方式，協助企業制定資訊安全防護策略、設計資安解決方案、並讓企業能夠更加主動的針對資安威脅，提供資安即服務（Security-as-a-Service）的模式。

在 COVID-19 疫情期間，企業所面臨的資安風險快速的提升，員工採用遠距的工作模式，許多企業敏感性的資料如客戶資料、員工個資、智財權、營運資料等，需要在企業外部存取使用，成為駭客的攻擊目標。另外，隨著各種裝置開始連接網路，如沒有提供足夠的資安防護，將會讓企業暴露在資安危害的風險之中，TCS 在資安防護上採用適應用的資安防護，不再依賴過去以帳戶密碼的權限管理方式，協助企業達到零信任（Zero Trust）的資訊安全機制，意即不再提供預設的使用者權限，而是採用逐次的驗證方式，掌握使用者的目的以及所處的環境提供適當的存取權限，並且建立持續性的偵測及掃描，確保企業的資訊安全。

2022 年 2 月 TCS 推出企業資訊安全平台，採用雲端的方式提供資訊安全服務，加快企業的導入速度，在企業雲端資安解決方案上提供以下資安服務：

- **威脅偵測與回應委外服務**：提供進階的資安事件管理及偵測回應，透過使用者行為的分析掌握潛在資安威脅，並針對網路流量提供進階分析，保護企業免於釣魚、資料外洩的風險。

- **身分識別與存取管理委外**：隨著企業廣泛的採用雲端、員工自帶裝置 BYOD，身分識別與存取管理的重要性大幅提升，TCS 與企業內部的資安團隊合作，透過自動化的安全控制系統，確保數位身分與數位資產存取的權限管理，推出的身分識別委外代管服務包含「特權存取管理代管服務（Privileged access across infrastructure, applications and databases, PAMaaMS）」、「網頁及行動裝置應用程式管理代管服務（Web and mobile applications, WAMaaMS）」、「身分治理與管理控制代管服務（Identity governance and administration controls, IGAaaMS）」。

- **資料安全服務**：在資料安全及防護相關法規上，企業需要取得客戶的同意（Consent）才能使用，敏感性資料也必須提供足夠的資安防護，TCS 在資料安全管理服務上，提供共識管理蒐集客戶的授權管理，資料主體權力管理自動化的刪除或移轉、限制資料使用、隱私事件回應追蹤等各種隱私相關的資安事件，協助企業客戶能夠達到 GDPR 個資管理法規的規範。

TCS 的企業資安解決方案提供上述三種資安防護，透過軟體即服務的方式提供企業客戶資安弱點及風險的管理，並結合供應鏈的安全管理服務，在單一雲端平台上即可滿足企業營運所需的資訊安全委外服務。

(3) 5G 網路

在 2021 年 12 月 TCS 發布智慧製造的解決方案，與印度第二大的電信業者巴帝電信（Airtel）合作，採用 5G 網路傳輸，協助製造業者建立智慧工廠，利用 5G 在低延遲、大頻寬、多連結的特性，結合人工智慧／機器學習、電腦視覺、工業機器人、AR/VR 等技術部署。TCS 在智慧製造上提供自動化、串聯價值鏈、合作生態系等作法，內部增加價值鏈的可視性，並建立目的導向的營運生態系，透過資訊委外服務提供企業在營運價值的評估與排序，協助企業導入關鍵的科技技術及資料串聯與部署。

(4) 雲端 ERP

TCS 在雲端 ERP 服務上採用 SAP 的環境即服務解決方案（Environment-as-a-Service），TCS 採用 SAP 內建的環境，以雲端的架構提供企業資訊委外的服務，企業在內建的環境之下，快速部署雲端 ERP。在 2022 年 3 月，TCS 與法國知名的餐飲服務公司索迪斯（Sodexo）合作，協助其導入 SAP 的雲端 ERP，將傳統的 ERP 系統搬移到微軟 Azure 雲端上；TCS 在雲端資訊委外服務上，透過 TCS 雲端 ERP 的導入經驗，協助企業進行 ERP 系統方案評估並協助企業加速系統的整合及部署，降低系統導入的障礙與時間。

在 TCS 提供給企業 SAP 的環境建置、雲端基礎建設、系統代管服務，在導入雲端 ERP 系統時有效地降低成本，並提供沙箱測試、部署、PoC 概念測試、員工教育訓練、災難還原等服務。

未來企業在雲端數位轉型上，將朝向以下趨勢發展：

- **規模化與彈性**：雲端的彈性能夠讓企業系統更具有彈性，確保企業能夠隨著市場的變化快速的擴張或是限縮其科技能力，目前的資訊基礎建設走向雲端化，未來也能更加快速地提升企業資訊能力以達到營運目標。
- **敏捷化與創新**：雲端化的環境有助於企業提升敏捷性及創新能力，對於企業創新的營運模式，雲端化所提供的敏捷性有助於企業做出更具挑戰的營運模式，如結合第三方夥伴掌握客戶樣貌等營運價值提升模式，然而在此次 COVID-19 疫情中，雲端化的優勢則更顯而易見，企業能夠提供遠端工作或是與供應鏈遠端協作，以及建構新的客戶關係通道，這些都能夠透過雲端化達成。
- **營運價值成長**：企業 ERP 雲端化將各種資料從物聯網裝置、系統蒐集，作為企業在發展機器學習人工智慧的重要資源，讓企業的營運價值快速的成長。

2. ATOS

源訊科技（ATOS）為位於法國的跨國資訊委外服務公司，主要提供雲端及虛擬化服務、工作流程委外、資訊委外服務，在全球 71 個國家有營運據點，全年營收約為 110 億歐元，於 2022 年 6 月 ATOS 宣布規劃將公司分拆成 ATOS 及 Evidian 兩間公司，ATOS 將專注在資料中心代管、數位工作室、營運流程外包上，而 Evidian 則專注在數位轉型、大數據以及資料安全等業務。

(1) 碳足跡計算

源訊科技在碳足跡計算上，以化學相關產業的產品為主，於 2021 年 8 月，源訊科技發布碳足跡計算解決方案，與德國化學公司巴斯夫（Badische Anilin-und-Soda-Fabrik, BASF）共同合作的數位解決方案，協助企業監控及辨識化學產品的產品碳足跡（Product Carbon Footprint, PCF）計算，以利於減少碳排放量，源訊科技的碳足跡計算平台結合巴斯夫在溫室氣體相關的計算能力以及自身的資訊委外能力，加速企業在淨零碳排的發展。並在 2022 年 6 月，源訊科技與全球性的化學材料公司盛禧奧（Trinseo）合作，透過數位化工具協助其在碳排放的計算。

(2) 量子計算

源訊科技與法國的雲端運算公司 OVHcloud 合作，共同發展量子運算技術，透過 OVHcloud 的雲端運算平台，讓源訊科技的量子運算能夠在雲端上隨時提供（as a service），源訊科技的量子學習機器能夠模擬 41 個量子位元的運算，源訊科技的量子計算解決方案提供基礎的應用模擬到協助企業建立特定的量子演算法，或是提供專家協助進行概念性的驗證 POC 計畫等服務。

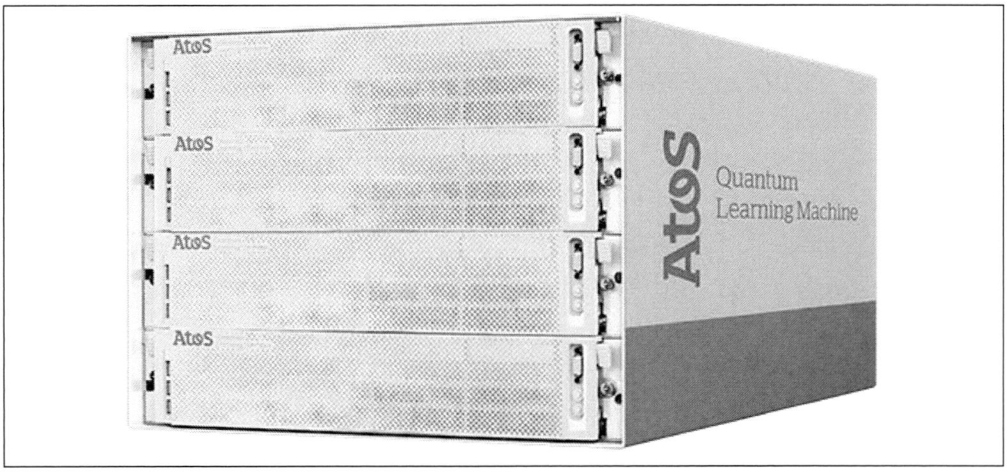

資料來源：ATOS，資策會 MIC 經濟部 ITIS 研究團隊整理，2022 年 8 月

圖 3-6　ATOS 量子學習機器

(3) 5G 網路及物聯網

源訊科技於 2022 年 5 月發布 ATOS 營運表現即服務（ATOS Business Outcomes-as-a-Service, Atos BOaaS）的 5G 邊際及物聯網服務，與 Dell Technology 合作，透過人工智慧為基礎的服務，協助企業在端點的自動化部署以及監控管理，源訊科技能夠從端點偵測到裝置的故障狀態，並透過自動化的發布警示及維修提醒，無須人為的操作。

另外於 2022 年 2 月，源訊科技與 Nokia 共同合作在企業 4G 及 5G 的網路基礎建設上，提供雲端的工業聯網解決方案，共同發展創新的解決方案，未來將會著重在能源、交通、製造業、智慧城市等領域。

(4) 資訊安全

源訊科技 2022 年 3 月在保加利亞（Bulgaria）啟用次世代資訊安全營運中心（Next Generation Security Operation Center, SOC），增加在歐洲資訊安全防護的能力，源訊科技為領先的資訊安全服務委外業者，透過次世代資安營運中心的設立，能夠即時的監控資安事件，以人工智慧及機器學習等技術，快速的回應及監控重要的新興資安攻擊。

源訊科技於 2021 年 11 月發布新興的資訊安全解決方案，著重在雲端的安全，提供資料安全合規及資料防洩安全，源訊科技的資訊安全解決方案為多種資安產品的整合性服務，依照客戶的敏感性資料類型提供客製化的解決方案，同時也能夠部署在私有雲與公有雲上。

（三）臺灣產業動態

在臺灣資訊委外市場方面，廠商的服務種類繁多，提供相關服務的廠商類型各不相同，如系統整合商、軟體服務業者、電信服務業者或客服中心等。本段落主要介紹臺灣市場主要經營委外服務的廠商動態。

1. 資訊管理委外

資訊管理委外主要協助企業代管主機系統，有自建以及租用型的資料中心提供服務。近年來受到公有雲端服務接受度提高，加上國際虛擬主機代管業者的競爭下，其經營環境日趨艱難。

部分發展資訊管理委外加值服務，從傳統資訊設備軟硬體的支援服務及特定系統性的維運，朝向主動性的維運管理服務，提供企業資訊軟硬體資產配置建議、系統運行監控平台、系統升級優化、架構改善等建議。

2. 企業流程委外

企業流程委外為協助企業營運流程中的某個環節，以降低企業營運成本或是提高服務品質，臺灣最為常見的企業流程委外為客服服務中心委外、金融流程委外或供應鏈流程委外等，客服中心委外占企業流程委外的占比最大，以電信公司下轄或分割的客服業務業者最具規模，其次為金融流程委外。

(1) 客服中心流程委外

臺灣企業流程委外業者將繁瑣且人力需求高的電話接聽中心業務切割，提供客服中心流程外包服務，隨著企業與客戶溝通館的轉變，從過去傳統的人力協助，逐漸演變成提供更廣泛的客戶服務業務，客服中心流程委外提供社群互動行銷委外、通訊軟體管理委外等服務，結合人工智慧等基數，客服中心委外業者透過自然語言處理、機器學習技術，進行繪畫的萃取分層技術，能夠回答 8 成以上的客戶基礎問題，讓企業的人工客戶能夠專注在更有價值的諮詢上，提供人機協作的客服流程委外服務，客服中心委外從被動的產品服務客訴轉向主動的數據行銷、客戶引流，掌握客戶消費決策流程提供智慧化的客群分析及行銷。

(2) 供應鏈流程委外

由於傳統的物流流程相當繁瑣複雜，且涉及多個供應商之間串接，存在資訊孤島等不流通的問題，因此企業期望透過供應鏈流程委外服務，降低經營上的負擔。供應鏈流程委外多由傳統的第三方物流業者所經營，提供包括運輸、倉儲服務等業務流程委外等，臺灣供應鏈流程委外業者，著重在協助企業在全球供應鏈及物流管理的需求，提供客戶雲端的資訊平台：

- **出口作業委外**：協助出貨的客戶從報關行報關、貨運代理訂倉、物流配送到收穫流程，並與企業內部的 ERP 系統整合，完成出貨文件、訂艙資訊以及貨況等流程。
- **進口流程委外**：從採購下單、貨運代理訂艙、報關行清關到通知貨運提貨與倉儲等業務，協助企業掌握交期以及訂單到貨數量，降低前置時間（Lead time）及倉儲成本。
- **物流委外**：協助物流業者挑選並即時計算每次的物流費用及訂價，將貨主及協力廠商的資訊串聯至企業內部的 ERP，利於企業在會計結帳計算。

(3) 金融流程委外

金融業務委外包含收單、發卡帳務委外、信用卡業務委外等，如協助信用卡申請文件建檔、客戶資料建檔及維護、信用卡徵信、客戶信用評等、郵購、信用卡紅利積點業務等，金融流程委外廠商透過自動化技術以及相關智慧化工具提高處理效率。

(4) 業務營運流程委外

臺灣資訊委外業者與國際的系統業者合作，協助企業建構企業營運流程，透過垂直領域的業務專業以及對於系統的熟悉度，協助企業建立符合內稽內控以及國際標準的企業流程，並以關鍵營運及績效指標管控，提升企業整體的營運效率。除了企業流程改善外，業務營運流程委外業者朝向數據價值的挖掘，以企業的營運數據，透過資訊科技工具建置大數據資料庫或是數位戰情室。

3. 程式開發委外

程式開發委外主要的目的在於補足企業程式開發人力不足之困境，諸多臺灣資訊服務業者、系統整合廠商均提供這類型的服務。亦有專業程式開發委外廠商側重軟體產品本地化，或協助微軟、IBM等國際軟體產品業者進行產品本地化、產品客製化服務。

近年因行動應用盛行以及物聯網應用的崛起，市場上亦出現不少提供行動應用程式開發委外服務之業者，或是提供商家快速發展行動應用整體方案的業者。物聯網應用中，物聯網裝置的少量多樣特性，加上物聯網軟體平台的多元樣貌，驅使諸多中小型或微型企業在發展物聯網應用時，更聚焦在營運模式的發展，而對於硬體、軟體的建置流程，則透過委外模式，達成快速進入市場的目標。

（四）未來展望

傳統資訊委外受到新興科技的影響，將朝向結合人力與雲端服務的綜合解決方案委外服務，資訊委外廠商持續提供人力資訊委外服務，並結合人工智慧及雲端服務技術與商業模式，發展新的服務或產品，持續提供企業客戶，並強調在資訊安全的投入以及合規性，以提升服務價值。另外國際大廠也開始增加在量子運算的布局，與各產業的業者合作執行示範性的計畫，未來將持續發展作為各種量子運算解決方案至產業應用的委外服務。

三、雲端服務

雲端運算，是指使用雲端業者所提供的伺服器進行運算、儲存、分析及各式服務的技術，使用者只要過網路即可使用雲端業者所提供的服務，再依照使用量按需付費。發展至今，雲端運算已是 IT 領域中的顯學，並環繞在人們的日常生活中，舉凡企業用的辦公軟體、套裝軟體，或是一般民眾用的線上購物、社群網站等，皆是雲端技術的應用範疇。

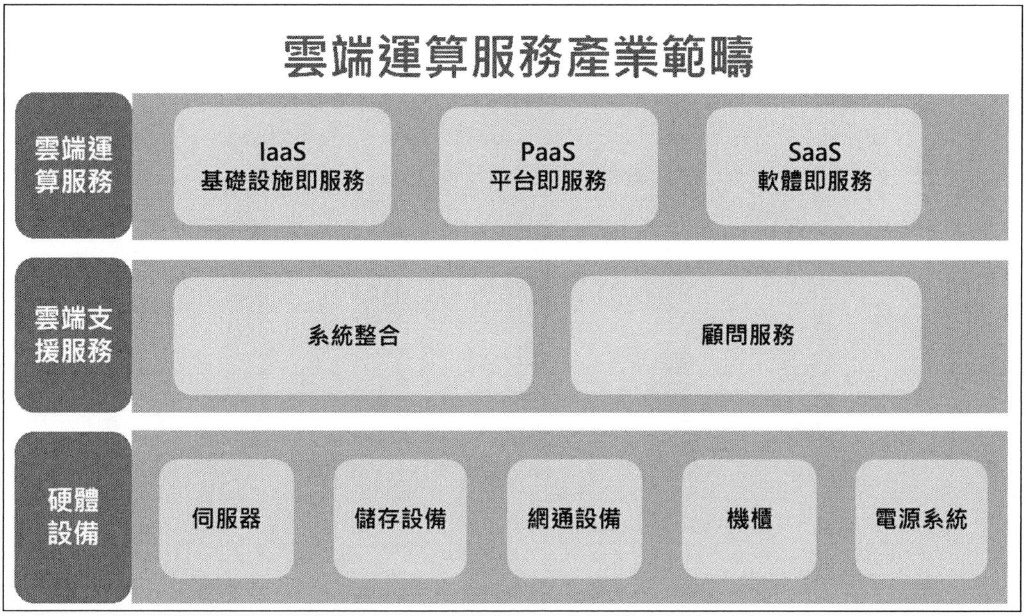

資料來源：資策會 MIC 經濟部 ITIS 研究團隊，2022 年 8 月

圖 3-7　雲端運算產業範疇

雲端運算產業包含了雲端運算服務、雲端支援服務及硬體設備三大模組。雲端運算服務包含了基礎設施即服務（Infrastructure as a Service,

IaaS)、平台即服務(Platform as a Service, PaaS)、軟體即服務(Software as a Service, SaaS)三種。雲端支援服務以系統整合、託管顧問等資訊服務業為主，該類業者主要協助顧客導入上述雲端服務。硬體設備則涵蓋建置雲端相關服務所需要的硬體設備，目前我國雲服務業者多為雲端支援服務類型。

(一)市場趨勢

受 COVID-19 疫情影響，全球雲端市場成長速度在 2020 年稍有放緩，然而自 2021 年復甦後，全球雲端市場維持一定成長的動能。根據 IDC 預測，2024 年全球雲端市場規模預計突破 1 兆美元，並預計 2025 年，其規模將會達到 1.3 兆美元。2020 至 2025 的年複合成長率(CAGR)將為 16.9%。全球雲端市場不斷擴大的原因有三點，以下將個別說明：

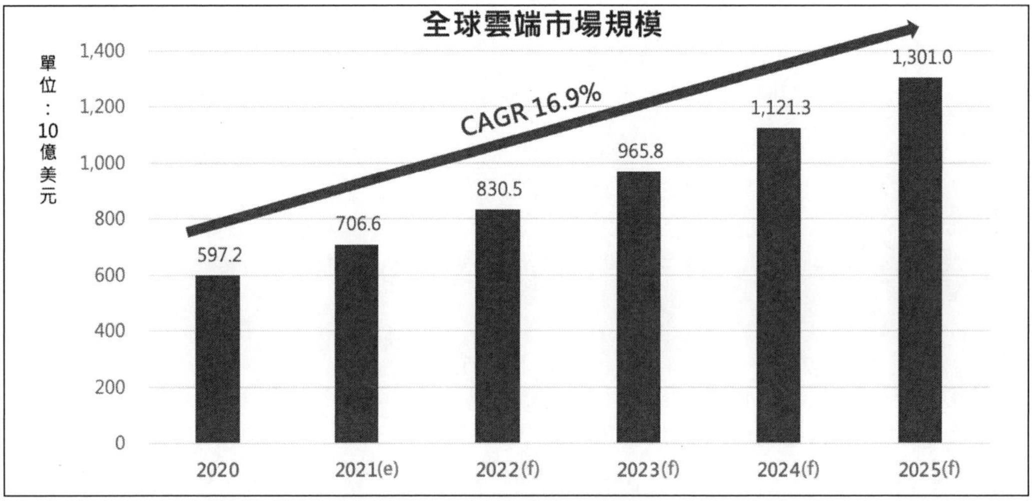

資料來源：IDC，資策會 MIC 經濟部 ITIS 研究團隊整理，2022 年 8 月

圖 3-8 全球雲端市場規模

1. 雲端運算已步入成熟穩定期，漸獲市場信任

觀察 2020 年 Gartner 的技術成熟度報告(Hype Cycle)，可發現 SaaS 服務已進入成熟期的階段，代表該技術不論在實際應用或商業模式上已趨於穩定，在市場上已被廣泛被採用。IaaS 與 PaaS 服務雖

然還位在穩定攀升期，但都皆已相當接近成熟期階段。從三種雲端服務的技術成熟度來看，可推斷雲端服務已如同智慧型手機、個人電腦般，在民眾生活中已相當普及，甚至是必要的存在。

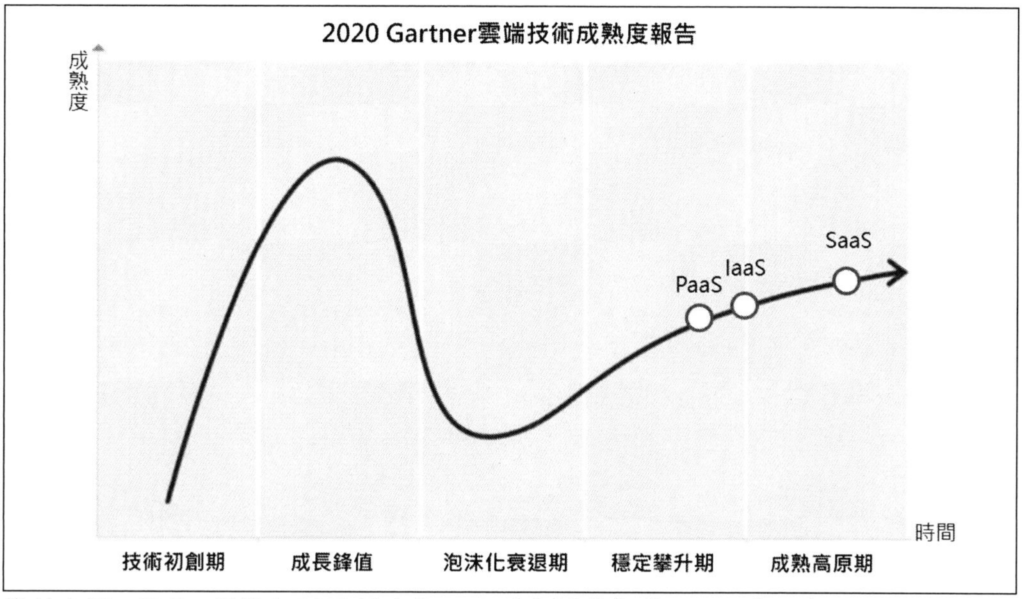

資料來源：IDC，資策會 MIC 經濟部 ITIS 研究團隊整理，2022 年 8 月

圖 3-9　雲端技術成熟度

2. 新興技術驅動雲端服務需求

企業對於人工智慧、5G、AR/VR、IoT 等新興技術的需求，同步帶動了雲端市場成長，原因在於這些技術通常對 IT 基礎建設的運算、儲存等能力有較高的要求。Forbes 指出，雲端是所有新興技術的根本，企業必須先導入雲端化的系統，才能開始思考進階技術的選用。Oracle 亦預測，2025 年時幾乎所有的企業都會導入 AI 技術，因此雲端中的資料量預計將增加 600 倍，同時外部資訊安全威脅也會大幅增加，使得多數企業難憑藉一己之力滿足所有 IT 條件，因此外包式的雲端服務將成為企業解決複雜 IT 問題的最佳解方。

以自動駕駛系統為例，一般自駕系統需要即時又快速的運算，如果運算速度不足，將可能因為延遲造成嚴重的安全問題。傳統的資料中心受限於資料儲存空間不足、硬體儲存設備費用高昂的限制，已不符合高密度的網路數據處理與儲存需求，更不用說運行人工智慧的複雜任務。相反地，雲端用的資料中心在架構設計上更注重巨量數據的儲存、處理與快速回饋，並會隨時依狀況自動調整運算資源，達到既快速又經濟的效益。

3. 疫情帶動雲端服務商機

在 COVID-19 帶動了在家上班、線上購物等「零接觸」商機崛起。大部分的零接觸活動，必須透過線上的數位工具完成，例如在遠距工作中，員工間可透過視訊軟體開會，或是透過溝通軟體協同合作，而維持這些工具運作的關鍵，便是底層的雲端技術。Microsoft 執行長 Satya Nadella 對此狀形容地相當傳神:「2020 年與其說是在家工作的一年，不如說是在雲端工作的一年。」

疫情帶動市場對雲端服務的需求急遽增長，Gartner 指出，疫情對企業上雲的推動力比前幾年預期更高，預計在 2025 年時，企業在公有雲的投資將會超越傳統 IT。

（二）國際業者動態

國際雲端大廠以 AWS、Microsoft、Google 三家為主，由於三者占有約 70%公有雲市場，故一般被業界稱為「三大公有雲」。

1. AWS

Amazon 最早於 2006 年首度推出 Amazon Web Service（AWS）的雲端服務，開啟 AWS 的公有雲事業。AWS 已連續 10 年被 Gartner 評為 IaaS 魔力象限的領導者，其公有雲事業成功的關鍵在於以客戶為中心所打造的完整產品線，維持市場爭力。

(1) 混合雲、多雲

AWS 除了公有雲事業的經營，隨著混合雲市場需求的興起，2017 年與私有雲領導廠商 VMware 合作推出混合雲解決方案，AWS 透過合作策略跨足私有雲領域，彌補在私有雲的技術累積並拓展客群，期望私有雲客戶部分向 AWS 公有雲遷移，持續擴大公有雲市占率。

2019 年，AWS 再推出混合雲代表產品之軟硬體整合的 AWS Outposts，以整櫃式主機的硬體設備支援，將 AWS 的服務直接連至企業地端環境，以整合型產品一次滿足客戶在軟硬體的需求，讓使用者可將較機密的資料，或是需要即時運算、交付的任務，交由 Outpost 處理，實現由 AWS 統包的混合雲服務。值得一提的是，Outpost 服務一樣是採租用訂閱制，由 AWS 負責該硬體的維護與管理，換句話說，AWS 打破了過去 IaaS 服務僅限於公有雲的形式，讓混合雲也成為 IaaS 的範疇之一。

為順應多雲架構的趨勢，AWS 也開始擁抱容器與 K8S 等技術。2018 年，AWS 先是推出 K8S 工具—EKS，其部署環境與外部的標準 K8S 應用程式均相容，讓使用者在 AWS 上運行時無須修改程式碼，省去大量程式在多雲間轉移的步驟。2020 年，AWS 再推出 ECS Anywhere 功能，讓企業能夠在自家資料中心執行 Amazon ECS，並無須安裝或操作額外的容器協調軟體，增加 K8S 使用上的靈活度。

(2) 人工智慧

AWS 近年不斷推出 AI、ML 專用資料庫、開發平台與應用服務，在專用資料庫上，AWS 於 2018 年釋出了專門針對 IoT 用的無伺服器 Timestream 資料庫，除了可依資料量彈性擴充外，更強調存取速度比傳統關聯式資料庫快數倍；2019 年，AWS 再釋出 Lake Formation 資料湖服務，專門應付巨量、非結構的資料處理需求。

開發平台上，AWS 自推出 Sage Maker 後，便持續對其增加功能與強化整合能力，例如程式偵錯與無程式碼的指令集，也增加與多種機器學習框架的相容性，以此降低 AI 開發的門檻。2021 年底，AWS 在其機器學習服務 SageMaker 加入新的 Canvas 功能，這讓操作者能夠以視覺化的操作方式，不需要撰寫程式碼，也不需要機器學習專業知識，就能建構機器學習模型，生成精確的預測。

應用服務上，2021 年 10 月 AWS 推出一款與電腦視覺（Computer Vision）應用相關的解決方案，稱為 AWS Panorama，當中包含專屬應用設備 AWS Panorama Appaliance，可用於改善產業運作效率與工作場所安全性，以及軟體開發套件 AWS Panorama Device SDK，可供設備製造廠商使用，協助他們將電腦視覺功能嵌入新的產業應用型攝影機。

綜合來說，AWS 在 AI、ML 上的布局相當完整，從底層的硬體、中層開發、上層應用皆有涉獵，特別是在資料庫與數據湖服務上，AWS 深知數據是 AI、ML 的根本，近年明顯有意挑戰 Oracle 在資料庫界的龍頭地位，可看出 AWS 在 AI 時代的策略，在於持續掌握運行新興技術的底層數據、運算市場。

(3) 垂直應用

AWS 近年積極往垂直領域扎根，特別是醫療、製造、電信三大領域。醫療方面，AWS 陸續與多家醫院、大專院校合作，共同開發醫療用的解決方案，例如 2020 年推出的 Health Lake 是一個醫療用的資料湖服務，其可彙整醫療機構內複雜的非結構性資料，再以機器學習自動完成正規化（normallized）、標籤化等資料處理步驟，以便於後續的分析及搜尋，並可串接 AWS 的 AI、ML 服務，找出過去看不到的關聯和趨勢，將歷史醫療資料重新賦予新的價值。

製造方面，AWS 推出多項工業用 IoT 解決方案，例如在 2020 年推出的 Monitron 與 Panorama Appliance 服務。Monitron 是一個端到端的系統監控解決方案，藉由感測器和機器學習技術檢測工業設備異常，並預測何時需要維護。Panorama Appliance 則是藉由一台 AWS 特製器材將電腦視覺、辨識功能加到工廠端的攝影機中，並可整合其他 AWS 機器學習服務和 IoT 服務，讓業者可使用自己的攝影系統遠端監控人眼難以辨識的製造過程。

電信方面，2021 年 AWS 在 re：Invent 大會上，宣布與美國 Dish Network 公司合作，將支援企業用戶設置自己的 5G 專網，創建了新的 5G 服務與使用方式。AWS 使用 Dish 的虛擬化技術，並將 Dish 無線存取網路（RAN）連接至核心網路的基礎建設，皆使用 AWS 的雲端服務，因而備受全球的矚目。之後於 2022 年 3 月 8 日的 MWC 大會上，AWS 執行長 Adam Selipsky 發表了其與電信業合作，使用 AWS 的公有雲（Public Cloud），來進行網路與系統的改革，例如：瑞士電信（Swisscom），建立一個雲原生的獨立 5G 核心核心網（Core Network）；日本的 NTT DOCOMO 也將與 NEC 合作，使用 AWS 的公有雲，概念驗證（Proof of Concept, POC）網路虛擬化的雲原生移動服務方案之可行性。AWS 近年來結合電信業者，藉由 5G 布局，發展邊緣運算，以提升競爭力，同時在 2022 年的 MWC 展會中所發表的論壇中可發現，可由雲端業者跟哪家電信業者結盟的面向，轉換成雲端業者與電信業者結盟後，未來將在哪一個領域深耕。

(4) 淨零碳排

AWS 在 2022 年 3 月推出碳排放追蹤器 Customer Carbon Footprint Tool。此服務使用戶能夠了解在 AWS 雲端基礎設施的碳足跡，藉由在計費控制台中的碳排計算機，用戶能以月份為單位，查看碳排摘要、地理分布，以及每個服務的碳排放量，協助企業調整運作模式，最終達到減碳目的。

除幫助企業減碳，AWS 也宣布將在 2025 年實現 100%使用再生能源驅動公司營運的目標。目前，已打造 274 個再生能源專案，分散全球多國，包含美國、德國、芬蘭、義大利、日本、澳洲等。AWS 於 2021re：Invent 大會上，再宣布增加 18 個遍布美國和歐洲的再生能源專案，總計將使用超過 12,000 兆瓦的再生能源，將會是全球最大的再生能源企業採購者。AWS 不斷地擴展雲端永續性的發展，從資料中心設計，到營運效能追蹤，再到不斷推出更強大的運算技術，以提高服務的執行效率，減少能源消耗量。

2. Microsoft

Microsoft 最早在 2010 年推出 Azure 服務，Microsoft 發展公有雲的腳步比 AWS 稍晚，但 2014 年由執行長納德拉（Satya Nadella）上任後開始全力推動雲端事業，雖然 Microsoft Windows 產品與雲端事業兩者建立在企業內部 IT 架構的業務性質相異，但納德拉以混合雲模式解決不同事業體的銜接，善用 Windows 伺服器的優勢帶動雲端事業的成長。

(1) 混合雲、多雲

2017 年時，Microsoft 正式對外推出 Azure Stack 混合雲解決方案，以純軟體產品策略發展混合雲，主打混合雲的差異化策略。AWS 在公有雲事業的市占率維持第一，但其混合雲的目標客群為 IT 架構相對簡單的中小企業或新創公司，而 Microsoft 則專注為歷史悠久的大型企業或政府機構提供混合雲服務，展開與 AWS 的差異化競爭。

Azure Stack Hub 混合雲服務是由 Microsoft 與特定合作廠商訂製專用硬體，企業在該機器上可享有與 Azure 一模一樣的操作介面，並可在單一平台上控制雲端與地端的資料交換與部署工作。後續幾年，Microsoft 進一步將 Azure Stack 服務延伸出 Azure Stack HCL 與 Azure Stack Edge，Azure Stack HCI 是超融合架構的混合雲方案，讓使用者可在混合式的部署環境中裝載虛擬化的 Windows 和 Linux 作業系統；Azure Stack Edge 則是針對 AI 運算與邊緣運算所推出的方案。

多雲平台上，Microsoft 在 2019 年推出 Azure Arc 服務，該服務能讓開發者透過 Arc 將資料庫、虛擬機部署到 AWS、GCP 等其他公有雲上，並直接透過 Azure 進行管理，減少開發者在建立多雲 IT 架構時所面臨的障礙。而在容器與 K8S 方面，Microsoft 推出自有的 K8S 服務—Azure AKS，提供簡易的介面與自動化功能，簡化開發者在 Azure 上使用 K8S 的工作。

不論是混合雲方案 Azure Stack 還是多雲方案 Azure Arc，Microsoft 都是雲服務商中較早推出者，這帶動了其他雲服務商相繼跟進，例如 AWS 為了應對 Azure Stack 而推出 Outpost 服。而 Microsoft 對於混合雲的提早布局，讓早期對公有雲較為保守的企業、政府、學術等單位，選用 Azure 的比例較高。

(2) 人工智慧

Microsoft 雖然在 AI、ML 領域已有多年研究，然而其自 2018 年起開始推出智慧雲與智慧邊緣（Intelligent Cloud & Intelligent Edge）的新戰略後，才開始有較具系統性的 AI 產品化策略，也就是以 Azure 雲服務為底，發展從下至上的完整 AI 服務，並將目標市場放在企業客戶。

Microsoft 從底層架構、中層開發、上層應用皆有針對 AI、ML 推出相關服務，例如在基礎架構上，Microsoft 在 Azure SQL 資料庫中加入 Hyperscale 功能，讓資料庫可快速自動擴充套件至 100TB，卻無須預先配置儲存資源，以對應巨量資料蒐集的需求。

在開發工具上，Azure Machine Learning 是微軟推出的 SageMaker 競品，其同樣為一站式完成 AI 開發生命週期的 IDE，並可自動化部分高重複性任務，例如數據格式統一、模型測試等提，從功能數量來看，Azure Machine Learning 與 AWS SageMaker 差異不明顯，然而 Azure 的目標市場為企業客戶居多，故其產品一般被認為是學習曲線比 SageMaker 更高的 AI 開發工具。

應用方面，Microsoft 在現成 AI 服務上投注了較多心力，Azure 現成 AI 服務：AI Gallery 內已有超過 100 種 AI 服務，數量為三大公有雲中最多，裡面包含不只是通用型 AI 模型，還包含多種針對垂直產業而訓練的特殊模型，例如工業用器材保養預測模型、醫療用乳癌預測模型、金融業用網路詐騙探測模型等。除此之外，Azure 提供的 AI 服務也比 AWS、GCP 更具深度，例如：在語音辨識上，Azure 提供的不只是語音的文字化，還能提供拚字檢查、上下文建議等功能。綜合來說，Microsoft 在 AI 的布局與 AWS 類似，特別是與雲端業務的整合上，皆是採從底層基礎設施至上層應用全包的模式。與 AWS 不同之處在於 Microsoft 有更多現成的 ML 應用套件；而在基礎設施服務上，Azure 的產品線則不若 AWS 豐富。

(3) 垂直應用

截至 2022 年，Microsoft 主要有五朵專屬產業雲，分別為醫療雲、零售雲、金融雲、製造雲、非營利組織雲，而 Microsoft 在 2021 及 2022 年垂直領域發展主要著重在醫療、汽車、電信三大種類。

Microsoft 在 2020 年推出的第一朵雲即是醫療雲，其中涵蓋 Microsoft 365、Azure、Dynamics 365、Power Platform，並加入健康照護適用的功能打造而成。例如：Power Platform 可讓醫療院所開發 AI 聊天機器人或虛擬訪視（virtual visits），提供病患透過入口網站和行動 App 直接和醫護團隊聯繫，簡化病患溝通。另外，Microsoft Cloud for Healthcare 也提供醫護團隊內部通訊的工具，並可整合醫院系統及電子病歷，達到資料交換。2021 年 Microsoft 推出 Azure Healthcare API 的服務，讓用戶能夠在微軟醫療保健雲中，擷取、管理和留存資料，將不同的受保護健康資訊整合在一起，利用機器學習或是分析工具，進行端到端連接應用。

汽車產業發展方面，微軟先是在 2021 年先後與福斯汽車（Volkswagen）及零組件一級供應商 Bosch 合作，發展自動駕駛平台和汽車軟體模組。福斯在 Microsoft Azure 上，構建基於雲的自動駕駛平台（ADP），並利用其計算和數據能力，提高福斯旗下乘用車先進駕駛輔助系統（ADAS）和自動駕駛（AD）功能的開發效率。ADAS 和自動駕駛車輛可以提升乘客安全，同時減少交通壅塞使移動更加舒適。

電信產業方面，為布局 5G 與電信市場，2021 年 7 月 Microsoft 宣布從美國電信業者 AT&T 手中收購其網路雲端平台，未來將整合進其雲端電信業務方案 Azure for Operators 中。此收購案預計幫助 Microsoft 從 AT&T 手中取得 5G 電信網路相關技術與專利，將更有利於推動旗下 Azure for Operators 服務，藉此提升 5G 網路應用服務發展能力，也能獲得更多與電信商的合作機會。

(4) 淨零碳排

為因應淨零碳排趨勢，2021 年 10 月 Microsoft 推出永續雲（Microsoft Cloud for Sustainability），能為組織進行碳排放紀錄、可視化，並提供減量計畫。永續雲主要透過連結器自動蒐集碳排放資料，以報告形式檢視組織的資源損耗、對環境的影響及永續性的進展，進而提供可執行的改善建議，協助組織改善業務流程並減少碳排放，該服務於 2022 年 7 月正式登入臺灣。

3. Google

Google 雖然是第三大雲服務商，但其實進入雲端市場的時間較 AWS、Microsoft 都早，2006 年時 Google 已經推出 Gmail、Google 日曆等辦公用 SaaS 服務，然而當時 Google 並沒有意識到 IaaS 商業模式的未來性，直到 AWS 崛起後才在 2011 年推出自家雲端服務—Google Cloud Platform（GCP）。Google 的雲端業務在 2021 年的總營收為 192 億美元，較前年成長約 47%，占 Google 總體營收約 7.45%，這當中包含了 GCP 的 IaaS 服務與 Google Workspace 的線上辦公軟體服務。

(1) 混合雲、多雲

Google 作為第三大雲服務商，自然希望打破公有雲市場由 AWS、Microsoft 獨大的態勢，故 Google 近年在多雲與混合雲領域推出多項產品，並將這些產品皆開源出去，致力於打破雲與雲之間的邊界，也加速整體多雲與混合雲趨勢的發展。

Google 推出 K8S，是近年多雲趨勢最重要的推手。K8S 是容器管理服務的一種，透過 K8S 開發者可輕鬆地在不同雲環境間，使用大量的容器移轉應用程式，讓多雲的維運、部署工作不再像過去複雜。K8S 推出後很快就成為雲端開發的標準之一，大廠包含 AWS、Microsoft、IBM 等皆陸續推出對應 K8S 的服務，被迫拉入了多雲與混合雲的戰場。

除了 K8S 以外，Google 於 2019 年推出 Anthos 多雲管理平台，該平台是基於 K8S 而生，讓企業在多雲環境下，例如：橫跨 AWS、Azure、GCP 及地端之間的叢集，皆能使用 Anthos 進行集中管理，開發者在進行開發、部署等工作時，不需在所有環境中事先安裝額外的管理程式，而是可直接透過 Anthos 統一監控，大幅減少跨雲維運工作的複雜度，也降低企業導入多雲架構的門檻。

數據交換上，Google 也推出 Looker、BigQuery Omni 等服務，旨在讓用戶能在單一平台介面上，對不同雲服務商的資料庫進行資料呼叫、整理與分析等作業。例如：透過 BigQuery Omni 服務，用戶可以直接使用 SQL 語法查詢儲存在 GCP 中的 Google Analytics 廣告數據，也可以同時查詢儲存在 AWS S3 資料庫中的電商平台數據等，再統一透過 Looker 或是其他 ML API 服務進行交叉分析，實現結合兩種雲服務優點的架構。

(2) 人工智慧

Google 開啟以深度學習為主的人工智慧時代，因此不論是從技術發展深度，還是具體應用來看，Google 在人工智慧與機器學習領域無疑是業界龍頭。這體現在其產品服務上，Google 對於 AI 的布局非常全面，涵蓋了底層硬體、開發者生態與上層應用，而且在自動駕駛、醫療、企業服務等垂直領域都有著墨。

開發工具上，Google 於 2015 年發布 TensorFlow 後，便利用開源軟體社群的力量不斷對其進行增補，讓 TensorFlow 成為現下最受歡迎的機器學習框架之一，使得其他雲服務商不得不跟進，推出相關的支援服務，成功建立其生態系。除了開源框架外，Google 亦在 GCP 上推出多種 AI 開發服務，例如：Cloud ML Engine 是一種 ML 的模型整合開發環境，內含多種 ML 框架外，底下亦串聯 GCP 資料庫與 TPU 運算服務，讓用戶可專心在模型開發上；Auto ML 則是較簡化的開發工具，內含多種圖形化界面，降低開發者的使用門檻。

AI 應用服務上，Google 推出多種 ML API 服務，為 Google 事先訓練好的模型，用戶可直接將 ML API 套用在 GCP 的架構上，也可與 Google 的應用程式整合，將現有數據與素材轉換成的有價值的分析結果。例如：影像辨識服務—Vision API 可與 Google 相簿整合，用戶便能利用機器自動幫相簿內的圖片標記標籤，如人臉、商標、圖片中的文字等，在海量圖片中輕鬆找到想要的內容，也可以針對圖庫進行系統性分析。

(3) 垂直應用

Google 近年也積極以新興技術推出新服務，例如利用 AR 與 AI 技術在 Google Map 上推出「實景」功能，可在一些路線複雜的室內提供指引的功能。比方說，當使用者要搭乘飛機或火車時，Google Map 的實景功能可協助用戶找到最近的電梯、手扶梯、登機門、月台、行李領取處、售票處、洗手間等設施，螢幕上會顯示箭頭與隨附的路線指引正確的方向。除此之外，Google 也運用邊緣運算技術，推出 Google Stadia 串流遊戲服務，看準行動裝置普及下的遊戲市場商機。

在電信雲方面，Google 先是在 2020 年初發表全球行動邊緣雲端（Global Mobile Edge Cloud, GMEC）平台與 Anthos for Telecom 解決方案，並協助電信業者把 5G 建置成一種商業服務平台，並改善電信核心系統的營運效益。

製造業方面，Google 與西門子合作發展製造業的 AI 應用，目標是讓 AI 與工業邊緣相關的部署（及其大規模管理）更容易，以優化工廠流程並提高廠區的生產力。透過將 Google Cloud 的數據、AI/ML 功能與 Siemens 的 Digital Industries Factory Automation 產品組合結合，製造商將能夠整合工廠數據，並在該數據之上運行雲端的 AI/ML 模型，並在網路邊緣發展演算法。

(4) 淨零碳排

Google 從 2007 年就開始落實資料中心碳中和，並承諾 2030 年實現零碳排營運。Google Cloud Next 2021 大會中，Google 宣布會在 GCP 服務中增加碳足跡報告內容，讓企業更方便了解透過 GCP 建置雲端服務所產生碳排放量，進而可做出相應調整規劃。同時 Google 也將讓企業用戶依照其永續經營標準，透過工具挑選更適合自己的需求的 Google Cloud 服務據點。

（三）臺灣業者動態

近年國際雲端大廠皆陸續加強在臺灣的布局，而其中最重要的一步棋，便是找尋在地的合作夥伴。藉由觀察大廠在臺灣的合作對象，便可推敲出大廠在臺灣的布局策略與現況，也可描繪出臺灣整體雲端生態系全貌。

依照合作方式的不同，雲端大廠在臺灣的合作對象可分為四種：託管服務、方案經銷、網路合作、產品認證。每一種合作對象都會有對應認證，針對上述四種合作模式，以下將分別說明。

1. 託管服務

託管服務最常見認證便是 MSP（Manage Service Provider），三大 IaaS 廠商皆有推出自家 MSP 認證。託管服務主要在協助客戶解決雲端採用過程中的業務需求，例如上雲前的評估、方案選擇評估、雲端搬遷、系統整合、託管服務，服務涵蓋上雲前、中、後各階段的方案經銷。目前託管服務為我國最常見的合作模式，該類業者多為系統整合商。

2. 方案經銷

方案經銷類似零售業中的盤商角色，主要負責產品的銷售，代表認證有 Microsoft 的 LSP（License Solution Provider）、AWS 的 CSP（Cloud Solution Provider）等。比起託管服務，方案經銷業者通常擁有較多的行銷資源與議價權力，但也有銷量業績的壓力，因此方案經銷認證的認證門檻通常比託管服務更高，例如該服務的客戶數量、收益、流量等，需具一定規模的廠商較容易獲得此認證。

3. 網路合作

網路合作主要提供網路交換中心、企業專網等網路相關服務，代表認證有 AWS Direct Connect Partner、Google Interconnect Partner 等。雲端大廠在拓展國際市場過程中，經常需面臨國際網路與地區網路對接的障礙，若未與在地網路商合作，將會導致網路傳輸效率降低，進而影響雲端服務的品質和安全，故雲端廠商多會尋找在地網路業者合作，提升其服務在當地的穩定性。

4. 產品認證

產品認證是一種互利的合作模式。為了快速擴大生態系，各家雲端大廠多有提供市集或是解決方案認證，例如 AWS 的雲市集認證、Microsoft 的 IoT 方案認證等，藉此吸引其他業者在其雲服務上開發產品，對雲端大廠來說，這樣既可以增加用戶數量，也可以強化生態系的完備性；對合作小廠來說，獲得大廠認證有助於將產品銷往國際市場。

臺灣業者與大廠的合作方式不以單一種類為限，可採複數種合作形式，例如廠商可同時是解決方案提供者，但又自行開發產品成為認證合作夥伴。除了上述分類外，臺灣業者之間亦會依靠自身其他產品、領域知識等能力做出服務差異性。

近年可觀察到，臺灣獲得三大公有雲夥伴認證的資服業者數量有逐漸增多之勢，這當中包含電信業者、中大型資服業者、小型新創業者，並且合作方式相當多元，例如部分業者間會結合彼此優勢拓展海外市場，或是透過策略投資方式採以大帶小的形式讓雙方互利。此外，三大公有雲亦開始在臺灣有更多的投資計畫，不論是產官學合作、新創投資，甚至是建置資料中心，可看出臺灣在亞太地區的雲端實力逐漸攀升，戰略地位也比過去更備受重視。

（四）未來展望

AWS、Microsoft、Google 三大公有雲寡占市場的態勢短期內應該難以被改變，但同時三業者知的競爭也為多項新興技術、應用趨勢打下穩固的基底。

在數位轉型當道下，雲端服務角色將更為吃重，而觀察未來雲端產業發展方向，有四大領域值得持續關注：多雲與混合雲、人工智慧、垂直應用、淨零碳排。多雲混合雲方面，未來企業將會大量面臨想上雲，但又不想被單一廠商綁定的狀況，因此數據及應用程式在不同雲端環境間的轉換彈性，將是未來雲端產業的重點；人工智慧方面，企業未來為了導入 AI，IT 架構上勢必逐漸走向數據驅動（Data Driven），另外 AI 對於算力有較高的需求，使得雲端化成為未來企業步入智慧化的必經之路，因此雲端大廠對於 AI 生態系的布局將是重要看點；垂直應用上，隨著越來越多行業願意上雲，特定需求也將越來越多，未來雲端服務會越來越垂直化，針對不同產業的服務也將更為豐富；淨零碳排方面，企業要實現碳中和、零碳排的前提，是要先能量化企業的碳排放與碳足跡，未來雲端服務將在企業量化炭排放中扮演重要角色。

臺灣傳統資服業者的收益來源多為非雲端類的專案居多，然而觀察雲端大廠在臺灣的布局可發現，除了微軟以外，其他的合作對象多為新興資服業者，這些業者大多從一開始就把重心放在雲端服務上，顯見經營雲端與非雲端的技術性、業務性質是不同的，因此近年多數資服業者多針對雲端有新的布局，預期雲端的普及化將會為臺灣資服業帶來新的版圖變動。

臺灣資服業者以代理國外產品居多，而在大廠產品的差異度逐漸漸縮小下，業者之間的競爭的決勝點已不在於合哪家廠商合作，比拚的是誰能提供更好的配套服務、產業知識，例如：人工智慧、資訊安全等，或是對某個特定行業的領域知識等，「做得廣不如做得深」是未來臺灣雲服務業者應要思考的進步方向。

除了系統整合、顧問服務以外，臺灣資服業者也可更勇於發展自有產品，以此與雲端大廠產品互補，甚至是上架其市集平台以尋求合作與出海機會，以此擴大目標市場尋求成長。

臺灣業者可參考國際大廠之混合雲軟硬整合與開放式架構布局策略，臺灣系統整合商可利用開源軟體自行研發開放式混合雲架構，將軟體搭載至臺灣具優勢的硬體設備上，形成價格競爭力強的整合型產品，解決客戶在導入混合雲面臨的軟硬體不相容問題，以軟硬整合產品一次購足客戶的需求。臺灣系統整合商於未來發展機會可透過以硬帶軟的合作策略，與臺灣硬體設備廠商合作，推廣整合型產品並拓展國際市場尋求發展機會。

第四章｜焦點議題探討

一、人工智慧

（一）市場趨勢

人工智慧（Artificial Intelligence, AI）發展在近年走向「後 AI 時代」（亦有專家稱「厚」AI 時代），整體環境不論是人力、技術、資金及政策均逐漸完善，讓 AI 產業生態系持續擴張、茁壯。應用上，除製造、醫療、電信、零售等主要產業積極導入 AI 外，近年可觀察到包含政府、國防、航太等也開始積極擁抱 AI，以實現智慧化轉型。Mckinsey 指出，到 2030 年約有 70%的公司會採用至少一項以上的人工智慧應用；PWC 則預估 2030 年時，AI 會為市場帶來 15.7 兆美元的營收，影響全球 GDP 成長達 14%。上述的調查，顯示著 AI 的導入已是當代產業界在步入新工業時代所需納入的重點科技。

（二）應用機會

當前 AI 技術以深度學習（Deep Learning）為主導，其技術範疇以電腦視覺（Computer Vision, CV）、自然語言處理（Natural Language Processing, NLP）為主，另外像是移動控制（Motion Control）、推理推論（Reasoning）等領域也漸受到重視。近年整體 AI 技術發展呈爆炸性增長，相關子議題如雨後春筍般冒出，經歸納後，當前的 AI 發展有下述三點值得關注：

1. Transformer 成為當前最強勢的深度學習模型

過去自然語言處理技術以遞迴神經網路（Recurrent neural network, RNN）為主，但 RNN 技術存在諸多限制，例如輸入長文字表現容易失準、缺乏記憶機制判斷前後文意等。Transformer 大幅改善 RNN 的技術限制，架構上模仿人類接收、理解、輸出機制，將兩個 RNN 模型以 Encoder 與 Decoder 形式組合，Encoder 負責接收與轉化，Decoder 負責解構與輸出，並加入注意力機制，讓模型在訓練中可隨時注意字與字之間的關係，並隨時自動調整內部參數，因此 Transformer 比起 RNN 可執行更複雜的任務。

Transformer 由於將接收（Encoder）與解構（Decoder）步驟分開，因此只要能在接收步驟將輸入資料轉換成 Decoder 看得懂的資訊（一般為向量）下，理論上 Transformer 就可以同時處理複數種不同種類的數據，例如同時處理文字與圖片。知名非營利 AI 研究機構 Open AI 推出的 AI 製圖模型 DALL-E 2 就是 Transformer 技術的應用案例，如圖 4-1 所示，DALL-E 2 讓使用者只要輸入敘述文字，就能產生相對應的圖片，此模型目前已獲不少設計工作者使用。Open AI 利用 Transformer 可同時處理文字與圖片的特性，讓 DALL-E 2 從大量圖片與對應敘述文字交叉學習後，便具備可依照敘述文字「想像」圖片的能力。

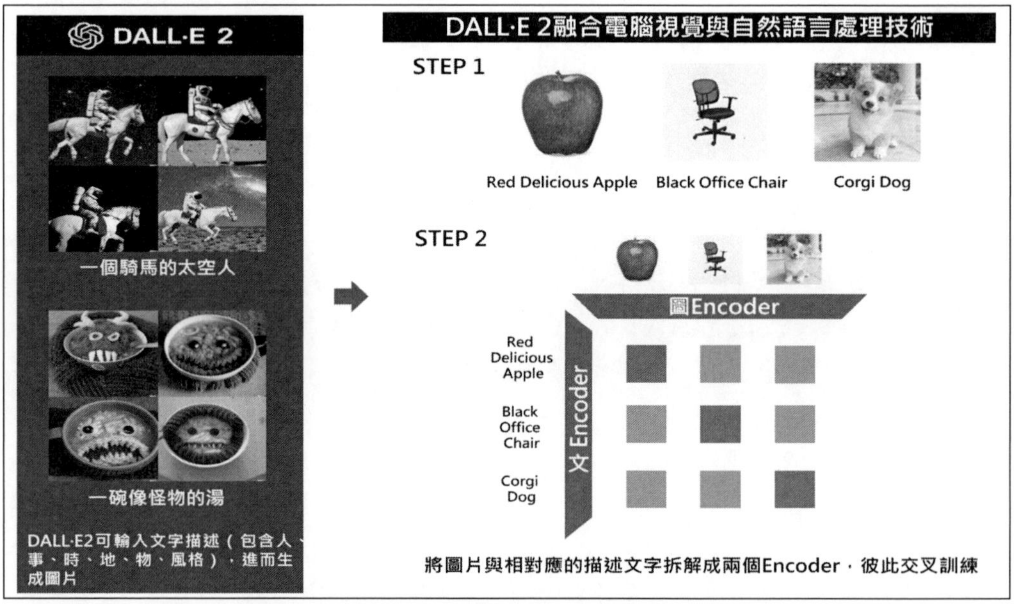

資料來源：資策會 MIC 經濟部 ITIS 研究團隊，2022 年 8 月

圖 4-1　DALL-E 2 功能示範與運作原理

目前 Transformer 在幾乎所有 AI 任務的表現都名列前茅，並於學術與產業上獲得大量應用，此外大廠像是 Microsoft、Nvidia、Google 等均已針對 Transformer 推出開發框架或工具，甚至這些大廠均開始

以 Transformer 為基底開發出像是 GPT-3 的超大型模型，預期未來 Transformer 將會主導深度學習技術趨勢一段時間。

2. 超大模型讓通用 AI 出現曙光並將 AI 帶入工廠生產模式

近年主要 AI 大廠興起超大型模型的軍備競賽（如圖 4-2 所示），讓 AI 性能突破至前所未有高度，也讓 AI 工程規模越來越大。例如 Open AI 所開發的 GPT-3 自然語言模型，內含超過 1,750 億個參數，高達 96 層的神經網路，並使用超過 570GB 的數據進行訓練。

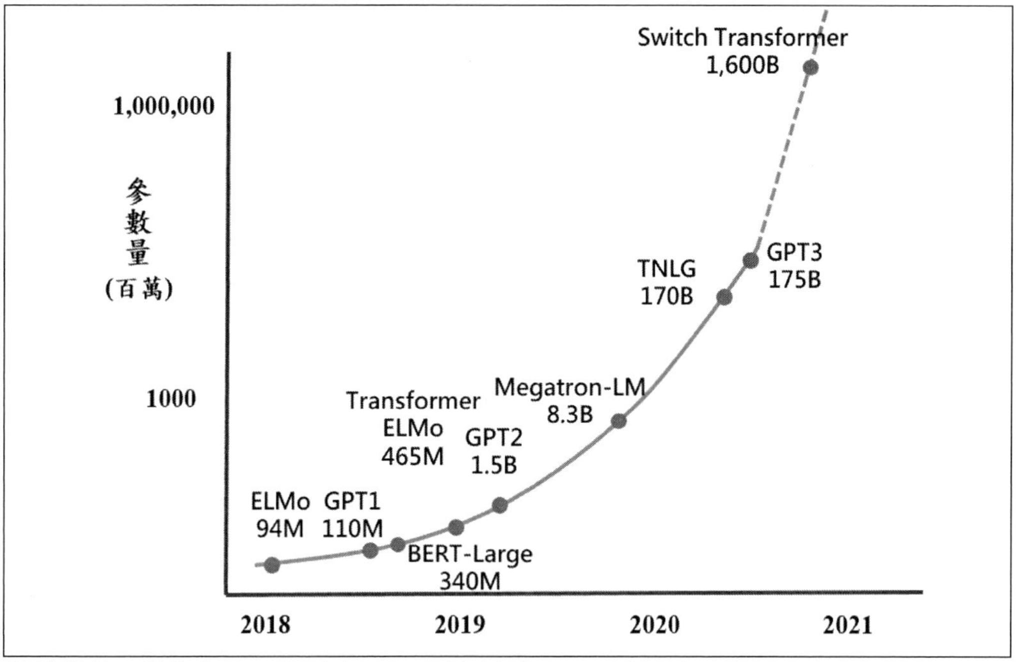

資料來源：資策會 MIC 經濟部 ITIS 研究團隊，2022 年 8 月

圖 4-2 AI 超大型模型演進

超大模型對於數據的種類、品質有較高的寬容性，同時輸出品質也比一般規模的 AI 模型更為精緻，而超大模型在經過微調後即可執行不同的任務，像是商品推薦、影像辨識、物件偵測等。以 GPT-3 為例，GPT-3 以開放 API 形式推出，許多企業利用 GPT-3 變化出數十種應用，部分應用甚至出現「類」通用人工智慧（Artifical General Intelligence, AGI）的表現，詳見圖 4-3：

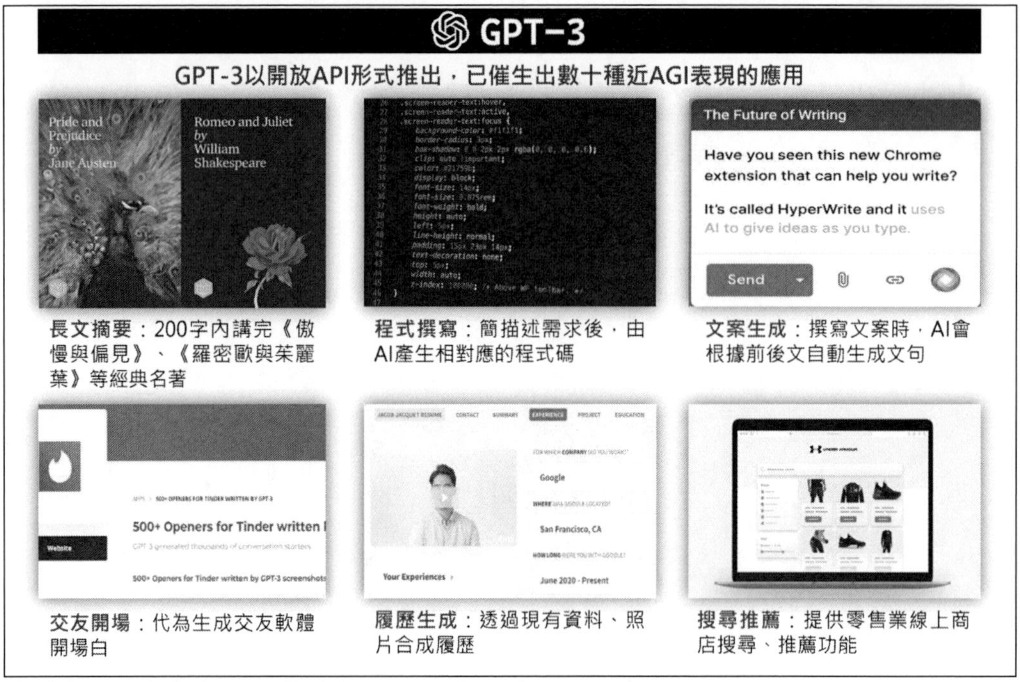

資料來源：資策會 MIC 經濟部 ITIS 研究團隊，2022 年 8 月

圖 4-3　GPT-3 催生出數十種應用

史丹佛大學教授—李飛飛聯合百餘位學者，將這種超大模型命名為基礎模型（Foundation Model），她認為未來這種由特定組織研發超大型模型，在讓產業透過微調方式使用的模式將越來越常見，同時 AI 相關的開發工程也會越趨規模化，因此 AI 開發將從由少數人的工作訪模式，變成由多人共同執行的工廠模式。

3. GAN 搭配遷移式學習解決小數據問題

數據是發展 AI 的重要基礎，對於科技巨頭如 Google、Amazon、Meta（Facebook）等來說，獲得大量數據不是件困難的事，但對於一般產業來說，數據取得有時未必這麼容易，根據 Mckinsey 調查，58%的製造業者將「缺乏數據」視為導入 AI 最大障礙，以瑕疵檢測為例，許多製造業者只有 10 多張，甚至更少的瑕疵樣本照片，生產過程亦不易增加更多瑕疵樣本。由此可知「小數據」是目前產業導入 AI 的重要課題之一。

為解決小數據問題，目前業界多以兩種方式解決，首先是以生成對抗網路（Generative Adversarial Network, GAN），讓兩個AI互相進行生成、判別對抗，以產生更多訓練資料，例如從原始10張瑕疵照片，自動生成1,000張（虛構的）瑕疵照片樣本。第二種方式則是以遷移式學習（Transfer Learning）技術，讓已訓練完畢的AI模型進行知識轉移，輔以新的數據再訓練後，便可解決相似度較近的任務，以減少數據收集的限制，例如用來判別手機刮痕的模型，經知識轉移後，也可用來判別一般金屬零件的刮痕。

目前這種「利用AI生成資料」與「讓AI舉一反三」的方式已獲得越來越多產業應用，而小數據課題也會是未來AI領域持續研究的方向之一。

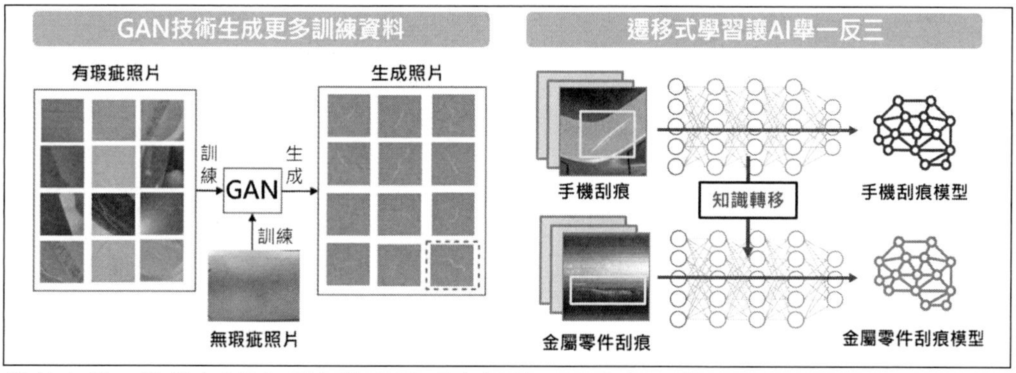

資料來源：資策會MIC經濟部ITIS研究團隊，2022年8月

圖4-4　生成對抗網路與遷移式學習可解決小數據問題

（三）服務模式

AI雖然在技術與應用上持續突破，但服務模式上卻面臨諸多落地問題，對於一般企業來說，即使AI技術發展一日千里，但若不能落地並立竿見影的話都是空談。實際上，根據Gartner報告指出，全球有高達85%的AI專案最終以失敗收場，失敗的原因包含：難以融入至企業流程、內部人員支持、缺乏有效專案管理技巧、數據品質不精等，因此讓AI更容易落地成為近年AI產業重要趨勢，其發展有下述兩點值得關注：

1. AutoML

Auto Machine Learning（AutoML）是讓 AI 開過程中耗時、重複性高的工作自動化。一般來說，AI 專案會包含：資料蒐集、資料清理、特徵提取、演算法選擇、模型訓練、參數調整、落地部署、實際應用，AutoML 將從資料清理到落地部署的工作自動化、簡單化，使用者可在不寫任何一行程式碼的情況下開發出 AI 模型，這讓非資料科學、資訊工程背景的人也可以開發專屬的 AI 模型

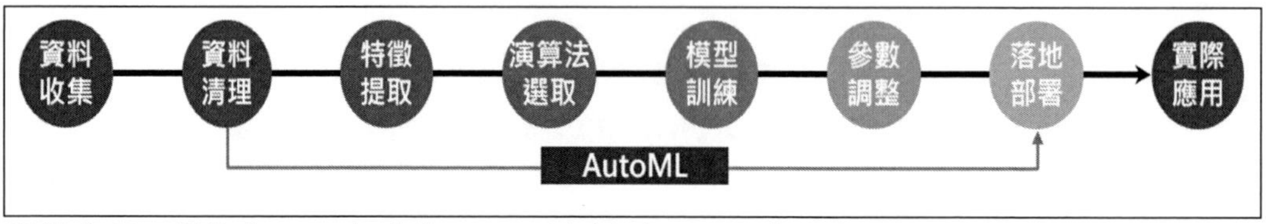

資料來源：資策會 MIC 經濟部 ITIS 研究團隊，2022 年 8 月

圖 4-5　AutoML 將複雜的 AI 開發流程自動化

以 Google AutoML 中的視覺辨識功能為例，使用者只要輸入自己準備好圖片數據集，Google AutoML 便能自動訓練、調整 AI 模型，快速生成出圖像辨識 AI，並可以 API 形式匯出增加更多應用彈性，讓使用者能專注在價值提供，而非繁瑣的 AI 開發工程上。

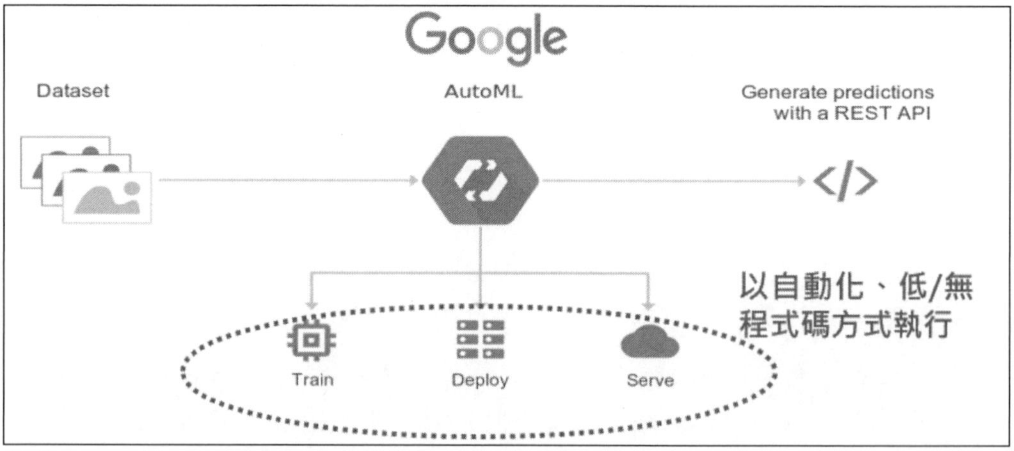

資料來源：資策會 MIC 經濟部 ITIS 研究團隊，2022 年 8 月

圖 4-6　Google AutoML 服務示意圖

目前多家大廠、新創皆紛紛投入 AutoML 產品開發，例如 AWS 即推出 SageMaker Canvas 功能，可在不需要程式碼的情況下，自動訓練出最佳模型；DataRobot、Dataiku 等新創廠商也致力於數據處理、AI 開發流程簡約化的解決方案，並受到一級投資市場關注。

2. MLOps

MLOps 旨在產品服務開發、部署及維運過程中，能實現持續整合、持續部署，當中透過大量流程自動化（Pipeline）縮短溝通成本，讓 AI 專案開發到落地的過程可以更加快速。綜合來說，MLOps 與過去常聽到敏捷開發（Agile）、極限編程（Extreme programming, XP）等軟體開發方法論類似，可被視為 AI 時代下的新軟體開發思維。

目前市面上已有多家大廠、新創均開發出 MLOps 相關產品，大廠產品包含 AWS SageMaker、Azure Machine Learning、Google AI Platform 等，並多以雲服務形式提供，讓開發者在數據儲存、算力提供、系統維運上無後顧之憂。新創業者 Landing AI 也針對製造業瑕疵檢測項目，提供以數據為本的 MLOps 平台，針對製造業缺數據質量問題提供更周全的服務。

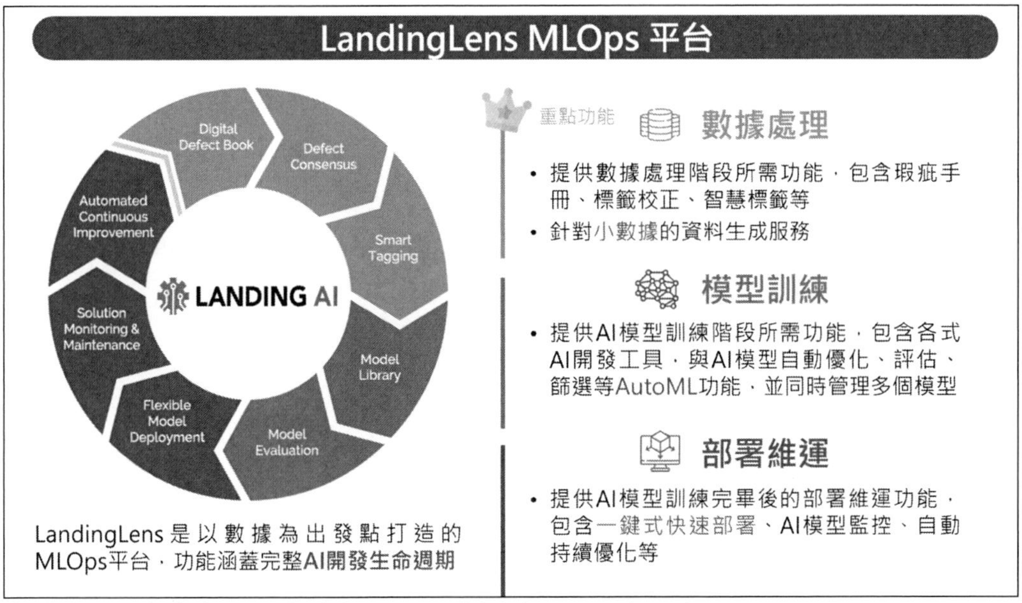

資料來源：資策會 MIC 經濟部 ITIS 研究團隊，2022 年 8 月

圖 4-7　Landing AI MLOps 平台涵蓋完整的 AI 開發生命週期

二、資訊安全

（一）市場趨勢

因為疫情的關係，工作模式與消費生活型態有所改變，在家工作（Work From Home, WFH）、宅經濟成為新常態，數位工具的角色也比過往更為重要，但這同時增加了資安的風險與需求，面對駭客的全年無休，企業必須用零信任（Zero Trust）的觀念暨意識，來面對無所不在的資安威脅，並進行風險控管。資安產業正進入一個全新網路安全架構的時代，疫情下零信任成為企業資安布局新常態。

從產業資安化（應用）的面向，看全球主流的網路安全（Cybersecurity）防護模式之發展，可發現產業的資安應用已從過去的被動部署的「防毒軟體（Antivirus Software）」、「防火牆（Firewall）」、「入侵防禦系統（Intrusion Protection System, IPS）」，演進到後來的主動防禦如「惡意程式行為分析（Malware Behavior Analysis）」，與「自動化滲透測試（Vulnerabilities & Exploits）」等，而推動近年資安產業步入此模式的原因可歸納如下：

1. 國際資安「謀財駭命」事件頻傳

疫情的蔓延，雖然帶動了宅經濟的蓬勃發展，卻也增加資安的風險與需求，而駭客及有組織的犯罪集團，更利用各種名義及方式對個人與企業進行針對性的攻擊。國際上知名的資安謀財駭命事件，有從Twitter遭駭到德國某醫院被勒索軟體攻擊導致病患錯失急救黃金期而喪命；從SolarWinds、Kaseya到Microsoft Exchange的被駭；從美國最大燃油輸送公司Colonial Pipeline，到全球最大的巴西肉品供應商JBS被有計畫的勒贖；從Facebook個資到麥當勞全球網路系統遭駭、臺灣及韓國部分資料外洩。

2. 國內針對性的擄資勒贖攻擊

國內的針對性擄資勒贖攻擊資安事件也是不遑多讓，從2020年5月開始，無論在IT基礎設施與高科技產品大廠，就從沒間斷的持續發生進行中。而格外引起產業關注的是，臺灣證交所特別針對重大訊息處理程序的修訂：有關上市公司發生重大資安事件應發布為重大訊息並予以揭露（2021 年 4 月 27 日起實施）；而據臺灣證交所發布的資訊，2021 年至少有 14 家公司（母公司或子公司）遭遇資安事件，其中 10 到 11 月被駭客攻擊最密集；而遭受衝擊的產業別，含括半導體、電子零組件、電腦與周邊設備、資訊服務業、電機機械、鋼鐵、建材營造、汽車工業、貿易百貨、生物科技等。

疫情不僅讓駭客趁勢見縫插針，更是無所不在的大肆入侵。電腦病毒與 Hackers 攻擊的型態更隨著資安防禦的演變而改變，就如同 COVID-19 一樣，隨著人類對病毒的防護（各種疫苗的研發、接種後），也產生各式各樣的變種病毒。且網路攻擊的能見度愈來愈低，從看不見的異常登入行為，到看不見的網路流量，再到看不見的惡意程式。企業面對的資安風險，除了常有被駭都不知道的無助感，更會有防不勝防的無力感。

3. 駭客已成為一個產業

從科技大廠被駭甚至被勒贖，駭客組織已經成為一個產業，不光只是組織運行，甚至發展成有上下游的產業鏈營運，並開始專業化分工，且演化成像是銷售個資及信用卡資料、販售木馬程式、出售攻擊企業弱點的程式、代客攻擊服務如「分散式阻斷服務攻擊（Distributed Denial of Service Attack, DDoS Attack）」等多元化經營模式的大型產業。

駭客像黑道般強行勒索，衝擊企業商譽，而且勒贖手法，是將曝光資料的手段是從 2%到 5%，再到 10%，就像擠牙膏一樣的視贖金支付的狀況決定後續。資安威脅愈猖獗，駭客的「商業模式（Business Model）」也在持續更新；加上地下經濟蘊藏龐大的金錢利益，除吸引網路犯罪者不斷投入外，黑道甚至開始投資駭客組織，更因為疫情的關係，原特種行業如聲色犬馬、博弈等產業大受影響，衝擊原有收入來源，讓整個萬物聯網下的黑色產業鏈，反而因為疫情的因素，就成了「富貴險中求」產業，且是瞄準企業對資安防護未做風險管控的龐大商機。

零信任架構主要就是針對傳統強化邊界的方法，面對 BYOD、雲端服務與 WFH 情境下遠端工作等新興存取方式的挑戰而發展的。此外，軟體定義邊界是一個能夠為「國際標準化組織（International Organization for Standardization, ISO）」，制定的「開放系統互聯（Open System Interconnection, OSI）」模型之七層協定架構，提供安全防護的網路安全架構，實現資產隱藏，並在允許連接到隱藏資產之前使用單個資料包透過單獨的控制與資料平面建立信任連接。

此外，零信任網路亦有五個重要議題下，從控制面向對應的相關產品，包括在「存放在應用程式及網路外部的資料控制」議題上，以「資料為核心安全」的控制面向，有企業「數位權利管理（Digital Right Management, DRM）」的產品；在「公眾應用程式」議題上，以「應用程式為核心安全」的控制面向，有「網站應用程式防火牆（Web Application Firewall, WAF）」、「網站應用程式與應用程式介面保護（Web App and Application programming interface Protection, WAAP）」、「執行時應用程式自我防護（Runtime Application Self-Protection, RASP）」等產品；在「端點安全」議題上，以「端點為核心安全」的控制面向，有「端點偵測及回應（Endpoint Detection and Response, EDR）」、「端點防護平台（Endpoint Protection Platform, EPP）」等產品；在「企業舊有內部應用程式」議題上，以「零信任網路隔離與分段」的控制面向，有網路分段類的防火牆、「虛擬區域網路（Virtual Local Area Network, VLAN）」等產品；以及在「保護零信任網路基礎建設」議題上，以「管理者帳號」的控制面向，有身分與存取管理（IAM）、多重要素驗證（MFA）等產品。

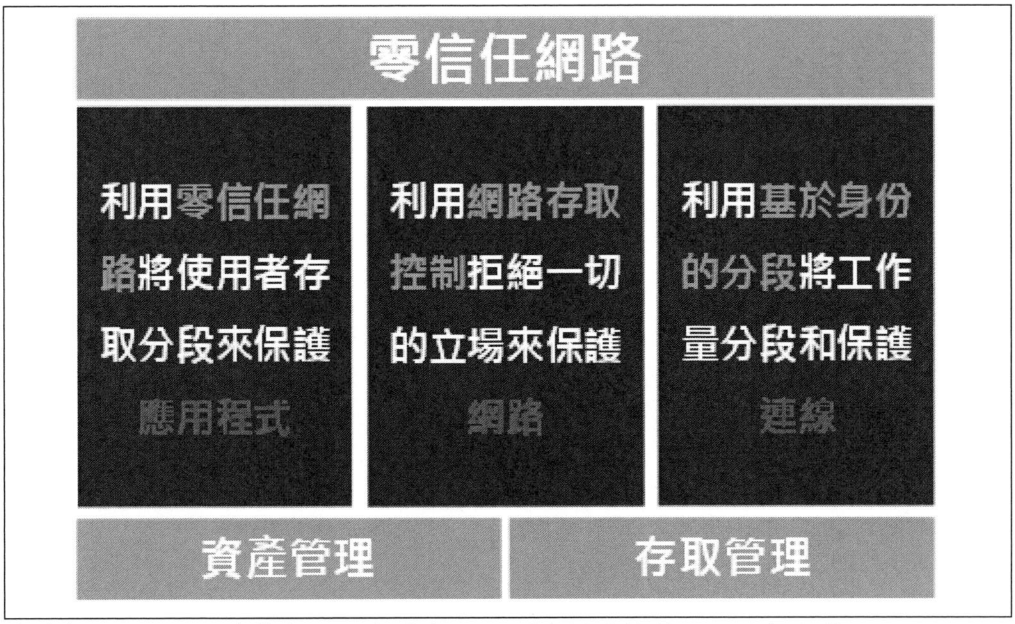

資料來源：NIST，資策會 MIC 經濟部 ITIS 研究團隊整理，2022 年 8 月

圖 4-8　零信任網路的三根基礎架構

（二）應用機會

疫情當下，企業的資安應用，除了形成所謂的新常態、新趨勢之外，觀測後疫時代，伴隨著 5G 與「智慧物聯網（Artificial Intelligence & Internet of Things, AIoT）」的浪潮，產業資安化發展亦有八大應用方向。

1. 企業上雲引領雲端資安市場需求

由於疫情期間，很多企業實施居家暨遠距辦公，駭客的攻擊使得資安的威脅是愈來愈大；也因為企業開始將許多辦公及溝通的事務上雲（端）上網，過去不上雲也不上網的企業，當下也必須正視資安的議題，所以企業如何防駭，包括雲端資安的市場需求及投資愈來愈大。

2. 資料外洩由點到面的持續發生

觀察並分析疫情後的資料外洩事件，可以發現資料外洩的方式已經由企業的單點，擴散到各類「暗網」等面向的持續發生。從 Zoom

的 53 萬筆企業客戶的帳號密碼流入暗網；Cyble 發現有近 2,000 萬筆疑似為臺灣戶政資料的資料，被打包在暗網中公開販售；Digital Shadows 觀察有 150 億組的外洩憑證在暗網中流竄，都可看出資料外洩已從過去企業內部點的擴散到疫後乃至未來企業外部面的蔓延。

3. 深偽技術（Deepfake）衍生的資安攻擊

AI 技術結合詐騙從人下手的資安攻擊造就了「深偽技術（Deepfake）」的崛起，過去曾發生過模仿企業執行長的聲音進而進行詐騙的事件；其手法是蒐集目標人物的公開影片或音訊，利用 AI 對聲音進行學習並且假冒。未來的詐騙已不僅只是假冒聲音而已，假冒信件格式來欺騙企業進行轉帳，利用 Deepfake 來增加信件的真實感。當然更多「深偽技術即服務」，亦將有更多詐騙事件。

4. 5G 服務帶來新商機亦產生新風險

5G 服務儘管有商機，但也相對帶來各種不同的資安風險，例如基於高畫質影像傳輸與虛擬實境體驗，若受資安攻擊造成服務中斷，將帶來不小的商業損失；另如自駕車此類要求超低延遲性、超高可靠度的應用，若因遭受資安攻擊，導致網路訊號的中斷，將有可能引發不可逆轉的疏失，也可能造成大量的個人隱私資訊洩漏。而在 5G 應用服務展開的同時，網路架構愈來愈雲端化、複雜化、多元化，使得網路安全防護邊界正在改變當中。

5. IT 與 OT 融合帶來更多資安威脅

隨著工業物聯網與智慧製造的發展，及疫後大型企業「工業控制系統（Industrial Control System, ICS）」／「營運科技（Operational Technology, OT）」遭駭的事件頻傳，鎖定 OT 系統進行攻擊的惡意軟體日漸增多，資安範疇不再限於「資訊科技（Information Technology, IT）」領域，大型 OT 資安防護成為企業的必修課題，而針對 OT 資安的需求也將大幅提高。隨著企業對 OT 資安需求提高，以 OT 資安為出發點的服務與解決方案大幅出現。IT 與 OT 融合後，工業控制系統不再獨立於既有辦公室與資料中心網路之外，更多資安威脅伺機滲透進來；未來企業的資安架構將從 IT 延伸至 OT 的場域，變成 IT/OT 一體的資安堡壘。

6. 勒索軟體野火燒不盡春風吹又生

觀察疫後資安產業動態，發現駭客勒索軟體的攻擊目的已經轉變，並趨向多元；早期勒索軟體會透過電子郵件或網頁方式誘騙使用者下載或點擊，而最近則是採取「針對式方式」，針對目標式主機進行各種形態漏洞攻擊之後，進行一連串的破壞性侵襲。勒索軟體已不再只是將電腦資料加密獲取贖金，也開始朝家庭、企業間各類物聯網裝置下手，這遍地蔓延且從未間斷的態勢，正驗證了此資安產業的新常態。

7. 防疫與防駭雙管齊下的宅辦公資安防護

面對疫情挑戰，遠端辦公已成為全球企業維持營運的關鍵，但企業外部儲存資源、不明的網路資訊暨攻擊等挑戰卻成為企業資安的破口。企業除了防疫之外，更應部署相關防駭的資安防護機制。實施遠距辦公的企業，必須加強資安保護機制，進而有效保護企業重要資產。

8. 供應鏈信任與強韌成為新趨勢

美中科技布局加上疫情衝擊，除挑戰現有的產業供應鏈的分工模式外，歐美對供應鏈安全的信任度更形提高；加上各國資安法規從對原本使用者隱私的保護，提升為物聯網安全與供應鏈安全的要求，ICT 業者強化物聯網產品資安的需求更趨於急迫，資安暨信任科技更是臺灣高科技產業打入國際供應鏈的金鑰。

（三）服務模式

未來的資安生態體系的完善，將更加著重於「聯防（Joint Defense）」與「產業領域知識（Domain Know-how）」這兩大概念，尤其以產業為主導的領域型資安生態系將逐步成型，繼國家關鍵基礎建設的金融、醫療業後，對產業發展影響甚深的半導體／晶片、

5G、製造業、電動車等，產業勢必將積極投入推動、凝聚出各種領域的資安智慧聯防生態系。

以製造業為例，物聯網（Internet of Things, IoT）的設備／裝置所帶動的智慧製造發展，使得向來區隔於企業網路之外的產線機台也開始受到資安威脅。過去資安的解決方案多著墨與聚焦在 IT 領域，資安廠商、系統整合（System Integration, SI）業者因缺乏 OT 資料，難以敲開「工業控制系統（Industrial Control System, ICS）」大門；OT 業者也因較少涉獵資安、缺乏 OT 專屬產品及情境劇本（Scenario），導致 IoT 設備門戶洞開。若能有一個「平台即服務（Platform as a Service, PaaS）」、「軟體即服務（Software as a Service, SaaS）」型式的資安平台，由第三方提供快篩機制等各式元件、模組，逐步累積成資安程式「市集（Marketplace）」，將有助於設備／裝置大廠、中小型工廠、SI 業者、資安廠商快速凝聚出可更有效運作的生態系與龐大能量。

此外，主流的資安解決方案也慢慢從防火牆、郵件安全等針對網路型的「疆界防禦」，逐步轉向運用資安監控、日誌管理、日誌分析等技術，進而因應複合型網路攻擊防禦的需求，以達到真正重新定義資安模式的「零信任網路」架構。零信任架構主要更是針對傳統強化邊界的方法，面對 BYOD、雲端服務與 WFH 情境下遠端工作等新興存取方式的挑戰，順勢而生成，抑或稱之為隨著時代動能移轉（Momentum Shift）的網路安全架構。

資安防禦是個打群架更能發揮功效的特殊領域，不同產業都有專屬 OT 樣態，也需要獨立的領域型資安生態系作為後盾，進一步建構數位時代下的產業安全網路；各個領域資安生態系能創造的乘數效應更是可觀。從資安工具研發、各種創新商模服務到產業新興合作模式、供應鏈資安合規需求，甚至到顧問、資安人才的養成皆環環相扣，每個領域資安生態系，都將是產業／企業資安轉型聯防必須積極投入的共創市場。

三、行銷科技

（一）市場趨勢

COVID-19 疫情的衝擊，使得人們在家隔離、遠距上班、雲端上課等，強化電子商務、食物外送、線上教學、線上會議等商機，也帶來數位行銷成長機會。根據市場估計，全球數位廣告和行銷市場 2026 年將達到 7,862 億美元，複合成長率約 15%。DMA 臺灣數位媒體應用暨行銷協會調查亦指出 2022 臺灣數位行銷市場持續的成長，其中，企業偏好的行銷類型為社群操作、網紅直播、數位行銷科技導入等。

以趨勢來看，點擊和顯示廣告是占比最高的數位行銷模式。點擊廣告收費較顯示廣告費用昂貴，但點擊可確保客戶導引到廣告商的網站，可提供更好的投資回報。此外，搜尋廣告透過購買關鍵字或是提高 SEO 搜尋最佳化等，可以讓顧客容易地接觸到相關的廣告或公司網站。另外，愈來愈多的企業採用了諸如 YouTube 的影音插入廣告或其他社交媒體上進行網路行銷，使得愈來愈受到重視，成長快速。此外，全球手機用戶持續增加，智慧手機進行網路搜索和購買產品機會增加，意味著移動數位行銷的重要。對於企業而言，如何在不斷推陳出新的數位、網路行銷管道給予不同的數位行銷內容以以適時地推播給潛在客戶，並精確掌握顧客喜好或習慣，是極大的挑戰。

所幸，數位行銷的商機吸引許多數位行銷科技新創發展，造就許多獨角獸新創企業也帶來新產品服務、新商業模式以及新興技術應用，包含：聊天機器人、人工智慧與機器學習、大數據分析、區塊鏈等技術以協助取得數據與分析數據；此外，善用網路社群行銷，幫助行銷人員選擇交媒體平台，提供顧客分享產品或服務體驗。

行銷大師柯特勒認為 COVID-19 疫情將加速行銷進入「行銷 5.0」時代，行銷 5.0 聚焦科技及數據的運用，包含人工智慧、自然語言處理、感測科技、機器人、混合實境、物聯網、區塊鏈協助解決產業面臨的挑戰與問題，亦即是 Martech 數位行銷科技將更加蓬勃發展。例如：因應 COVID-19 疫情的影響，國內外因此發展雲端廚房新商業模式。雲端廚房善用智慧手機 App、線上支付工具、外送平台的結合等，讓餐廳可以共享空間、食材、烹調廚師等，降低成本並提高銷售能力。餐廳也可以結合雲端廚房做到具備店面用餐、店面點餐雲端廚房供應、雲端點餐與雲端廚房供應等多種模式，因應疫情的靈活性與復原能力。此外，雲端廚房可以蒐集大量消費者數據進行消費行為、口味、配方分析，亦能讓餐廳共同合作進行共同行銷。此外，國內一家童鞋業者，因應疫情使得門市 90%的業績瞬間消失。公司持續運用利用 Line 客服帳號進行顧客服務溝通、利用 Facebook 進行經營、購買資料庫，可以查詢每一天在 Instagram、Facebook 甚至到 PTT 觀察網友重點討論的話題。公司掌握到家庭會員及需求，迅速轉賣蔬果食品並建立蔬果園網站，透過既有的 5 萬家庭會員網路平台管道，進行蔬果轉賣與宅配。

因此，數位行銷科技 Martech 可說是善用雲端、大數據、物聯網、人工智慧等科技，協助零售業、電商業以及其他行業，從顧客行為活動中蒐集數據、提升顧客體驗，進而發展個人化行銷、產品服務乃至於商業模式轉型。那麼，數位行銷科技的範疇為何？可以從網路行銷價值鏈，可以區分為以下幾種數位行銷科技可以協助的方向：

- **數位廣告**：提供關鍵字廣告、社群廣告、聯播廣告、影音廣告等廣告平台投放，如 Facebook／Line／Google／Yahoo 廣告投放的數位行銷科技服務。
- **搜尋優化**：協助將行銷內容／網站優化以滿足搜尋網站搜尋，如 SEO 優化服務等。
- **社群關係**：運用數位科技協助經營社群關係，包含網紅行銷、影響力行銷、聊天機器人應用等，如協助運用 Line 官方帳號進行行銷服務。
- **內容策展與體驗**：運用數位工具提高使用者體驗，強化互動內容與個人化，如 SurveyCake、Adobe Target 等工具。
- **商業與銷售**：協助電商會員管理、行銷、平台管理等，如會員管理服務、電商平台建立等。
- **流程自動化管理**：提供協同工具、敏捷工作流程與線上會議管理等，如 Slack、Microsoft Teams、ZOOM 等。

- **數據應用**：利用數據協助分析、行銷與顧客管理，如：客戶數據平台、大數據分析工具、顧客關係管理等，如 Google Analytics、分析型 CRM 等。

當然，隨著網路上不斷產生的新產品服務、新商業模式，也帶來各種新的數位行銷創新發展，也帶來 Martech 數位行銷科技機會。觀察 2022 年發展，網路行銷市場有以下趨勢：

1. 元宇宙發展

Facebook 母公司改名為 Meta 所颳起的元宇宙旋風將持續地對於數位行銷領域有重大的影響，Gucci、Nike 等時尚業等紛紛利用線上虛擬空間進行沉浸式的體驗行銷，也帶來零售、旅館、餐廳、運動等各個以消費者為對象的行業進行嘗試，預期將會有更廣泛利用線上平台、虛擬分身、虛擬商品等方式進行數位行銷。

2. NFT／Web 3.0

NFT 或 Web 3.0 去中心化金融亦影響數位行銷領域。非同質化代幣 NFT 可以建立的獨特數位資產的交易，如：動畫、圖片、音樂等，以區塊鏈方式存在。這對於數位行銷存在許多新的可能性，例如：NFT 作為品牌會員卡、行銷點數／禮品、收藏、串聯品牌各網站或串聯各品牌等。Web3.0 則形成去中心化 peer-to-peer 交易、價值交換、數位資產交換的可能性，讓數位行銷可不著重於特定網站而是動態的推播。儘管這些新嘗試仍在初始階段，但對於數位行銷將掀起新的創新作法。例如：NFT 音樂平台 Royal.io 創作者基地，協助創作者將其作品以 NFT 加密收藏品形式發行，讓粉絲可用加密貨幣購買其作品所有權並共享版權收益。

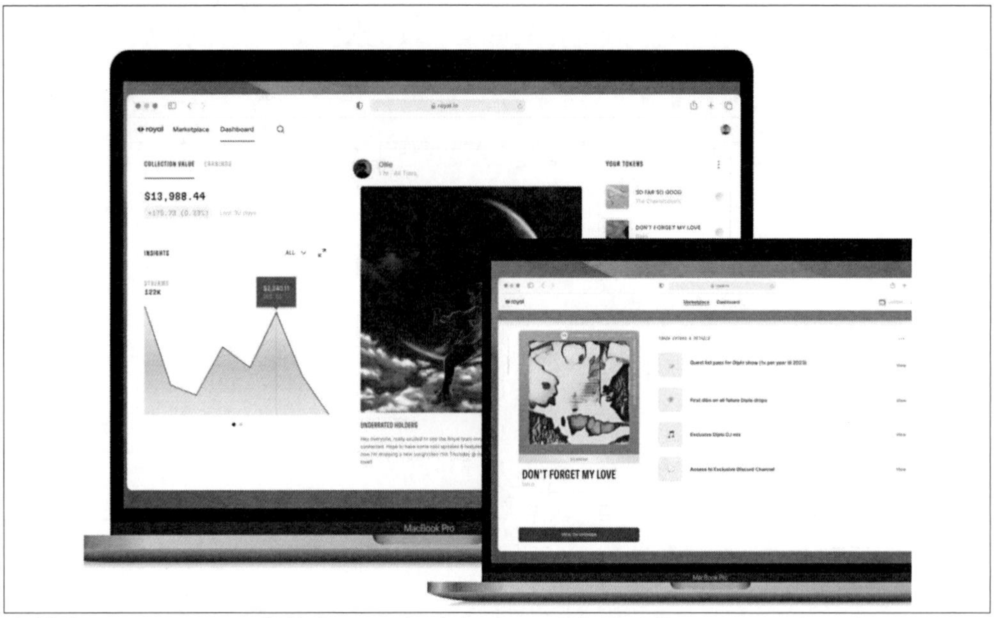

資料來源：Royal.io，資策會 MIC 經濟部 ITIS 研究團隊整理，2022 年 8 月

圖 4-9　音樂版權 NFT 投資

3. 情境行銷

由於客戶對於個性化體驗愈來愈重視，使得針對各種情境下的行銷體驗會更重要，例如：根據顧客購買階段、根據顧客先前的購買行為、根據顧客在商店的位置等，給予特定情境的內容或行銷活動。MarTech 數位行銷科技可以透過各項數據分析、物聯網感知技術等，可以給予顧客情境下給予最佳的體驗內容。

4. 直播行銷、Podcast 行銷

網路上的訊息愈來愈多樣，吸引消費者的注意力並不容易。此時，較長的 YouTube 影片、線上串流影片、線上串流音樂乃至於 Podcast 播客成為新興的網路行銷的管道。例如：許多行銷置入特定 Podcast 播客頻道，以吸引專注的聆聽的消費群；電商平台運用線上影音搭配促銷活動進行直播帶貨；線上遊戲直播平台的贊助、廣告成為新興廣告平台。

5. 社群、網紅經濟發展

網紅經濟持續地在網路行銷上進行發展，也衍生許多數位行銷科技發展以滿足企業、廣告商透過各種平台上的網紅進行各項的廣告、產品置入。以此，數位行銷科技協助發展尋找網紅、配對網紅、培養網紅等各種產品服務，進一步建立微網紅、影響力行銷聯播網路等。這意味著網路經濟將朝著更貼近消費者認識、有連結關係的朋友進行行銷。

6. 數據驅動行銷

2023 年 Google 將逐步淘汰 Chrome 瀏覽器中的第三方 cookie，使得這消費軌跡數據不容易被使用，對於數位行銷環境將產生重大影響，發行商、廣告商、行銷商、企業均在尋找新的數位行銷方法。其中最重要的行銷方式轉變在於需要主動去蒐集與整合顧客第一方數據、歸因行銷效果通路，成為行銷科技的重要發展機會。

7. D2C 行銷

D2C（Direct To Customer）目的是讓企業透過自有官網、電商網站直接向客戶銷售產品，D2C 的興起一方面是受疫情影響，讓許多企業必須透過網路進行銷售，但透過電商卻要收高額的上架費用，使得企業開始跳過電商，直接面對顧客進行銷售；一方面則來自於第三方數據逐漸取消，企業必須透過 D2C 直接掌握顧客第一方數據。例如：Nike 便在將心力挹注在 Nike.com 和 Nike 會員計畫，讓會員能提前獲得獨家產品和提供 30 天免費退貨，吸引更多人直接從 Nike 自家的電商平台下單，而擺脫 Amazon 平台。數位行銷科技廠商除了可以協助數據的蒐集與分析外，也可以協助企業運用工具發展公司官網電商網站、社群電商網站等，例如：shopify 平台提供一個讓公司自建電商銷售網站工具平台。

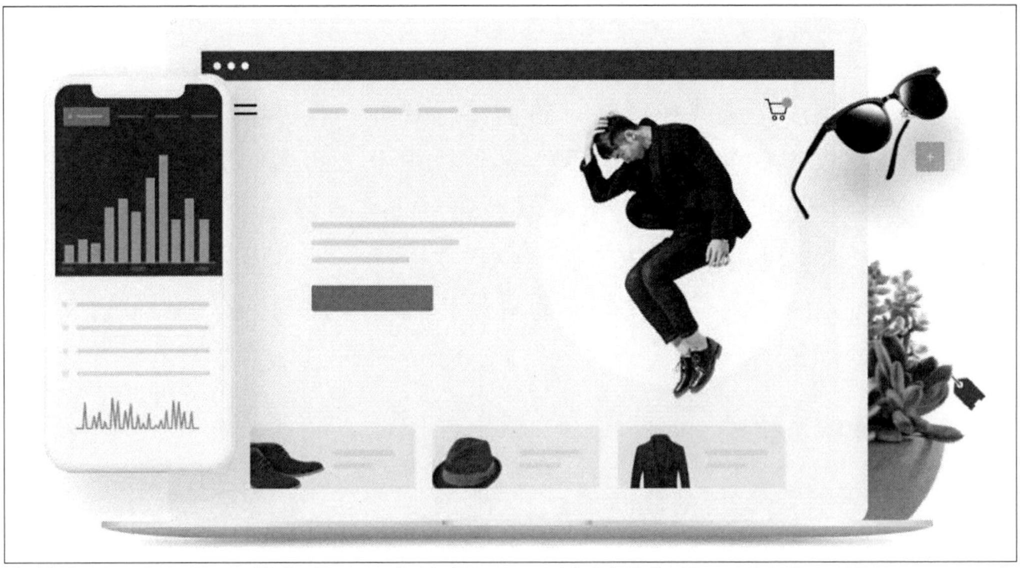

資料來源：Shopify，資策會 MIC 經濟部 ITIS 研究團隊整理，2022 年 8 月

圖 4-10　D2C 自建電商平台

（二）應用機會

綜合上述網路行銷市場以及行銷科技的發展趨勢，可以分析以下數位行銷科技的幾項應用機會：

1. 超越尋常的體驗行銷

顧客愈來愈重視體驗，不論是線上線下的環境都應該創造新的顧客體驗，以尋求差異化競爭。隨著虛擬實境（VR）、增強實境（AR）乃至於元宇宙科技不斷地進步，愈來愈多企業善用相關科技提供各類型的體驗。Merrell 運動服飾商創建了一種稱為「Trailscape」的 VR 場景，讓參與者可以體驗進行危險的山地徒步旅行包括：走過繩索走道的搖晃觸覺、面臨山體滑坡的落石危機等；Supernatural 公司利用頭盔結合運動應用程式，讓人們在家創造置身優美環境的運動場景，滿足疫情影響不能去運動場館而在家運動的情境；Obsess 虛擬商店利用 VR，可以讓用戶進入這些華麗的虛擬商店，如同身臨其境進行購物。值得注意的是，利用體驗科技進行數位行銷，並不是單純的模擬真實，而是創造不同的新體驗。

資料來源：Obsess，資策會 MIC 經濟部 ITIS 研究團隊整理，2022 年 8 月

圖 4-11　網路虛擬商店

2. 重視緊密關係的社群行銷

在網路的世界中，我們已經離不開社群了，舉凡部落格產品開箱文、Facebook 粉絲專頁、網紅 YouTube 影音置入行銷、Twitch（圖奇）的網紅電競直播等。事實上，Facebook 母公司改名 Meta 即是要結合 VR 體驗科技與社群技術，發展元宇宙社群互動空間。此外，也引發許多協助企業進行網紅發掘、管理的新創應用；例如：Aspire 新創服務公司發展網紅創作市場平台，邀請潛在網紅進入此平台；企業可在平台中觀看網紅在社群平台的經營狀況、粉絲的市場區隔，進一步可向網紅進行提案邀約，並遴選合適企畫。不過，社群行銷的趨勢也漸漸重視更微小、緊密連結關係的微網紅，乃至於一般忠誠顧客的口碑行銷的聯盟行銷。例如：Tapfiliate 就是一種聯盟行銷新創服務，讓企業分析各電商平台的品牌愛用會員，邀請客戶加入聯盟行銷一員進行口碑行銷，並觀察推薦效果給予報酬。社群行銷趨勢趨勢開始思索，有認識關係的關鍵消費者對社群朋友影響力會更大。

3. 挖掘客戶行為的數據驅動行銷

數據是新的石油，企業或廣告商從電商網站、社群媒體、新聞網頁等蒐集顧客的屬型、瀏覽行為，進一步利用人工智慧、大數據技術等，探索顧客喜好、推薦顧客產品、預測顧客購買行為等。然而，過去作為行銷依據的第三方 cookie 被取消後，減少了用戶瀏覽歷史來判定顧客的喜好後，更需要各種數據行銷科技來挖掘、判定顧客的瀏覽行為、瀏覽情境乃至於跨平台的顧客旅程數據。例如：強化在文章上下文間的廣告，以把握顧客當下的情境。或者，透過顧客數據平台（CDP）蒐集顧客的旅程數據，如：segment 顧客數據平台可以協助企業將各社群管道蒐集與整合顧客數據，進一步建立客戶的畫像，並建議各項通路的行銷策略。

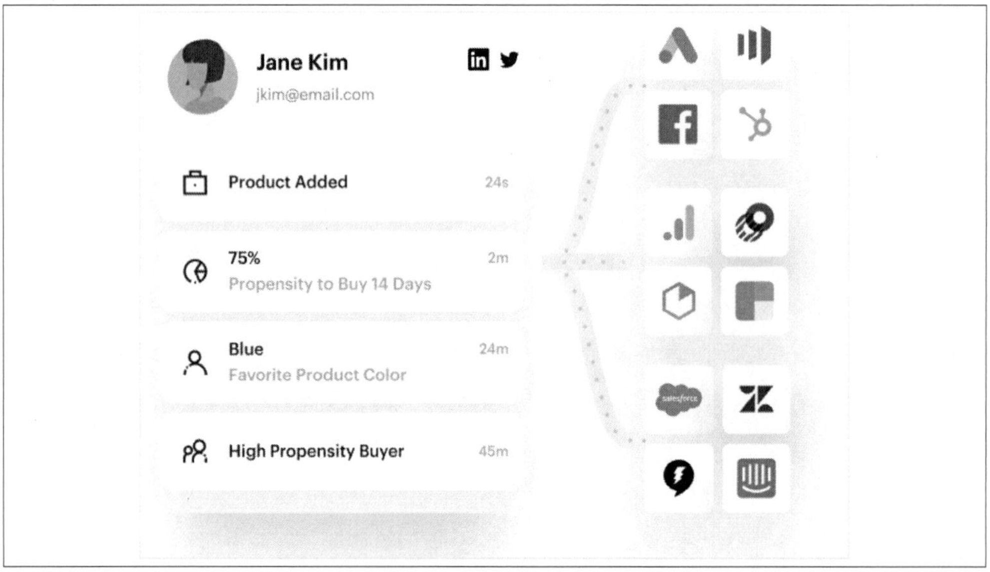

資料來源：Segment，資策會 MIC 經濟部 ITIS 研究團隊整理，2022 年 8 月

圖 4-12　數據平台建立顧客畫像

4. 行銷工具整合與自動化

面對愈來愈多樣的行銷工具、消費者行為數據匯流、不同社群平台的行銷等，行銷人員必須要善用各種工具，往往造成許多行銷操作的困擾。許多數位行銷工具開始協助將各種行銷工具進行整合

乃至於自動化協助，滿足行銷人員的便利操作。例如：Automate.io 提供行銷人員進行自動化流程設計，滿足串接各種平台的自動化作業。此外，透過各項數位科技與數據分析，愈來愈多數位行銷科技方案提供行銷人員自動化行銷，例如數位內容建議、自動化內容行銷撰寫、自動化產品推薦、自動化顧客辨識等。此外，因應 D2C 發展而提供的自建電商平台亦是新應用機會。

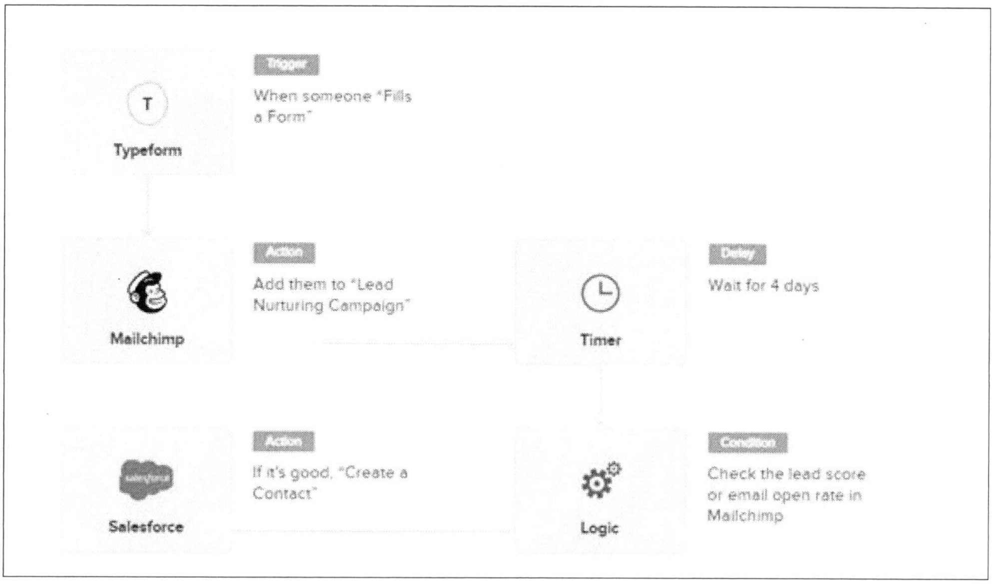

資料來源：Automate.io，資策會 MIC 經濟部 ITIS 研究團隊整理，2022 年 8 月

圖 4-13　行銷自動化工具

（三）臺灣產業機會與挑戰

數位行銷科技對於數位行銷軟體服務、零售業軟體服務產生全新的發展。對於臺灣資訊服務業者而言，將有以下機會與挑戰：

1. 套裝軟體

數位行銷科技機會對於數位行銷相關軟體服務將產生新的機會的發展。一方面，數位行銷軟體服務業者必須積極回應不斷變化網路行銷趨勢，發展滿足社群行銷、數據驅動、行銷自動化、線上線下行銷融合等各項需求；一方面，結合物聯網、AR/VR，滿足實體的現場沉浸式體驗行銷需求。對於數位行銷領域的軟體服務業者將持續新的機會發展，以滿足後疫情時代的網路行銷、電子商務需求。

2. 系統整合

數位行銷科技帶來主要的系統整合需求在於線上線下融合、實體沉浸式體驗的需求等，系統整合業特別可以著重在沉浸式體驗上，VR/AR、物聯網等與實體環境、系統的整合。此外，數位行銷領域不斷地產生新創服務業者，系統整合商也可以積極地接觸以共同發展數位行銷科技方案。

3. 雲端運算

網路行銷、電子商務的持續發展將會帶來雲端運算服務的更多需求，雲端運算服務商可以與相關新創服務業者合作，強化數位科技行銷拓展的需求。另一方面，雲端運算服務商考慮愈來愈多的金流的網路活動，亦要加強資訊安全防護技術。

4. 資訊安全

愈來愈多企業、店家運用網路進行行銷、電商、金流等，勢必有愈來愈多的資訊安全威脅產生。資訊安全業者特別可以強化網路服務上的資安，包含：個資外洩、隱私權侵犯等防護。

四、元宇宙

（一）市場趨勢

自從Facebook母公司宣布改名為「Meta Platforms」(股票代號：META）後，目標就是發展元宇宙（Metaverse)。自此，元宇宙成為科技界、財經界爭相追逐的熱門名詞、商機與產業鏈。元宇宙一詞起源於1992年的科幻小說「雪崩」，現實世界的人們透過各自的「化身」進入元宇宙世界進行交流與娛樂。在虛擬實境（VR） 和擴增實境（AR）以及3D電腦視覺技術持續發展的今天，成了讓玩家進入的重要數位科技；元宇宙平台則是基於雲端運算、網際網路技術的入口。

Facebook 創辦人祖克柏認為元宇宙是「一個實體化的網際網路，在其中，人們不僅可以查看內容，還可以參與其中。」意味著人們參與互動是一個重點。目前，最接近的理想元宇宙的是「Roblox」、「要塞英雄」、「Minecraft」等線上遊戲平台。透過訂閱服務向玩家收取費用並分潤給創造遊戲的玩家。財報顯示，Roblox 2021 年第三季營收增加 102%，從 2020 年的 2.51 億美元上升至 5.09 億美元；訂閱量較同期成長 28%至 6.378 億美元；平均每日活躍用戶為 4,730 萬名，比前一年同期增加 31%。其中，約 4,000 名 5-24 歲的玩家透過創造遊戲而賺到了每年約 1,000 美元收入。其中，最有名的是由玩家創造的遊戲為「Adopt me！」，可以讓玩家領養、照顧與相互交易寵物，訪問次數超過 2 億次。

因此，祖克柏認為：「如果你每天都待在元宇宙裡，就需要數位服裝、數位工具和不同體驗。我們的目標，是幫助會員接觸到其他 10 億人和價值數千億美元的電子商務。」對於 META 公司而言，朝元宇宙的發展是協助旗下 Facebook、Instagram、WhatsApp 等社群軟體公司持續拓展電子商務營收的關鍵。

資料來源：Roblox，資策會 MIC 經濟部 ITIS 研究團隊整理，2022 年 8 月

圖 4-14　Roblox 玩家自創的 Adopt Me！遊戲

那麼，究竟元宇宙應用關鍵要素為何呢？從「Roblox」社群線上遊戲空間的應用上，可以解析幾項重要關鍵：

- **身分**：用戶有他的虛擬分身可以自我創造、具備虛擬形象。
- **社交**：用戶可以在元宇宙中與其他人進行溝通、一起競賽乃至於交朋友、交易。
- **使用者創造**：用戶可以具有不同自由度創造自己的內容、遊戲，滿足成就感甚至進而創造收入。
- **沉浸**：用戶因為具備虛擬分身、具有社交關係以及真實且豐富的虛擬世界而沉浸。儘管目前 Roblox、Minecraft 等遊戲中，仍然以較為粗糙模擬真實的方式呈現，未來透過 VR/AR 技術以及 AI 技術的結合，使得虛擬世界將更栩栩如生，這也是 META 公司極力投資技術發展的關鍵。
- **經濟**：用戶可以其中透過虛擬幣進行交易，元宇宙的虛擬世界也可以創造不同的商業交易形式，發展與實體不同的經濟體系。例如：運用區塊鏈技術的非同質化代幣 NFT（Non-Fungible Token）就是新興虛擬經濟體系。

以此來看，元宇宙的價值應該是生態系各個成員合作創造價值。Jon Radoff 定義的元宇宙 7 層價值鏈是最為人所知元宇宙價值創造方式，以下說明：

- **第 7 層－體驗（Experience）**：VR/AR 頭盔、虛擬分身、沉浸式遊戲、虛擬音樂會等均是創造用戶的一種體驗的元素，例如：Roblox 與 Gucci 合作的 Gucci 花園、要塞英雄吸引了與名人棉花糖 DJ 合作的虛擬音樂會等。創造體驗的方式可以是遊戲、購物、教育、音樂會、藝術表演等。
- **第 6 層－發現（Discovery）**：Jon Radoff 定義的發現層價值鏈是一種帶領用戶進入體驗的入口、平台。要將用戶引入體驗，除了體驗本身的內容有趣、擬真外，還需要人與人的互動，意即是社群的元素加入，使得體驗空間的黏性更大。我們也可以想像，聽虛擬演唱會最好能夠數萬名聽眾一起吶喊才會有更強的體驗；玩遊戲跟團隊一起攻城掠地；虛擬商城中有商家能夠即時互動，甚至有買家一起跟商家喊價，例如：XRSPACE 未來市是由宏達電前執行長創辦。XRSPACE MANOVA 世界是 VR 社交實境世界平台，讓用戶透過專屬的全身虛擬化身能彼此相見、共事、一同玩樂等，其中場景包含用戶獨有虛擬住宅、個人影院、虛擬商城，並能進行散步、瑜伽、太極運動乃至於物理治療等，並搭配 XRSPACE MANOVA 頭盔顯示器以及搭配數位內容服務的優惠方案。

資料來源：未來市，資策會 MIC 經濟部 ITIS 研究團隊整理，2022 年 8 月

圖 4-15　虛擬社交空間

- **第 5 層－創造者經濟（Creator Economy）**：用戶可以具有不同自由度創造自己的內容、遊戲，滿足成就感甚至進而創造收入，例如：Roblox 可以讓用戶創造遊戲進而創造收入而帶起商業模式；GPU 晶片商 NIVIDA 發展的 NVIDIA Omniverse 平台，展示海量圖形處理技術，包括通用場景描述、材質定義語言和 NVIDIA RTX 即時光線追蹤技術；該平台提供相關工具，可以提供企業、應用服務廠商創造即可亂真的數位展示品。

- **第 4 層－空間計算（Spatial Computing）**：利用電腦視覺技術、地理空間測繪、3D 引擎等技術，可以模擬更真實場景，讓用戶能夠進入和操縱 3D 空間，滿足更虛實整合的需求。例如：UNREAL 公司提供 3D 虛幻引擎，讓使用者利用線上創作工具作出 3D 影像，用在遊戲、建築、製造業、影視製作等。臺灣新創團隊光禾感知結合實體空間與虛擬影像，利用電腦視覺、AI 深度學習技術，創造虛實融合的體驗，提供球場、城市觀光、線上展覽、智慧照護、健康光源等領域各項方案。例如：在球場中利用智慧手機 App，讓球迷享受 AR 輔助的開場表演、互動抽獎遊戲、精彩賽事關鍵回放、場上即時戰術圖等，提高現場看球的互動及娛樂性。

資料來源：光禾感知，資策會 MIC 經濟部 ITIS 研究團隊整理，2022 年 08 月

圖 4-16　棒球賽虛實融合表演

- **第 3 層－去中心化（Decentralization）**：去中心化指的主要是善用邊緣運算、AI 智慧代理、微服務、區塊鏈，滿足社群協同、交易等運算需求。這部分的價值鏈除了臺灣的工業電腦廠商、電腦視覺廠商外，也包含一些善用區塊鏈的新興新創業者。例如：OURSONG 是臺灣新創團隊創造的區塊鏈虛擬

貨幣 NFT 的遊樂場，在其中可以將音樂、時尚、攝影或動畫數位收藏品等進行收集、交易、把玩等，並創造用戶收入。

- **第 2 層－人機介面（Human Interface）**：人機介面指的是能促進元宇宙參與者的沉浸式體驗，包含運用觸覺、手勢、聲音、腦神經介面技術發展的穿戴式設備、應用和體驗等。人機介面牽涉到終端硬體是臺灣電腦硬體廠商專長，如：宏達電、宏碁、華碩等均積極參與。
- **第 1 層－基礎設施（Infrastructure）**：基礎設施是提供元宇宙服務平台、穿戴式設備、智慧手機運行的運算基礎，諸如：5G、WiFi、雲端資料中心、GPU、半導體等。臺灣廠商在相關基礎設施，如：伺服器、晶片、半導體技術均具有全球領先地位。

綜合來看，元宇宙結合雲端運算、行動運算、邊緣運算、分散式運算等技術，臺灣電腦硬體供應鏈仍會積極地協助 Facebook、Apple、Google、微軟等國際大廠布局下一世代的技術。但除了此之外，元宇宙第 3-7 層還有許多資訊服務業可以發展的商機。

（二）應用機會

儘管理想的元宇宙世界還在發展，但已經逐漸地運用在各個領域當中。除了線上遊戲外，以下介紹三個企業領域常運用的應用：

1. 數位行銷

在元宇宙的世界中，讓顧客沉浸在虛擬世界中，體驗產品並行銷是最為可行的方法。線上遊戲要塞英雄舉辦吸引 1,000 萬人觀看著名的棉花糖 DJ 的虛擬音樂會；由於雲端計算的能力，千萬觀眾分成一百個伺服器運行，所有參加的人只能看到 99 個其他玩家。Gucci 與 Roblox 合作，提供用戶數位體驗，讓用戶在展覽的七個數位房間中走動，鼓勵沿途收藏 Gucci 虛擬物品並進一步能購買。Walmart 亦開始在虛擬世界打造虛擬商店，讓顧客可以在虛擬商店中購買商品。當然，業者要注意元宇宙平台所吸引的顧客族群，以選擇適合的產品進行行銷，如：Roblox 主要玩家是 5-24 歲。此外，業者亦要思考利用現場臨場感或情境，搭配合適的技術進行虛實混合的行銷，例如：運動現場搭配 VR 穿戴式設備及相關運動鞋、服飾的產品展現與線上交易等。

資料來源：Roblox Gucci Garden，資策會 MIC 經濟部 ITIS 研究團隊整理，2022 年 8 月

圖 4-17　元宇宙平台的數位行銷

2. 虛擬工廠

在工業 4.0 的發展下，許多先進工廠已經開始整合物聯網，進一步結合設備進行數位孿生產品、工廠模擬與即時監控。在元宇宙的技術協助下，BMW 使用晶片商 NVIDIA 的 Omniverse 軟體平台來重建雷根斯堡工廠生產線。BMW 根據不同材料的特性，模擬生產線配置方式，並分析零件更改如何對另一個零件產生連鎖反應或者模擬人類工人抓取零件狀況等，找到最佳生產程序並最大程度減少人體工程學問題。BMW 的虛擬產品與工廠的數位孿生不僅結合 IoT 物聯網與 AR/VR，甚至將真實人員的互動過程、物料生產過程一起進入模擬。隨著類似 Omniverse 軟硬體平台、3D 模擬等技術發展，將能提供更完善的虛擬模擬技術。

資料來源：NVIDIA，資策會 MIC 經濟部 ITIS 研究團隊整理，2022 年 8 月

圖 4-18　運用元宇宙技術進行虛擬工廠模擬

3. 智慧供應鏈

在智慧供應鏈中，已經陸續採用物聯網、區塊鏈、雲端運算等技術來實現「身分辨認」、「交易」、「經濟」等。例如：Accenture 與 DHL 合作，利用區塊鏈協助辨別與追溯製造商、倉庫、配送商、醫院、醫生等，避免偽造藥物影響人們健康；以雲平台為基礎的供應鏈網也逐漸發展「社交」乃至於「交易」，如：工業設備大廠西門子於 2021 年併購電子產品價值鏈平台 Supplyframe，能快速媒合供應鏈設計、採購的買賣雙方。在供應鏈轉變成以平台為中心的智慧供應網時，顯然「交易」、「經濟」地去中心化的信任關係技術，如：區塊鏈將會比「沉浸」的 AR/VR 技術更重要，更值得關心智慧供應鏈的企業進行關注與合作。

資料來源：Supplyframe，資策會 MIC 經濟部 ITIS 研究團隊整理，2022 年 08 月

圖 4-19　供應鏈媒合平台

從前述的幾項應用機會來看，根據應用情境需求，善用元宇宙技術即可產生不同的創新應用。除此之外，元宇宙技術帶來最大的改變應該是提供數位資產的新價值創造空間，並產生產品服務與商業模式的變革，以下列舉幾項：

1. 數位收藏

數位藝術品、球迷卡等數位收藏主要利用稀缺性、唯一性來創造價值，也可以連結實體的虛擬整合價值來加值，例如：球迷卡購買後，實體比賽可以打折；或者，可以跟該球員或球隊的門票收入進行分潤。例如：建構在區塊鏈上的 NBA 官方授權卡牌 NBA Top Shot，有超過 28 萬人進行交易，且交易量已經超越 4.7 億美元。卡牌資訊包含了精彩進球的影片、該場比賽比分及球員資訊，遠較實體球員卡包含的資訊量更多。其中一個存有 LeBron James 24 秒灌籃影片的球卡，成交價錢已經超過了 50 萬美元以上。

2. 數位空間

在數位空間中，可以讓使用者買地、自己建房子，具備模擬真實、轉換流通的價值；透過限制的虛擬土地，創稀缺性的價值。在數位空間中，也可以聘僱建築師或購買材料來打造虛擬房子，也可以進行房子出租。此外，企業可以在數位空間裡進行廣告，以吸引數位空間活動的眼球。

3. 數位遊戲

數位遊戲就是一種虛擬的數位空間，玩家可以買道具、創造遊戲並販售、出租道具或出租角色；企業也可以將廣告放在遊戲空間、道具上以吸引眼球，例如：區塊鏈遊戲 Decentraland 上的一塊虛擬土地就以近 100 萬美元的價格銷售。

4. 數位時尚：

時尚滿足人們的虛榮、社交需求，透過元宇宙的模擬真實，可以滿足真實生活無法實現的時尚體驗；稀缺性與唯一性也可以滿足元宇宙虛擬世界的虛榮、社交需求。透過虛擬真實的整合可以讓真實的時尚可以反映到虛擬空間，例如：Nikeland 是 Nike 專門打造的元宇宙空間，利用 Roblox 平台與粉絲見面、社交、參與促銷活動並參與一系列品牌體驗。Nike 亦發展 NFT 運動鞋，在 6 分鐘內成功售出 600 雙總價為 310 萬美元。

資料來源：Roblox，資策會 MIC 經濟部 ITIS 研究團隊整理，2022 年 8 月

圖 4-20　元宇宙平台上的虛擬時尚交易

5. 數位碳權

隨著 ESG、綠色議題的發展，企業間透過區塊鏈、NFT 等進行能源交易、數位碳權購買，亦是一項新興的數位資產交易。Toucan 的碳橋可就是一個透過區塊鏈進行碳權購買的平台。企業可以從該平台購買經過驗證的全球專案，以補償企業活動對地球造成的碳排放，例如：購買可再生能源、土壤復育、森林種植等補償碳排的專案。

（三）臺灣產業機會與挑戰

元宇宙議題對於整體的線上遊戲、線上教育、線上旅遊、數位行銷乃至於新創服務產生全新的發展。對於臺灣資訊服務業者而言，將有以下機會與挑戰：

1. 套裝軟體

遊戲、教育等相關內容服務軟體業者已經進行相關內容數位化在網路上進行經營，如：線上手遊、線上遊戲、線上教育訓練等。對於新興的元宇宙議題將對於軟體業者產生重大的商機，一是結合 VR/AR、電腦視覺或其他沉浸式技術等，對顧客提供更加沉浸式體驗、一是區塊鏈／NFT 等造成新的商業模式。儘管理想的元宇宙產品尚未成熟，相關軟體服務業者應積極地面對此機會發展進行布局。

2. 系統整合

元宇宙發展勢必產生對於人機介面的重新定義，包含 VR/AR 穿戴式設備的整合、各種類型物聯網感測等，相關系統整合業者應積極地布局這一塊的技術或引進新方案。此外，區塊鏈的發展也值得系統整合業者積極地參與，並與新創服務業者結合探索新創機會。

3. 雲端運算

元宇宙將帶來更高頻寬、更高計算的雲端運算需求。雲端運算服務業者可以與相關線上遊戲、線上教育業者進行合作，拓展雲端運算服務生態系。此外，雲端運算業者也要留意與區塊鏈新創服務商合作，發展相關區塊鏈新創服務。

4. 資訊安全

許多資訊安全業者已經積極地參與區塊鏈的技術發展、新創合作等。隨著元宇宙相關議題的發酵，將帶來區塊鏈的技術空間，資訊業者除了技術合作外，也可積極與金融相關業者合作。

5. 資訊委外

資訊委外業者可以強化對於區塊鏈技術、VR/AR 技術人才培養與委外發展機會。特別對於 VR/AR 技術相關 3D 電腦視覺設計人才，是新的人才需求方向。

五、資訊人才

（一）市場趨勢

1. 臺灣資訊服務暨軟體產業結構

依據行政院主計總處之行業標準分類以及經濟部商業司公司營業項目代碼，本研究將臺灣資訊服務暨軟體產業分為資訊服務與資訊軟體兩大類別，資訊服務類可再細分為系統整合與資料處理類和電信類、資訊軟體類則再分為軟體設計及通路經銷類，共四大細項。以下將說明四大細項類別涵蓋的產業定義與代表企業：

(1) 電腦系統整合服務業：整合電腦軟硬體及通訊技術，從事電腦系統規劃設計、對客戶電腦設備提供現場管理、操作與資訊技術顧問服務；代表企業為神通資訊、大世科、精誠…等。

(2) 通訊機械器材相關業：電腦軟硬體系統整合業務、產品工程設計開發、消費性電子產品通訊功能測試及驗證；代表企業為兆勤科技、正文科技…等。

(3) 網際網路相關業：一般網路服務、配合企業需求規劃網路系統、資訊全整合業務、前端頁面開發、產品專案設計；代表企業為一零四、友訊…等。

(4) 多媒體相關業：建立數據分析報表、依客戶需求設計開發產品、跨部門合作共同專案開發、網路設備維護；代表企業為優像數位、立視…等。

(5) 電信與其他電信及通訊相關業：電信網路規劃、網路設備安裝、測試、交付及維運，軟硬體整合、雲端應用加值服務；代表企業為宏華、遠傳…等。

(6) 電腦軟體服務業：接受客戶委託從事電腦軟體設計、修改、測試及維護，包括系統營運服務、問題排除、新需求開發；代表企業為緯創、鼎新…等。

(7) 其他軟體及網際網路相關業：外包軟體服務、技術顧問諮詢、品牌策劃行銷、系統開發設計、網路整合服務、使用者介面設計；代表企業為訊連科技、三竹資訊…等。

(8) 數位內容產業：從事遊戲機、線上遊戲及電腦單機遊戲軟體出版；作業系統、應用軟體、套裝軟體出版；代表企業為欣盟互動、易來數位娛樂…等。

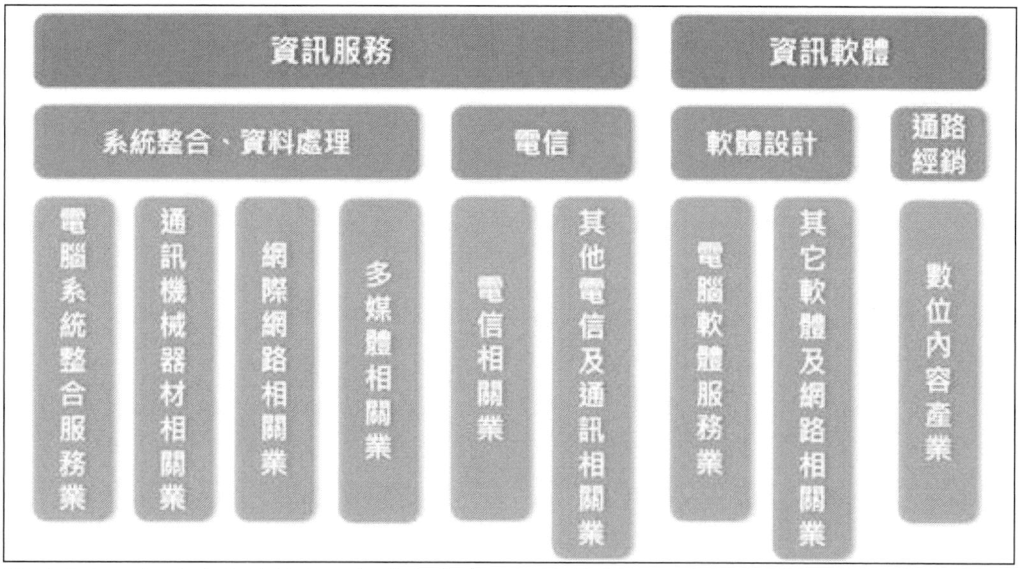

資料來源：行政院主計總處、經濟部商業司，資策會 MIC 經濟部 ITIS 研究團隊整理，2022 年 8 月

圖 4-21 臺灣資訊服務暨軟體產業結構

2. 臺灣資服人才發展趨勢

根據經濟部統計處公開資料顯示，我國電腦及資訊服務業之歷年營業額分別為 2017 年新臺幣 3,322 億元、2018 年新臺幣 3,466 億元、2019 年新臺幣 3,804 億元、2020 年新臺幣 4,036 億元，2017-2020 年複合年均成長率為 5.0%，呈現逐年成長趨勢。2021 年 1-6 月營業額達新臺幣 2,091 億元，有望突破 2020 年整體營業額，2021 年營業額主要成長因素為遠距辦公推升相關軟硬體需求成長，以及 COVID-19 疫情影響下，宅經濟帶動網站平台管理業績提升，企業雲端服務需求強勁。

另依據經濟部工業局公開資料說明，臺灣資服業歷年從業人數分別是 2017 年 73,666 人、2018 年 78,823 人、2019 年 83,950 人、2020 年 89,820 人，2017-2020 年複合年均成長率為 6.9%，亦呈現逐年增加趨勢，推估 2021 年資服業從業人數將達 96,110 人。臺灣資服產業因 5G、雲端、AI、物聯網等數位科技興起，在營業額逐年成長之下，帶動相關應用加值服務之資服人才需求增加。

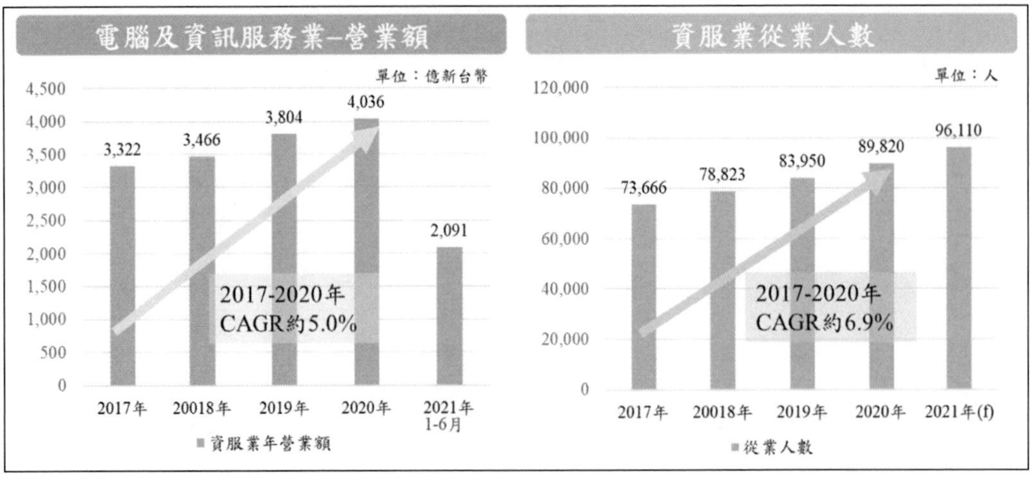

資料來源：行政院主計總處、經濟部商業司，資策會 MIC 經濟部 ITIS 研究團隊整理，2022 年 8 月

圖 4-22　臺灣近 5 年資訊服務營業額與就業人數

3. 供需趨勢

本研究以量化研究方法分析 104 人力銀行 2019 年至 2021 年 1-4 月資服人才相關資料，首先定義以下三項專有名詞，（1）職缺數：指公司確實具有該項工作機會或職缺，已對外或可立即對外公開徵人，但尚未找到適任人員之現有職缺；（2）需求人數：同一職缺可能需要一名以上人員，故需求人數會比職缺數來得多；（3）應徵人數：指投遞履歷應徵該職缺的人數，一個人可能同時應徵多個職缺。

4. 資服業整體人才市場競爭愈加激烈

2019 年至 2020 年資服人才市場之職缺數量與需求人數小幅下降，應徵人數卻成長約 11%，推測資服人才市場供需受疫情影響，導致競爭更為激烈。進一步以需求人數除以應徵人數計算求供比，得知 2019 年求供比約 0.03，顯示一名求職者僅有 0.03 個工作機會，2020 年求供比更是下降至 0.027，資服人才市場競爭激烈程度提升。2021 年 1-4 月由於未達畢業求職旺季，求供比則為 0.18。

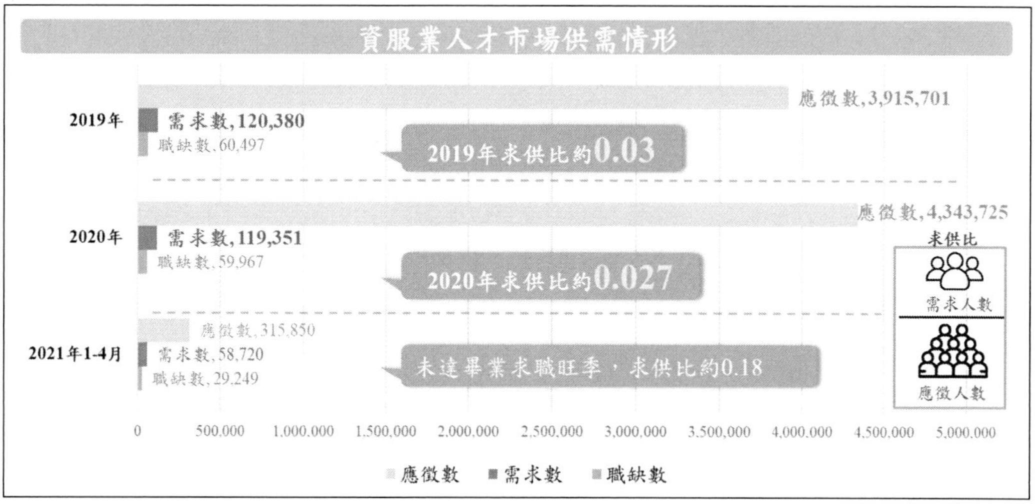

資料來源：104 人力銀行，資策會 MIC 經濟部 ITIS 研究團隊整理，2022 年 8 月

圖 4-23 臺灣資服人才供需概況

5. 軟體設計工程師是資服人才市場最熱門職類

將資服業前十大熱門職類進行排名，第一名至第五名分別為軟體設計工程師、國內業務人員、Internet 程式設計師、行銷企劃人員、網路管理工程師；第六名至第十名則是系統維護操作人員、網頁設計師、網站行銷企劃人員、軟韌體測試工程師，以及軟體專案管理師。2020 年前五大熱門職類合計 52,525 人，占前十大職類 82%；2020 年資服業總需求人數共 119,351 人，前五大職類占 44%。

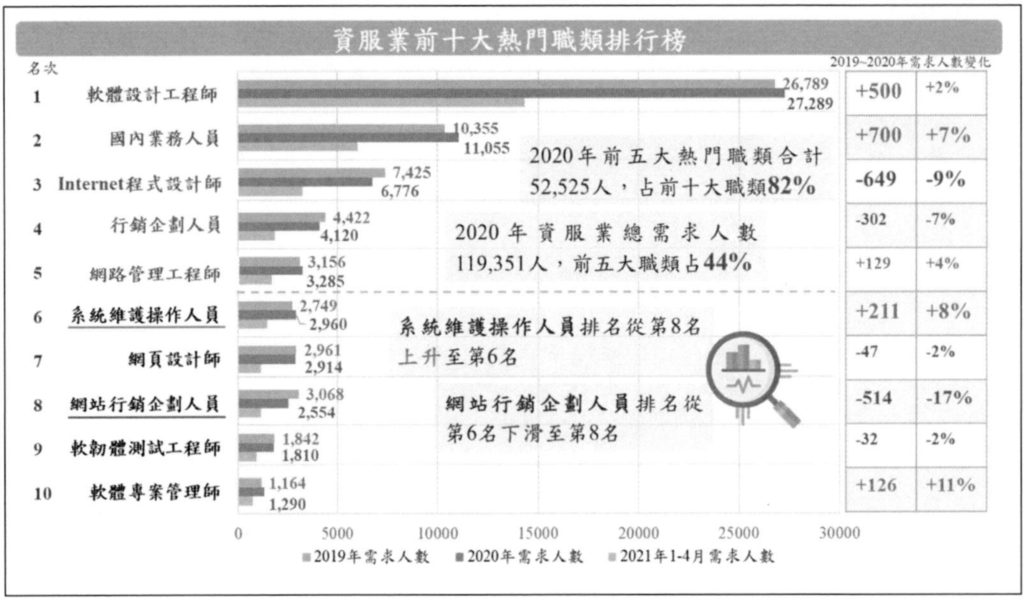

資料來源：104 人力銀行，資策會 MIC 經濟部 ITIS 研究團隊整理，2022 年 8 月

圖 4-24　資服業前十大熱門職類排行

6. 專案管理與行銷分析證照需求增加

104 人力銀行之證照相關資料，主要可分為資訊管理與行銷企劃兩大類別：在資訊管理證照方面，由 Cisco 頒發的初階網路管理認證（Cisco Certified Network Associate, CCNA）最為熱門，須具備該證照之職缺數從 2019 年 482 個職缺上升至 2020 年 508 個職缺；在行銷企劃證照方面，由美國專案管理學會（Project Management Institute, PMI）所發行的國際專案管理師（Project Management Professional, PMP）認證最受重視，須具備該認證資格之職缺數從 2019 年 170 個職缺上升至 2020 年 217 個職缺。

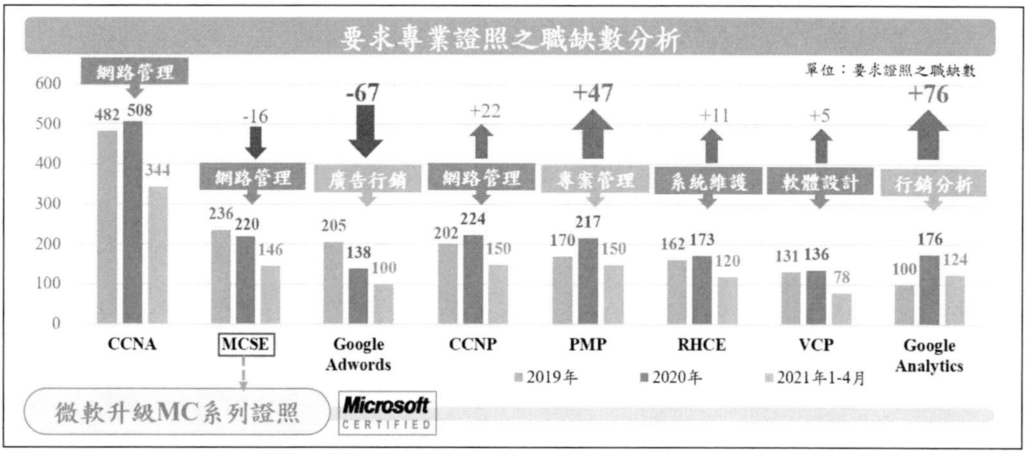

資料來源：104 人力銀行，資策會 MIC 經濟部 ITIS 研究團隊整理，2022 年 8 月

圖 4-25　資服業各職缺對專業證照要求情形

7. 具備專業技能之經營管理人才需求提升

求職者背景超過五成為經營管理人才（包含企管商學與資管系人才）、具國際業務潛力之英美語系人才則小幅提升至 12.9%。在企業端方面，近年來逐漸重視兼具專業技能與管理知識的 π 型人才，企業對於至少擁有兩種專業技能，且具備管理知識的複合型人才需求提升。

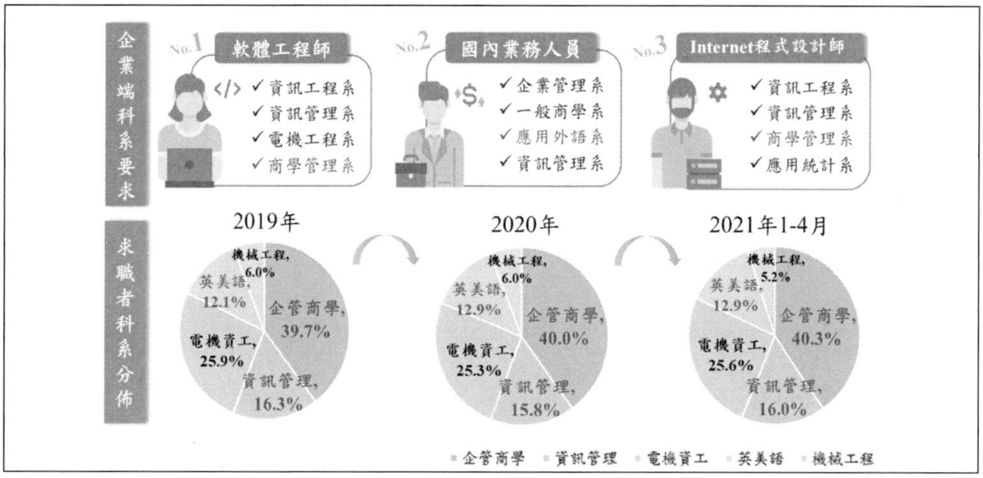

資料來源：104 人力銀行，資策會 MIC 經濟部 ITIS 研究團隊整理，2022 年 8 月

圖 4-26　資服業主要職缺科系要求分布

8. 軟體設計工程師人才缺口擴大，薪資水平高

軟體設計工程師是資服業第一熱門職類，在定義上指負責開發軟體應用程式，並維護系統正常運作，主要工作內容包含寫程式、測試、修復除錯；所需技能為軟體程式設計、軟體工程系統開發、資料庫程式設計、系統整合分析…等。軟體設計工程師在企業端的需求人數從 2019 年至 2020 年經整體增減後，共增加 500 人，其中以電腦軟體業的需求人數增加幅度最高，人才缺口擴大 682 名需求人數；通訊機械器材相關業則增加 116 名需求人數。在薪資水平方面，學士約 38,000-50,000 元、碩士約 43,000-60,000 元、博士約 47,000-65,000 元。

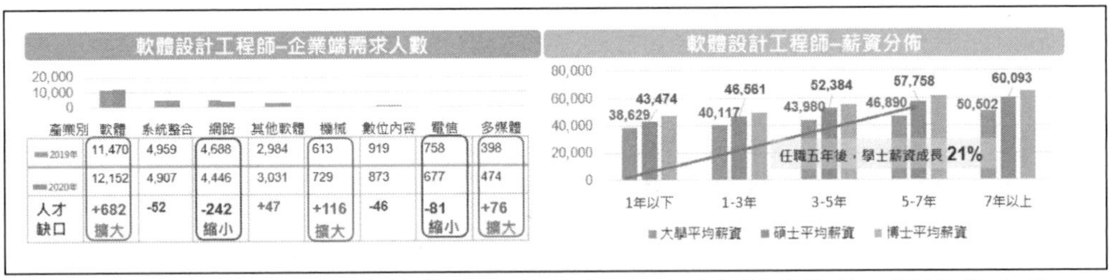

資料來源：104 人力銀行，資策會 MIC 經濟部 ITIS 研究團隊整理，2022 年 8 月

圖 4-27 關鍵職缺分析—軟體設計工程師

（二）未來展望

本研究透過實際訪談資訊服務業者（精誠資訊、宏碁資訊、臺灣 IBM）和電信相關業者（中華電信），透過與業界先進的交流，請益對資服人才未來發展方向、必須具備的新興技能與核心能力、未來資服新興職類或可能消失的職類、產學合作相關計畫，甚至不同產業所需資服人才之差異…等面向進行探討，以更深入研究主題並納入多方面資服人才議題觀點，呼應量化研究分析結果，並提供資服人才發展相關建議與因應對策，整體可歸納為下述三點：

1. 雲端相關技術人才是未來資服業求才重點

根據實際訪談內容，觀察到企業雲端部署方式逐漸以混合雲為主，由於混合雲可兼具公有雲的彈性與私有雲的隱私性優點，未來不論是重視資料隱私性的製造業或產業法規較為嚴苛的金融業，甚

至是其他產業領域在上雲需求都將逐漸以混合雲部署模式為優先考量。在混合雲相關技術發展下，容器（Container）、Kubernetes、微服務（Microservices）、無伺服器（Serverless），以及結合機器學習與 DevOps 的 MLOps…等新軟體技術將成為資服業者重點發展方向，未來資服人才必須能夠掌握彈性、分散且快速變化的軟體技術架構。

此外，多間資服業者的訪談內容，均提及雲端業務將是未來布局重點方向，在人才需求方面，愈來愈重視具備三大公有雲認證的專業技術人才，取得相關證照將成為未來資服人才求職的黃金敲門磚。舉例來說，AWS 雲端證照共分四種層級，分別是基礎級、助理級、專業級（依照不同職務可再區分為雲端架構師、營運人員與開發人員）、專家級則是針對資料分析、機器學習或資安…等不同技術專業領域進行認證；微軟 Azure 雲端證照依技術能力分為三種層級，分別是掌握基礎知識的基礎認證、深化技術能力並管理各種產業解決方案的專業認證，以及拓展技術能力的職務認證；Google Cloud Platform 主要提供基礎雲端架構師、專業資料工程師、專業雲端架構師三種認證。

2. 資料科學與跨領域人才備受重視

隨著 5G、雲端、AI、邊緣運算…等科技快速發展，未來資服人才需求除了軟體設計工程師外，還將包含資料分析師、商業流程分析師和應用領域專家之新興職缺類型，以下將分別進行說明，(1) 資料分析師：由於 5G 具有低延遲特性，帶動更多即時串流資料產生，需藉由資料分析師萃取並分析影像、語音等資料意涵，作為資料工程師與資料科學家之間的溝通橋樑；(2) 商業流程分析師：協助客戶分析商業流程並導入 AI 技術，實現自動化與智慧化成效；(3) 應用領域專家：提供專業領域與大數據需求串接見解給資料科學團隊，扮演數據應用決策的關鍵角色。

此外，系統整合業在未來資服人才需求上，聚焦於匯聚五大核心能力的指數型科技人才，所謂指數型科技人才是指集合程式素養、數據、AI 演算法、資安與行銷科技五大能力之人才。根據訪談內容得知，未來資服人才的樣貌除了能夠掌握軟體相關技術，還須結合行銷科技能力（Marketing+Technology, Martech），成為兼具軟硬實力的多核心能力人才。另外，電信產業在未來資服人才需求上，重視跨產業領域知識的 ABC 技術型人才， 涵蓋 AI、Big Data、Cloud 三種硬實力。由於近年來電信相關業者積極布局企業客戶雲端導入需求，在雲端應用加值服務方面，需要的資服人才不僅須具備技術上的硬實力，還必須擁有跨不同產業領域的經驗與知識，在顧問服務上才能更加貼近客戶的需求。

六、ESG數位轉型

（一）市場趨勢

受到 COVID-19 疫情的發展，促使企業和社會意識到地球及其生態系統的脆弱性及人類的相互聯繫、氣候和生物多樣性危機等衝擊的財務風險。2021 年，「聯合國氣候變化框架公約」報告指出，按照目前碳排放趨勢，全球氣溫到 2030 年將較工業革命前上升攝氏 2.7 度，遠超「巴黎協定」訂下不超過攝氏 1.5 度的目標。聯合國秘書長認為減排失敗正讓全球走上「災難的道路」；世界銀行更預言 2030 年將全球將會有 2.1 億人因為氣候問題被迫遷徙。

2021 年聯合國氣候大會（COP26）通過了 2030 年要減少 45%碳排的目標。這使得 ESG 成了疫情後，各國政府與企業必須要面對的問題。我國政府也設定 2030 年較 2005 年減碳 20%的目標、2050 年淨零轉型、淨零碳排入法等政策；金管會亦發展「上市櫃公司永續發展路徑圖」，要求大中小上市櫃公司分批進行碳排放查證等。

ESG 由環境保護（Environment）、社會責任（Social）和公司治理（Governance）三個字縮寫組成，可以用來評估一間企業的非財務的經營指標。其中，環境保護（Environment）指的是公司對於溫室氣體排放、水及污水管理、生物多樣性等環境污染防治與控制。社會責任（Social）則是企業對於客戶福利、勞工關係、多樣性員工與共融等對利害關係人的影響。公司治理（Governance）指的是商業倫理、競爭行為、供應鏈管理等與公司穩定度及聲譽相關指標。相較於過去 CSR 企業社會責任的道德責任概念，ESG 進一步與公司營運連結，進而影響投資人對於公司的評價。

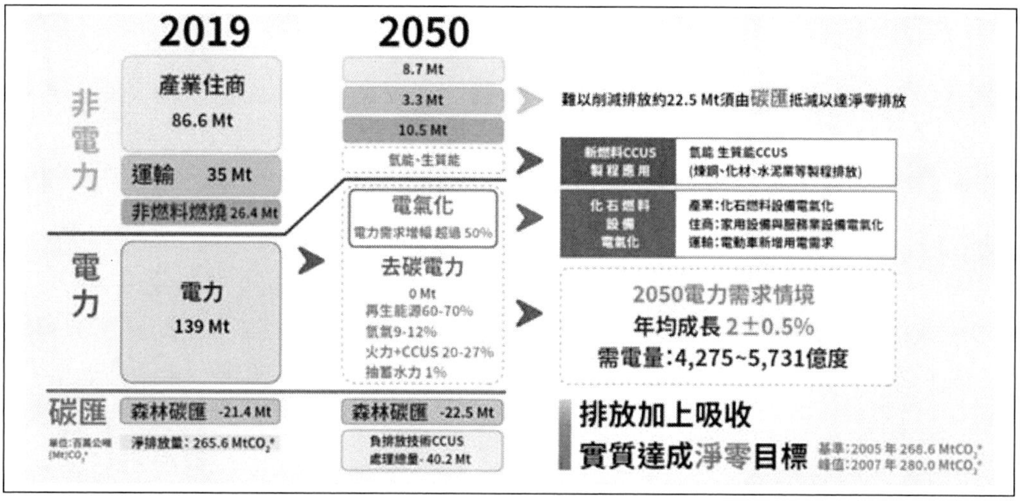

資料來源：國發會，資策會 MIC 經濟部 ITIS 研究團隊整理，2022 年 8 月

圖 4-28　2050 年臺灣淨零排放路徑

ESG 不僅僅是靜態的年度報告，還要持續地衡量對於環境、社會的影響結果，唯有透過動態蒐集客觀數據才能夠持續地衡量企業的 ESG 治理成果。這使得 ESG 的治理不僅是文字報告或單一行動事件而是持續的監控與透明化呈現，例如：透過區塊鏈技術協助為每一個資產產生可信、透明和可驗證的數據集；利用衛星獲取的空間數據以提高投資 ESG 的透明度與減少風險等。以此，數位化已經成為企業進行 ESG 治理的必要工具。歐盟的數位歐洲計畫即提出「孿生轉型」（Twin Transformation）概念，透過數位科技一方面協助企業數位轉型，同時也能達到 ESG 治理的目標。

因此，國際雲端平台服務商、電信業者、顧問服務業者、企業軟體廠商等資訊服務商，基於本身在雲平台、網路連接、永續治理或企業軟體以及顧問輔導能量等積極布局 ESG 數位轉型方案：

1. 雲平台服務商

對於雲平台服務商而言，數位永續、ESG 有兩個層面：一是降低自身資料中心的能源消耗、碳排放等，達到 ESG 治理方向；另一方面則是藉由雲服務方案提供企業客戶永續綠色、ESG 相關數據的彙整、追蹤與分析等。AWS 即宣布 2025 年之前要使用 100%可再生能源為資料中心、辦公室等提供動力；2040 年承諾實現淨零碳排放。AWS 在 2021 年即宣布在美國建立 14 個新的風能和太陽能電力計畫，以實現可再生能源的運用；在加拿大，AWS 亦啟用太陽能農場，發電量超過 100 萬兆瓦，為超過 100,000 戶加拿大家庭供電。AWS 基於其雲平台，為企業提供各個產業、各種規模的數據、知識和工具，以建置和實作滿足永續發展需求。例如：AWS 客戶碳足跡工具提供企業可視化的分析組織、產品碳排放的狀況；AWS Data Exchange 提供企業尋找、訂閱及使用雲端中與永續發展相關的 ESG 資料、天氣、空氣品質、衛星影像等第三方資料。微軟同樣宣布其 Azure 雲平台到 2025 年要達到 100%可再生能源、2030 年補充水量要超過消耗量、2030 年零浪費的認證等。Microsoft 在其 Azure 上亦發展永續雲（Microsoft Cloud for Sustainability），提供企業可視化檢視碳排放狀況，並追蹤是否達到減排目標或符合各地或行業的法規。

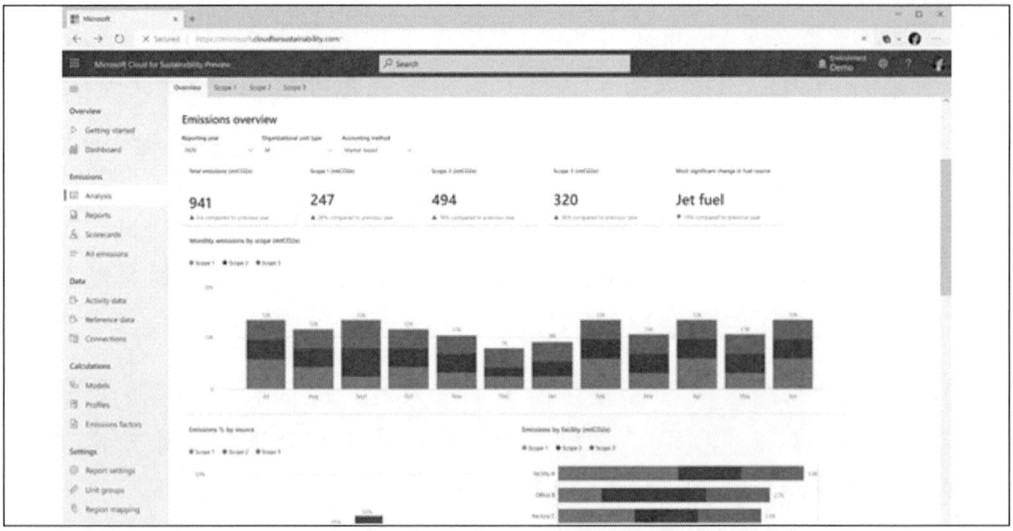

資料來源：Microsoft，資策會 MIC 經濟部 ITIS 研究團隊整理，2022 年 8 月

圖 4-29　碳排放計算雲服務

2. 電信業者

電信業者在 ESG、永續的議題上同樣是雙面刃，一方面提升到 5G 或高速的網路消耗的電力，造成能源的消耗；一方面運用快速網路協助企業更有效率的傳輸數據、加速雲化，減少碳排。以此，在自身的 ESG 治理上，許多電信業透過可再生能源的運用減少碳排，例如：西班牙電信墨西哥公司能源需求來自太陽能供應商；荷蘭電信營運商 VodafoneZiggo 還推出了綠色債券，以訴求投資人投資，加速向低碳運營轉，電信業者協助企業則從強化連接或推廣 5G 寬頻應用來協助企業達到 ESG 永續治理；AT&T 在減少碳排服務上，提供 IoT 連接服務、車隊管理服務、工廠設備監控、能源和建築管理系統、線上會議系統、資產管理等來協助企業減少碳排放；Nokia 電信設備商提供人工智慧的電網技術，與西門子和 A1 Telekom 電信服務業者合作使用可再生能源和微電網來減少維也納園區對電網電力的依賴，從而減少與電網電力生產相關的碳排放。

3. 顧問服務公司

由於 ESG、永續發展的重要性漸增，輔導企業發展的顧問服務重要性也與日俱增，全球大型管理顧問公司 Accenture、PWC、KPMG、貝恩公司和波士頓 BCG 等公司亦積極地擴充此領域的服務。這些顧問服務公司除了協助企業發展永續、ESG 策略、碳排放盤查外，也搭配數位轉型，協助企業進行 ESG 數位轉型、智慧製造發展。例如：Accenture 提供 myNav Green Cloud Advisor，用於訂定綠色雲遷移戰略工具，可以建立現有數據中心能耗、計算要求和永續性目標的標準，並提供了雲解決方案的綠色評估工具；PWC 發展 ESG 報告產生工具、碳排放追蹤平台、Air Trace 供應鏈數據追溯區塊鏈平台等。

4. 企業軟體廠商

企業軟體廠商亦積極於雲平台、企業軟體服務上發展相關 ESG 永續軟體方案，以協助企業進行碳排放計算、碳追蹤等。Salesforce.com SaaS 軟體服務商發展 NetZero Cloud，可以分析與跟蹤碳排放和能源消耗狀況，並快速完成碳會計審計作業。ERP 大廠 SAP 則發展 SAP Cloud for Sustainable Enterprises 系列方案，包含快速整合與自動化報告永續的績效、管理產品碳足跡、永續產品設計與包裝、產品合規分析、環境健康安全管理等多種產品解決方案。

（二）應用機會

從國際大廠的數位方案布局看出有許多潛在的 ESG 數位轉型商機可以發展。從新興技術角度，亦可以發現以下 ESG 數位轉型機會：

1. 雲端運算：

雲端運算平台本身即可以降低企業自行購置伺服器、建置資料中心的能源、水等碳排放。此外，透過雲端運算服務，可以允許上下游分享原物料、產品、運輸、使用、廢棄等各階段碳排放、責任採購、廢棄物處理等各種數據透明化與追蹤，成了發展數位化 ESG 必要的服務平台。例如：歐盟 C-SERVEES 計畫即建立一個具效率的電子電機產業循環經濟商業模式，結合消費者與供應鏈，發展洗衣機、碳粉盒、電視機、顯示器等產品的生命週期追蹤、終端使用者的使用回饋、維修手冊、維修跟蹤、消耗品管理、重複使用或回收等應用。透過雲端服務平台並引進 ICT 廠商發展相關應用，建立永續生態系，進一步還可以發展創新服務，如：租賃、產品客製化等，C-SERVEES 計畫希望能達到工業 4.0 與循環經濟雙方面的轉型。

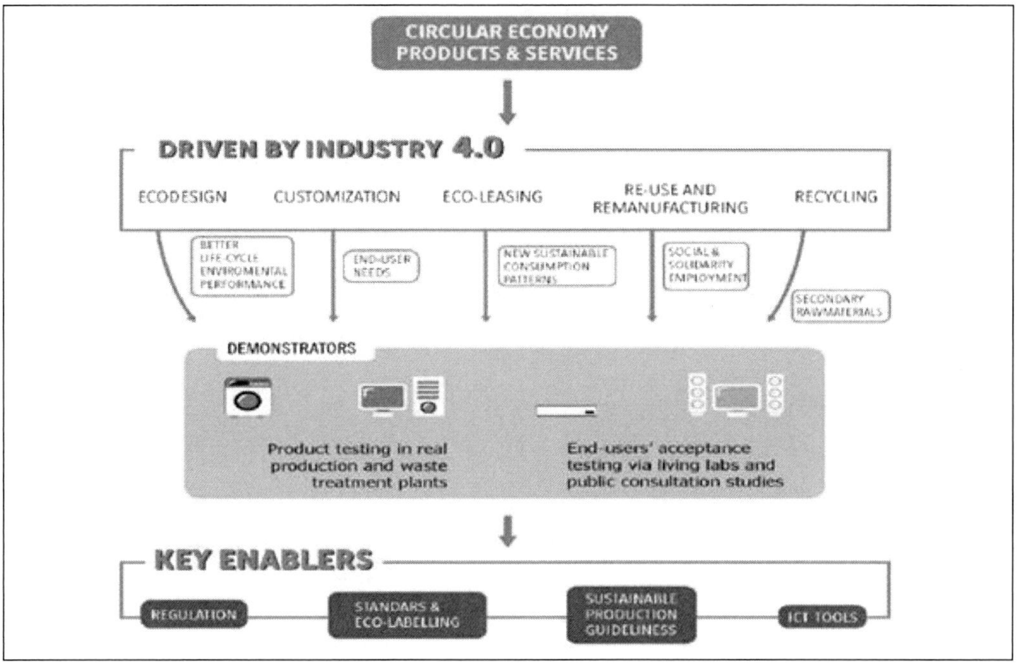

資料來源：歐盟 c-serveesproject，資策會 MIC 經濟部 ITIS 研究團隊整理，2022 年 8 月

圖 4-30　雲端運算協助永續生態系

2. 物聯網（IoT）

利用物聯網解決方案可以即時的蒐集、追蹤與分析數據，讓公司可以更快地了解狀況、進行決策乃至於做出行動。聯合國世界經濟論壇的報告指出，84%企業認為物聯網可以幫助企業製定 ESG 計畫，達成聯合國的永續發展目標（SDG）。例如：製造業可以感測器與物聯網技術來監測壓力、氣體流量和其他變數以即時監控洩漏狀況，以防止環境破壞；也可以用來監測或分析工廠、設備電力消耗狀況，以隨時採取行動減少電力消耗。電機大廠施耐德建立的數位永續大樓即利用太陽能電池板、部署 1,000 多個物聯網及感測設備以實現能源細粒度管理和即時優化策略，為全球大型辦公樓平均能源效率的九分之一。該系統並監測和控制建築物中任何能源系統的狀態，並進一步匯總和分析來自所有感測器和或儀表量測的數據，並可快速利用能源系統相關指標分析，以節省能源消耗。

3. 區塊鏈（Blockchain）

利用區塊鏈技術可以提供跨公司的供應鏈成員，紀錄可信、透明和可驗證數據集，以分析供應鏈的能源消耗、碳排放、生產履歷追溯等；進一步還可以進行碳交易、能源交易等。例如：石化業、時尚業可以追溯塑料製造到最終製造塑料容器、回收等過程，以確認塑料生命週期的碳足跡；利用區塊鏈能源交易平台以協助進行電力交易、電網管理或是點對點電動汽車充電和共享服務。又例如：Power Ledger 區塊鏈能源交易平台允許能源餘裕者，擁有太陽能電池發電的企業可以通過平台儲存多餘的能源並將其出售給需求者；公寓大樓居民將能夠透過平台交易太陽能能源，將比傳統電網供應更便宜的能源價格。

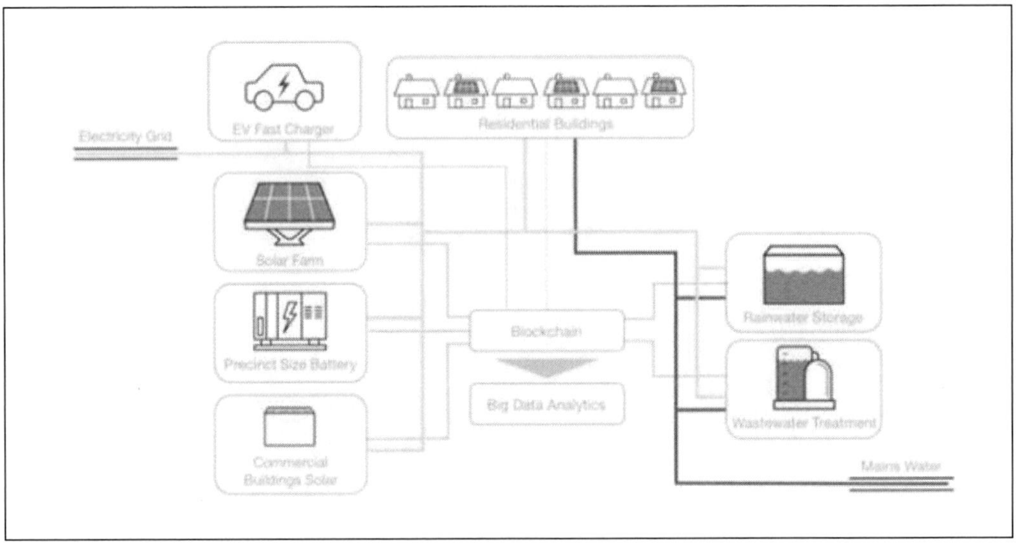

資料來源：PowerLedger，資策會 MIC 經濟部 ITIS 研究團隊整理，2022 年 8 月

圖 4-31　區塊鏈能源交易平台

4. 人工智慧（AI）

電腦視覺、自然語言等認知型人工智慧技術也能在許多 ESG 治理部分發揮有效的應用。例如：透過光學感測器可以檢測井口或管道是否有氣體排放；透過電腦視覺分析可以分析廢水排放的檢測、建築傾倒材料的檢測、廢棄物分類違規分析等，也可以防止工廠發

生工安操作問題以確保員工操作安全。例如：viAct 提供基於場景的 AI 電腦視覺技術，可以監控建築、生產環境，提高工作環境的安全；亦可以監控現場非法傾到、廢棄物違規等違法行為。

資料來源：viAct，資策會 MIC 經濟部 ITIS 研究團隊整理，2022 年 8 月

圖 4-32　電腦視覺偵測違反環境永續法規

5. 數位孿生

數位孿生技術主要是創建一個虛擬環境，複製現實世界的資產或流程，蒐集數據並進行模擬預測。透過數位孿生、機器學習等數據分析技術，可以協助企業模擬與預防風險。例如：皇家殼牌石油將數位孿生技術融入天然氣工廠，探索運營績效、最大限度地減少能源消耗，最終增加天然氣和增加石油產量；新加坡政府將數位孿生技術放入智慧城市規劃，可模擬道路橋樑、城市建設對於交通、電力能源消耗的影響。

6. 無人機和機器人

利用無人機、機器人可以替代人員進行骯髒、危險的工作。例如：利用無人機進行工廠、管道的氣體洩漏查看；利用機器人操作避免人員受到病毒感染或發生危險等。

（三）臺灣產業機會與挑戰

ESG 數位轉型議題渴望在原本智慧化、數位轉型的方向為企業加上供應鏈要求、政府政策等必須要做的壓力。對於臺灣資訊服務業者來說，應該把握這項機會，善用數位科技協助企業 ESG 數位轉型。以下分析臺灣資服產業的機會與挑戰：

1. 系統整合

對於系統整合業者來說，顧問服務、雲端服務轉移、軟硬體整合將因為 ESG 議題有新的商機。就顧問服務來說，ESG 議題帶來溫室氣體盤查、產品碳足跡等均需要顧問服務、查證業者合作。即使既有的系統整合業者跨入綠色相關顧問服務、查證等仍需要時間，但與既有管理顧問公司、查證公司並帶入相關系統將有許多的商機。例如：配合溫室氣體盤查顧問帶來電力能源管理、智慧電表整合、生產設備物聯網等，均是新的機會。進一步針對不同行業別，如：鋼鐵業、金屬加工、電子業、紡織業等，均有不同永續議題需要發展，可以提供系統整合業者深入行業別的整合方案。

2. 雲端運算

對於雲端運算服務業者而言，ESG 議題將特別著重在跨企業、集團、供應鏈等社群雲的永續數據透明，可以建立相關服務滿足企業需求。此外，雲端運算服務本身相對於傳統 IT 軟議題的碳排放量較少，可以藉此機會鼓勵企業客戶轉移至雲端運算服務。不過，ESG 議題帶來的挑戰將是對於資料中心的電力消耗、水資源等更嚴格的要求，雲端運算服務業者將在此處強化投資或要求雲端服務供應商的永續標準提升。

3. 資訊安全

永續相關數位方案進入工廠，將產生對於感測器、物聯網乃至於資料洩漏的潛在風險，資訊安全商渴望更進一步強化物聯網相關資訊安全保護方案。

4. 資訊委外

針對 ESG 議題，資訊委外商將更朝向雲端運算的轉型，協助相關服務的發展。此外，ESG 數位轉型較多會牽涉到企業資產的物聯網連接，將朝培養行業領域、物聯網、電力、碳排等領域的委外人員需求。

5. 套裝軟體

套裝軟體業者將趁 ESG 數位轉型議題積極思考是否有上雲端或混合雲的機會發展，滿足供應鏈對於永續數據透明的要求。傳統的廠務資產系統則可發展結合碳監測、碳計算的功能，滿足碳排監測需求。

七、韌性供應鏈

（一）市場趨勢

全球供應鏈系統比想像來的不安定與脆弱，自 1997 年開始，亞洲金融風暴、911 恐怖攻擊、南亞海嘯、東日本大地震以及每年全球各地發生的地震、颱風豪雨、森林大火、乾旱、國際間貿易戰等，都不斷地干擾、破壞供應鏈體系運作，造成供貨延遲、生產中斷及難以估計的經濟損失。2020 年 COVID-19 全球疫情爆發以來，美中貿易戰、貨櫃塞港、俄烏戰爭、上海疫情封城等風險陸續發生。根據供應管理協會（the Institute for Supply Management）於 2020 年 4 月的調查指出，95%的企業均受到 COVID-19 疫情影響，遠超過以往侷限在地區、產業的供應鏈影響。這使得使得「韌性供應鏈」(Resilient Supply Chain）或「韌性企業」(Resilient Enterprise）的概念再度被提起，更被視為國家重要的產業政策。

事實上，韌性供應鏈乃至於風險管理辨認、復原策略等概念與做法已經發展近 20 年。然而，英國脫歐、COVID-19、美中貿易戰等諸多影響大部分供應鏈的風險事件陸續發生，讓政府、產業界重新思考企業韌性的管理重要性。特別是 COVID-19 造成了全球大部分地區疫情，影響供應與採購、製造、物流配送以及顧客購買等各供應鏈層面，使得復原策略更為複雜；美中貿易戰則影響中長期的供應鏈結構，使得供應鏈管理模式有所調整。由於 COVID-19 疫情影響，許多政府、醫療機構、企業善用數位科技、無接觸科技來協助民眾，數位化科技亦成了韌性供應鏈的重要協助手段。以下整理幾項後疫情時代的韌性供應鏈數位科技應用趨勢：

1. 供應鏈透明

COVID-19 造成許多製造業對於上游一階供應商到二階供應商的狀況並不了解，以至於供應商產能減少、物料無法運送等，導致無法完成原先生產任務。疫情期間也發生貨運塞港、延遲等問題，導致供應延遲。因此，供應鏈的透明化便顯得相當重要。此外，因應永續供應鏈的發展，中心廠或品牌廠也急於知道上下游、代工商、運輸夥伴的減排狀況，以滿足產品減碳規範。最後，疫情造成廠長、老闆不容易到工廠現場了解生產進度、產品良率等重要問題，工廠透明化議題亦浮現，實現供應鏈透明的技術主要為雲端平台、物聯網、區塊鏈等。

2. 積極感知風險

COVID-19 疫情也讓供應鏈變得更不可預測，可能來自於供應商封城、貨運塞港造成原物料短缺、又可能是因為解封形成市場需求或遠距上課的電腦需求等，讓整個供應鏈喪失了原有的穩定性。企業思考是否能夠積極跟蹤需求、交貨時間、成本、供應商狀況等，以協助企業盡早識別市場變化，趁早採取行動。企業希望能快速地連結、蒐集事件的發生，以進行決策，實現積極趕知風險的技術包含物聯網、大數據分析、需求感知分析、預測分析等。

3. 自動化發展

封城或工人染疫等造成生產力的下降，使得企業更意識到利用自動化設備來實現智慧工廠能夠更有效地減低類似事件的衝擊。此外，企業亦面對缺工或者勞工成本不斷上漲等議題。因此，許多企業開始積極思考運用更多的自動化設備來協助減少對於人工的依賴。

4. 發展數位市場

COVID-19 亦使得許多企業被迫要在網路上進行商品販售，諸如：食品、零售、3C 等民生用品。此外，出國參展機會大減，使得要透過線上研討會、線上虛擬看展、線上交易等方式進行。例如：我國對外貿易發展協會發展 7 類線上展覽服務，如:「國際論壇」、「一對一媒合會」、「國際記者會」等滿足企業線上對外貿易需求。企業必須學習將行銷內容數位化及進行數位溝通、連結、交易等。

以此，數位技術可以協助企業韌性，也可以協助以往數位供應鏈、供應鏈 4.0 數位轉型要求的效率。雲端平台服務商、企業軟體廠商、顧問服務業者等資訊服務商，延伸數位轉型的科技，協助供應鏈韌性發展，以下摘要幾個大廠作為：

(1) 企業軟體商

軟體大廠 SAP 發展一系列智慧企業相關軟體服務，提供企業韌性、可利潤、永續的整體方案。例如：智慧企業軟體協助管理員工、顧客、產品、花費、資訊科技等各部門作業管理，並提供嵌入式分析，可進行 360 度的全方位商業檢視。商業網路平台可以讓企業連結夥伴，共享資料、跟蹤訂單狀況、強化流程協作，並能透過智慧分析來導引夥伴網路最佳化建議。Oracle 在其企業軟體雲服務上提供更多協助企業業務彈性的功能，例如：SCM 具備因果分析工具，可以跟蹤特定觸發因素，包括季節、地理、流感或天氣事件，以判定需求是短期還是長期因素，避免增加不必要產能或採購；運輸管理可以讓使用者評估宏觀層面的供應鏈中斷（如：極端天氣或機場延誤）和網路層面的供應鏈中斷（如：人力和產能短缺）所帶來的潛在影響；顧客關係管理服務則提供匯集線上、線下及第三方顧客資料來源以及具備內置的機器學習技術，協助優化顧客體驗、預測顧客需求、個性化顧客管理等。

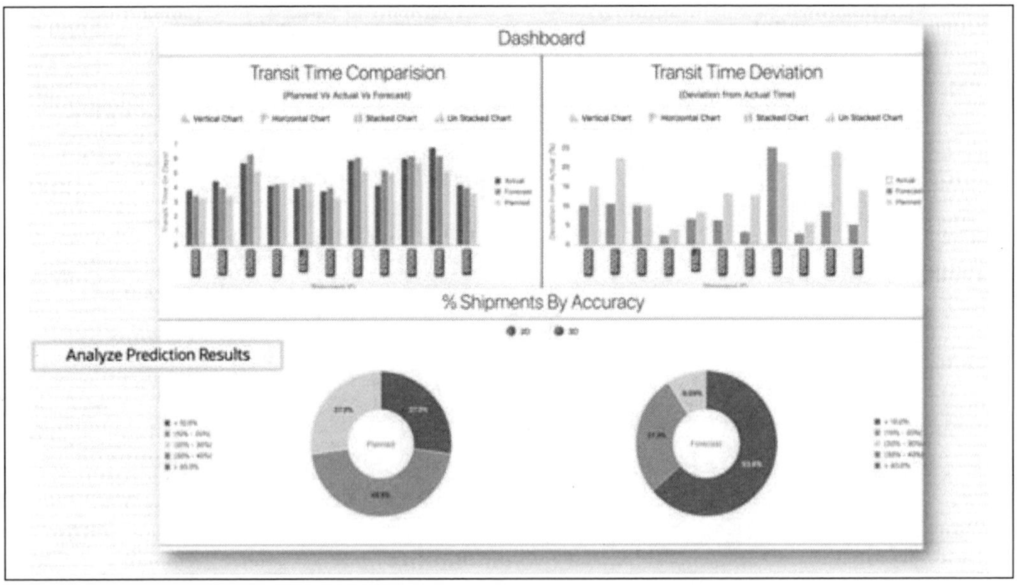

資料來源：Oracle，資策會 MIC 經濟部 ITIS 研究團隊整理，2022 年 8 月

圖 4-33　物流運輸韌性管理服務平台

(2) 雲平台服務商

對於雲服務商而言，雲端平台的彈性資源運用、資料共享等特性即符合企業韌性供應鏈的管理；因此，雲服務商積極地推廣與掌握企業轉移到雲平台的契機。微軟從幾個角度來推廣其雲端服務，包含：遠端工作方案（Microsoft Teams）、資安、快速與低程式碼開發工具、銷售與服務、敏捷供應鏈、雲端轉移工具、商業分析等。Dynamics 365 供應鏈方案中即指出滿足企業即時可見、人工智慧需求預測、規劃優化、倉庫自動化、混合現實、邊緣製造與倉儲等，滿足彈性、可持續性的韌型需求。Amazon AWS 從雲端的彈性、可恢復性來強調協助企業度過 COVID-19 及其他類型的風險，如：IT 自動化部署減少停機時間、利用雲端運算資源來模擬分析風險情境、利用運端服務快速開發工具，可以加速產品上市、利用雲端服務進行遠端工作，加速工作場所的敏捷性、加速決策者的靈活性等。

(3) 工業設備商

近年來許多工業設備商亦積極結合數位科技、軟體服務與設備產品，協助企業、工廠進行工業 4.0、數位轉型，如：GE、西門子、洛克威爾等。在企業韌性方面，工業設備商數位方案更強調 IT/OT 融合、設備自動化控制等，以達到快速地偵測與回應。例如：GE Digital 發展數位電網方案，可以協助電網、設備進行可視化、預測、監控和控制，以進行分散式電網管理與快速復原；並透過數位孿生系統、電腦視覺系統，協助電網管理者快速檢視可能潛在斷電風險諸如野火、重大區域停電等災難性事件發生。西門子提供分散式、自動化與遠端控制的能源系統；在交通控制上，提供即時的監控系統、動態改變的交通號誌系統、藍牙系統快速檢測交通流量、緊急車輛等訊息，以協助管理人員快速地應變。洛克威爾自動化公司以自身經驗，發展 IT/OT 融合技術，提供資產維修預測服務，並建立雲端服務平台協同設備商、零配件商、工廠客戶進行協同。

資料來源：GE，資策會 MIC 經濟部 ITIS 研究團隊整理，2022 年 8 月

圖 4-34　電腦視覺電網風險偵測系統

(4) 顧問服務與系統整合商

輔導企業客戶利用數位技術提升供應鏈韌性主要是 Accenture、Deloitee 等顧問服務與系統整合服務商在企業韌性中提供的服務。例如：Accenture 發展供應鏈韌性的快速評估問卷、供應鏈壓力測試工具等來協助企業快速檢視韌型程度，並提供供應鏈績效評量服務以量化供應鏈的彈性、識別潛在的缺點、定義復原策略並評估相關的財務風險；進一步協助企業將供應鏈相關作業移轉到雲服務。Deloitee 發展企業韌性管理的框架，包括討論可能性、分析影響性、了解重要性、設定衝擊的臨界點、做出策略選擇、建立壓力測試、進行長期規劃的步驟等，輔導企業在韌性策略、數位技術實施的發展。

（二）應用機會

從國際大廠的數位方案布局看出有許多潛在的數位韌型供應鏈方案的商機可以發展。從新興技術角度分析，可發現以下商機：

1. 物聯網（IoT）風險偵測

利用 RFID 或器感測器等的物聯網解決方案可以即時蒐集、追蹤與分析數據，更快地偵測風險事件並進行預警，諸如：天災、空氣污染、製程中斷、貨物延遲等，讓企業能夠即時做出準備與反應。例如：聯邦快遞發展 FedEx Surround 平台，利用 FedEx 網路中數百萬個物聯監控的數據，並善用人工智慧、機器學習技術，主動分析 FedEx 包裹在遞送路線上的風險，例如：天氣中斷、交通延誤、機械故障延遲、法規認證問題、地址錯誤等問題，提供客戶及早行動或進行主動干預，避免運籌中斷。聯邦快遞物聯監控系統利用可放在包裹上的小型藍牙跟蹤感測器以監控溫度、濕度、壓力、衝擊、曝光等數據並結合運輸路線、外部天氣、航班等數據進行預測，聯邦快遞的風險事件偵測提供委託運輸客戶、第三方物流運輸商等，減少不預期風險、降低成本以及更好的顧客滿意度。

資料來源：FedEx、SenseAware，資策會 MIC 經濟部 ITIS 研究團隊整理，2022 年 8 月

圖 4-35　運用物聯網進行物流運送風險監控服務

2. 區塊鏈（Blockchain）信任追溯

利用區塊鏈技術可以提供跨公司供應鏈成員，記錄可信、透明和可驗證數據，以追溯整個供應鏈的物料供給、產能、物流、碳排放等數據，並在可信任的狀況下進行數據交換，提升整體供應鏈的透明度。Circulor 使用區塊鏈和物聯網來跟蹤材料到成品的來源、製造狀況、碳排放等，幫助製造商和供應商建立透明的供應鏈。材料供應商、製造商將數據輸入 Circulor 雲端平台，記錄到不可更改的區塊鏈分類賬上，滿足公司對環境和社會努力加強問責制的呼籲、ESG 目標。以 Volvo 客戶為例，該汽車客戶現在能夠明確證明電動汽車中的電池材料來自何處、可回收性、合規性等。此外，Circulor 結合第三方數據、人工智慧技術，協助企業辨別供應鏈的可能異常、變動而盡早發現風險。

資料來源：Circulor，資策會 MIC 經濟部 ITIS 研究團隊整理，2022 年 08 月

圖 4-36　運用區塊鏈進行供應鏈信任與透明化服務

3. 預測分析預知風險

利用大數據、機器學習技術可以進行需求、供需平衡、多供應商評估、設備預測、物流最佳化等預測分析以及計算適當的效率、成本、彈性等衝突目標下的最佳化分析。此外，預測分析還可以根據歷史經驗進行事先預測，以提前進行各項風險管理準備。例如：大型自動化設備商洛克威爾公司透過最佳化數據分析方法，可以在 5 分鐘內快速排定工單生產順序、10 分鐘內排定員工排班等，提高作業的彈性。進一步，可以快速地重新進行排程以因應勞工短缺、供應料延遲等問題。這使得洛克威爾公司面對疫情時，造成勞力短缺、生產瓶頸等，透過預測分析技術，能夠快速進行規劃、分析與生產執行，以迅速、彈性的方法調整生產順序。

4. 人工智慧與自動化設備

電腦視覺、自然語言等認知型人工智慧技術結合自動化設備，能同時達到效率與韌性，例如：利用電腦視覺結合機器學習、深度學習技術，可以彈性地進行混線的品質檢測、機器手臂的彈性夾取、自動化物料搬運小車的動態路徑、無人機的電腦視覺多種工安狀況檢測。例如：洛克威爾公司利用 3D 電腦視覺技術偵測表面黏著製程的品質，提早發現品質異常、減少製程瑕疵；Pickit 新創公司提供 3D 視覺系統，可以結合舊型的機器手臂，提高機器手臂的彈性夾取，適用於多種隨機和半結構化箱子取放、零組件分檢等各式應用。Pickit 利用視覺導引系統能夠協助機器手臂進行更準確、更高效率的夾取作業及更彈性、無須編寫程式的設置方式。

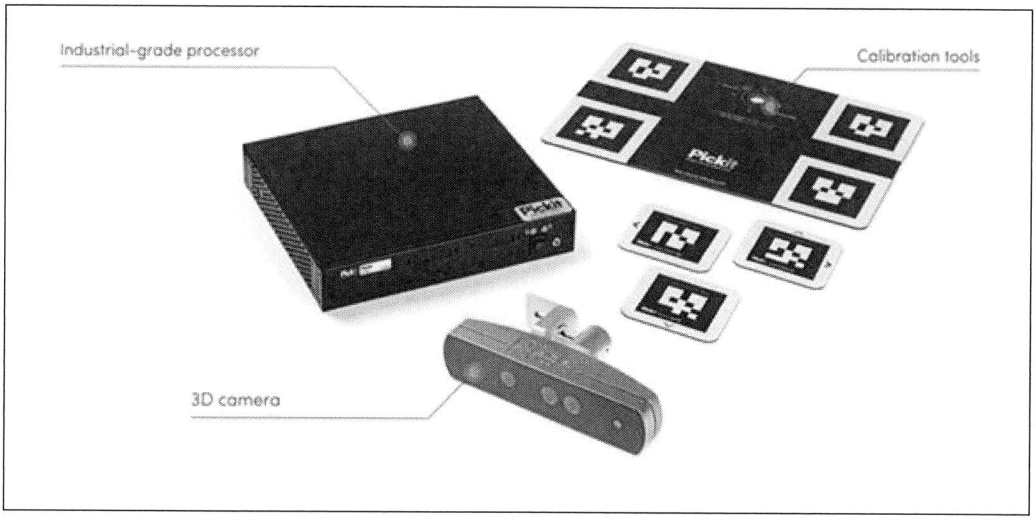

資料來源：Pick-it，資策會 MIC 經濟部 ITIS 研究團隊整理，2022 年 8 月

圖 4-37　彈性視覺引導自動化輔助系統

（三）臺灣產業機會與挑戰

韌性供應鏈議題是在智慧製造、數位供應鏈方案上，更強調彈性、風險管理、上下游協作的議題。對於臺灣資訊服務業者而言，將有以下機會與挑戰：

1. 系統整合

與傳統韌性供應鏈管理比較，現今的管理更注重立即的感知與自動化處理。以此，臺灣系統整合業者因更注意物聯網、人工智慧等在工廠自動化、供應鏈整合等商機，並結合風險管理概念，協助企業管理風險並提升效率。系統整合業者應更積極與物聯網、AI、自動化設備商合作，以提供完善韌性供應鏈方案。此外，協助企業進行韌性供應鏈管理亦是一個新服務商機，不過比較多會是中大型企業的需求，也會面臨國際顧問服務公司的競爭。

2. 資訊安全

對於企業而言，資訊世界的攻擊亦是現代企業面臨的重要風險，資訊安全商將持續地提升資安方案完善度以協助面對相關資安威脅。此外，隨著韌性供應鏈議題強化風險感知、自動化處理等，將會引發更多的物聯網、設備安全疑慮，資訊安全商將特別注意此方向趨勢的發展。

3. 雲端運算

韌性供應鏈管理議題上，雲端運算服務商主要的機會點在於上下游供應鏈風險透明、風險分析等應用。雲端運算服務商應更積極協助發展以社群、供應鏈為基礎的雲服務，滿足企業風險管理需求。此外，結合物聯網的風險偵測將是雲端運算服務商可以結合5G、物聯網服務商進行發展的雲端運算服務。

4. 套裝軟體

套裝軟體業者在韌型供應鏈管理議題上，將朝結合物聯網、人工智慧等技術，發展更為自動化的軟體服務與硬體整合系統。例如：流程自動化軟體（RPA）結合自動化設備是近期的趨勢，套裝軟體業者應思考此方向發展可能性。

5. 資訊委外

針對韌型供應鏈管理，資訊委外業者的著墨空間較少，主要仍以朝雲端運算服務布局。此外，資訊委外可以強化人工智慧、自動設備、物聯網方向人才訓練與委外方向發展。

第五章｜未來展望

一、資訊軟體暨服務領域展望

經歷 COVID-19 疫情衝擊及 ESG、美中供應鏈風險，將深刻地影響各行業對於數位化、數位轉型的發展。事實上，雲端運算、智慧手機、物聯網、人工智慧的科技發展，使得行業的界線趨於模糊。本章總結三大方向領域：以內容為主的「數位媒體與娛樂領域領域」、以設備資產為核心的「機器人與自動化領域」、以交易為基礎的「零售與電商交易領域」，資服業者可以從中思考領域涉及不同行業商業發展機會與技術。

（一）數位媒體與娛樂領域

數位媒體與娛樂領域一直在數位化、數位轉型中扮演急先鋒的角色，可以說是最早進行數位轉型的領域，例如：線上音樂串流，導致了唱片市場的急速下滑；線上影片串流，迫使傳統電視節目、電影院思考轉型；線上遊戲則造成玩具業的倒閉潮等。早期，媒體娛樂業的數位化現象被稱為「數位匯流」，指的是網際網路、電信網、有線電視網等在數位技術的推動之下，提供包括語音、資料、圖像等多媒體內容與技術相互融合。然而，一旦啟動數位匯流，似乎形成一種漩渦，將各個行業都捲入到巨大的漩渦中，包含：線上音樂、線上遊戲、媒體、線上教育、體育運動、文化藝術，甚至擴展到零售業、金融業等。以此，在這些行業耕耘的資服業者都不能忽視數位媒體與娛樂領域變革帶來的擴散效應。

數位媒體與娛樂領域受到影響的焦點議題為元宇宙，其次為雲端運算、數位行銷科技、ESG 等，以下將檢視幾個機會。

1. 沉浸式社群體驗

媒體娛樂本來就與商業活動息息相關，電視節目插入廣告片段、街邊數位媒體電子看板展示廣告等。在 AR/VR 等新興技術協助下，沉浸式體驗可以吸引用戶的目光及駐足，例如：美國國立自然歷史博物館的 VR 導覽透過 VR 的形式，讓對該博物館有興趣的民眾能透過電腦、手持設備虛擬參訪博物館；Supernatural 公司利用 Oculus Quest 頭盔結合運動應用程式，讓想要健身者透過網路，接受遠端的專家一對一的健身指導，並能置身於優美的虛擬環境與音樂中。Supernatural 訂閱費用為每年 180 美元，Supernatural 的虛擬運動體驗不但讓用戶可以健身還可以鼓舞隔離中的人心。零售新創公司 Obsess 利用 VR 和 AR 技術，讓品牌能夠在網站、應用程式和社交互動上，建立可互動的線上虛擬商店和展廳，為消費者提供 360 度購物體驗。

資料來源：Supernatural，資策會 MIC 經濟部 ITIS 研究團隊整理，2022 年 8 月

圖 5-1　沉浸式運動健身體驗

沉浸式體驗不僅僅是虛擬真實的體驗感，社群互動也愈來愈重要，成為數位媒體與娛樂邁向元宇宙的核心。例如：Roblox 線上遊戲空間可讓用戶在遊戲的虛擬角色相互互動；線上虛擬演唱會，可以享受多人一起觀賞的社群體驗；Spatial 利用 3D 協作空間讓參與者可以將自己的頭像放在虛擬工作空間中，並可讓參與者在不同空間情境，如：公園、藝廊、辦公場所等進行交談與協作。這些空間可以由第三方進行創作並進行販售。虛擬分身與協同讓用戶更能深入

的參與互動。微軟 Mesh for Microsoft Teams 平台亦結合 VR、穿戴式眼鏡與虛擬分身，讓教師、學生間能感受到彼此存在並在虛擬空間中進行討論、協作完成任務等。

2. 創造新的虛擬空間

除了社群互動體驗外，NIVIDA 展示的執行長虛擬分身、虛擬招牌皮衣、虛擬壁爐與廚房、虛擬物品等栩栩如生的模擬所構成的虛擬空間，是元宇宙能超越傳統 AR/VR 的展現方式，為數位媒體娛樂領域帶來極大的改變。例如：日本首里城受到火災而損毀，結合 5G、AR，不僅能觀看首里城往日模樣，還可以聆聽導覽解說歷史背景。在 COVID-19 造成各國封鎖後，紐約大都會藝術博物館不得不關門，超過 200 萬件藝術作品無法向公眾開放。透過跟 Verizon 的 5G 網路合作，推出「The Met Unframed」線上展覽，為人們打造出一種在博物館大廳中漫遊的體驗，也使用擴增實境（AR）解鎖藝術品，讓使用者透過手機鏡頭觀看時，藝術品就像是掛在家裡的牆上。此外，透過數位內容的製作讓作品活了起來，例如：原本船上人物轉變為正在划船的動作。大都會藝術博物館透過 5G 與 AR 技術，創造新的藝術體驗。

資料來源：Three 電信商，資策會 MIC 經濟部 ITIS 研究團隊整理，2022 年 8 月

圖 5-2 沉浸式混合現實時裝秀

英國倫敦時尚週運用 5G 通訊技術結合 AR/VR 技術，提供沉浸式混合現實時裝秀。民眾可以透過 5G 智慧型手機，從任何角度觀賞虛擬分身在真實場景進行走秀狀況，超越真實的服裝秀體驗。以此，AR/VR 技術結合 5G、3D 立體重現、豐富內容、導覽等，超越單純的空間體驗。

3. 商品化數位資產

透過區塊鏈貨幣、NFT 非同質貨幣的新交易型態，讓數位媒體與娛樂中的虛擬物品、藝術品等數位內容轉化成商品進行交易。例如：乙太坊區塊鏈上的虛擬世界，可以炒地皮、藝術品、建築物、服飾銷售、物品銷售，乃至於建築物上的廣告出租等；NBA Top Shot 區塊鏈 LeBron James 24 秒灌籃影片的球卡，成交價錢已經超過了 50 萬美元以上；CryptoKitties 謎戀貓線上遊戲可以讓玩家培育、繁殖後代，產生不同基因配對的數位貓，愈稀有就愈昂貴，這些均代表愈來愈多數位內容可以轉換成數位資產予以進行商品化交易。

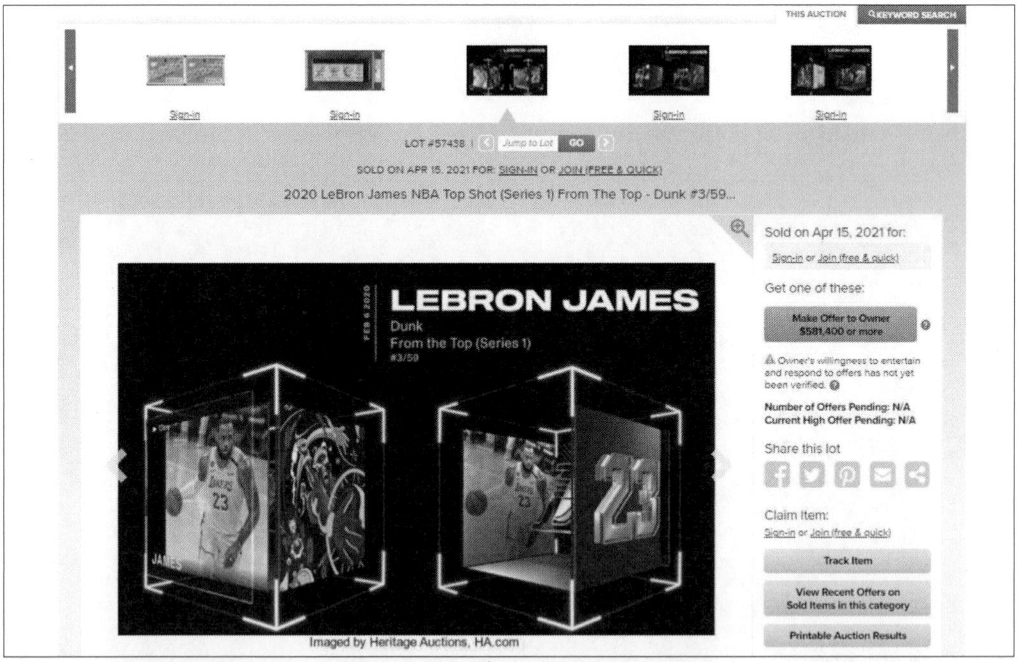

資料來源：NBA Top Shot，資策會 MIC 經濟部 ITIS 研究團隊整理，2022 年 8 月

圖 5-3　NBA Top Shot LeBron James NFT 球卡

可商品化數位資產影響最深的莫過於具有稀有性創造的畫作、藝術以及遊戲等媒體娛樂以及創造交易本身的金融服務，能不能對於零售乃至於電信業、技術產品服務、能源公用、製造業產生多大的影響，端視交易的商品稀少性或創造的商業價值為何。近期 ESG 發展造成製造業、能源業的碳交易、能源交易的熱潮等，可能是下一個值得期待商品化的數位資產。

4. 建構創造者經濟

Facebook 母公司改名為「Meta」引爆元宇宙熱潮。事實上，Meta 奮力打造的是一個創造者經濟的生態系。Meta 公司基於提供的 VR 頭盔、虛擬分身創建工具等，滿足各類企業、社群用戶、廣告商等，在 Facebook 社群平台建構的元宇宙中互動而產生商機；VR Expeditions 虛擬學習應用透過教學讓學生使用 VR 設備進行不同城市乃至於月球、人體等虛擬考察，提高學習參與度。VR Expeditions 提供讓教師、學生容易創建相關實境的 360 度影像及故事內容敘述工具。

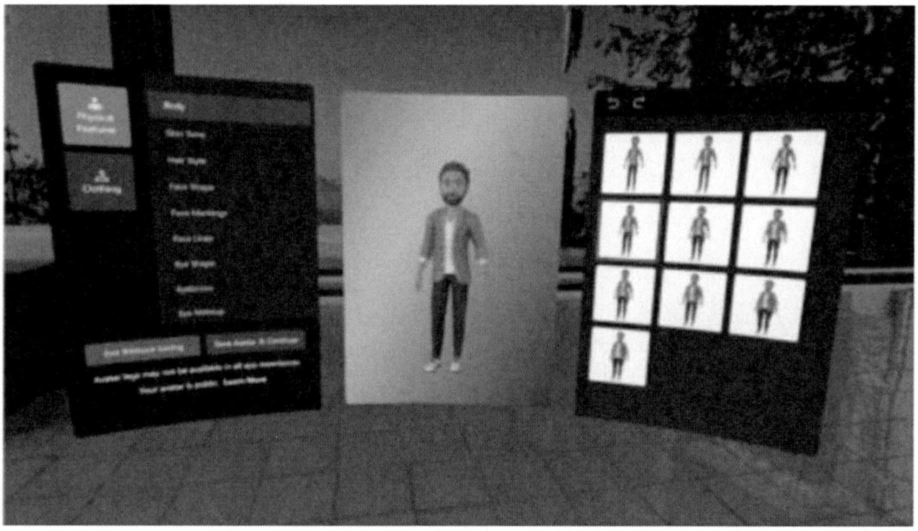

資料來源：Meta，資策會 MIC 經濟部 ITIS 研究團隊整理，2022 年 8 月

圖 5-4　Meta 虛擬分身創建工具

創造者經濟一方面來自於 YouTube、Twitter、Twitch 這種社群媒體平台讓玩家、網紅能自創內容，並透過訂閱數、瀏覽數來獲得收入；一方面則來自於軟體工具技術愈來愈強大。對於平台而言，源源不斷的玩家自創內容及自我創造的經濟體系可以讓平台持續地獲利，內容並不斷地被創造，形成正向循環。創造者經濟也持續拓展到線上學習、運動健身、寫作、音樂、電子商務、科技產品服務乃至於零售、製造領域。例如：Selly 是一個提供創造者透過數位工具創造馬克杯、T-Shirt 等客製化商品平台，並提供運送服務，讓創造者可以自創商品並販售；Shopify 透過模板與數位工具，讓創造者可以在網路上創建商店、商品，讓有志開商店的人可以進行商品型錄創造與電商販售；Tulip 平台可提供工廠不用程式碼即可建立工業 4.0 平台，以建立動態流程、設備日誌、製程操作等相關 App，提供工廠操作人員快速地運用相關技術。

5. 關鍵技術

由此可以看到，由 VR/AR、3D 視覺設計、網路空間形成新的數位媒體與娛樂領域，進一步擴散到線上教育、線上娛樂、線上旅遊、線上運動、電商等等「內容」為主的行業。以下幾項的技術是相關行業必須要留意與發展：

- **VR/AR**：VR/AR 技術是帶領數位媒體與娛樂領域轉變的主要技術。在硬體部分，VR/AR 將朝向輕量、無線、解析度更高、運算能力更快、價格更低的市場。此外，視角從 180 度提高到更高視角的顯示。其次，與視覺顯示與各種觸覺回饋、震動感測、聲音等結合，提高更好的體驗。內容上，則需要更仍易操作影像編輯軟體或者影像編輯服務平台發展，以加速各種內容服務的發展。VR/AR 產業鏈也帶來相當多的軟硬體技術：顯示頭盔、電腦晶片、觸覺回饋震動器、攝影機以及感測器技術等。
- **5G**：5G 技術可以將 VR/AR 內容提升到遠端協作的層次，滿足跨不同地區、虛實融合的共同體驗。例如：跨地區或遠端的音樂共同表演、博物館體驗。或者，可以更快速地互動回饋，如賽車場的實況即時轉播、運動競技場的直播、VR/AR 呈現與觀眾間的互動等。

- **區塊鏈**：區塊鏈技術或非同質化代幣 NFT 將對內容資產化、貨幣化產生重大的影響，這使得數位媒體與娛樂領域的各項內容有了新的交易模式乃至於產生新的商業模式，在線上教育、線上娛樂、線上旅遊等相關數位媒體與娛樂領域的資服業者必須積極地探討與新創業者合作。

（二）機器人與自動化領域

受到人工智慧技術、物聯網技術的愈來愈成熟，以及 COVID-19 影響無接觸科技的思維，機器人與自動化領域將對各個產業產生重大影響。例如：韌性供應鏈議題需要預測分析或自動化設備以預判風險或快速回應；ESG 議題需要透過無人機、自動化機器人進行骯髒、危險工作，以執行綠色環境保護或保障勞工安全；或者，數位行銷科技需要自動化行銷工具以面對多樣的數位媒體、個人化的顧客回應需求。

機器人與自動化領域擴展影響最大的領域包含：自動駕駛車、機械設備業、交通業、製造業乃至於醫療業等仰賴「設備資產」，以減少人為錯誤、快速反應、保障生命安全等。以下檢視機器人與自動化領域重要機會：

1. 設備即時感知

不論是工業設備、汽車、醫療設備，要進行更精進的智慧化控制時，首先要能夠感知、監測以瞭解情況才能進一步進行處理；正如同 ESG 數位轉型要預知碳排狀況、韌型供應鏈要積極感知供應風險一樣。例如：Johnson Controls 是一家生產空調、節能、儲能、消防與安全等方面的建築自動化控制設備商，發展企業設備管理服務平台，提供其客戶企業可以監測其冷暖空調的運作效率、空氣品質狀況偵測、能源運用的預測等，以協助減少能源提高效率；bonfiglioli 是一家主軸馬達、減速機、包裝機設備等工業設備製造商，發展 SPS Connect 設備連網服務，可以讓工廠客戶看到設備的轉速、電力狀況、震動狀態、溫度等。進一步，也可以分析馬達的剩餘壽命、工作週期分析、能源分析以及問題診斷等。

在交通上，也需要立即感知異常或危險以快速處理。例如：D-Rail 利用物聯網感測器，即時分析鐵軌沿線、火車異常，以立即發送警訊處理；Valerann 將重點放在一般路面的異常偵測，透過物聯網加上無線傳輸技術埋在路面上，可以隨時傳送路面異常狀況、是否偏離車道等訊息給予汽車駕駛人，進一步也可提供道路管理者分析路面狀況、交通壅塞資訊、交通事故狀況乃至於汽車狀況等。

資料來源：D-Rail，資策會 MIC 經濟部 ITIS 研究團隊整理，2022 年 8 月

圖 5-5　D-Rail 物聯網感測器偵測鐵路異常狀

此外，運用 VR/AR 則可以協助維修問題。RENAULT TRUCKS 是一個工業用卡車設備商，利用 VR 技術，可以讓經銷商透過 VR 技術與其他遠端經銷商工程師或原廠工程師一起協同解決客戶的卡車維修問題，或者客戶卡車拋錨在路上，可以即時的進行遠端維修協助；真空和氣體管理工程設備商 Leybold 利用 AR 技術協助工程師可以進行遠端維修，以減少工程師現場例行性檢修的時程與交通成本。客戶也可以利用 AR 技術依照檢修步驟進行自我檢修，減少設備停機的問題，如：Getinge 是醫療設備商，透過 AR 技術可以協助操

作醫療儀器的醫護人員可以了解醫療設備如何操作以及操作順序，以更正確、有效率地使用醫療設備。

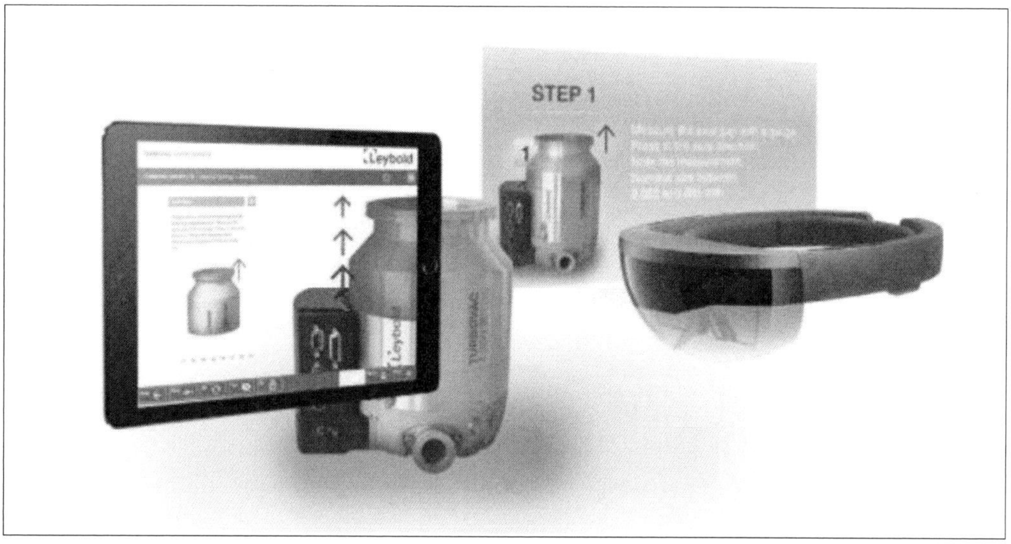

資料來源：Leybold，資策會 MIC 經濟部 ITIS 研究團隊整理，2022 年 8 月

圖 5-6　Leybold VR 遠端維修

2. 設備模擬設計

不論工業設備、汽車、飛機乃至於手機進行生產製造前，如何進行有效的模擬設計，以確保設備製造的品質、符合綠色環保或安全法規等，在現今是重設備資產行業的競爭關鍵。由於 3D 設計、數位孿生、人工智慧等技術的進步，使得設備模擬設計愈加地受到重視。例如：Bausch+Strobel 是一家提供藥罐、吸管等製藥包裝產品設備商，利用 VR 設備協助製藥客戶共同研發、雛形測試、安裝設備或發展注入模擬系統，亦可以與客戶共同討論產線、設備的規劃；結合 VR 雛形機台可以協助客戶體驗與測試設備與產線狀況;注入模擬則利用模擬技術協助顧客模擬藥物注入的最佳化等。發展伺服馬達和驅動器的工業設備商 Festo 發展 3D 設計工具，可以提供客戶自行設計，即可進行下訂與組裝。

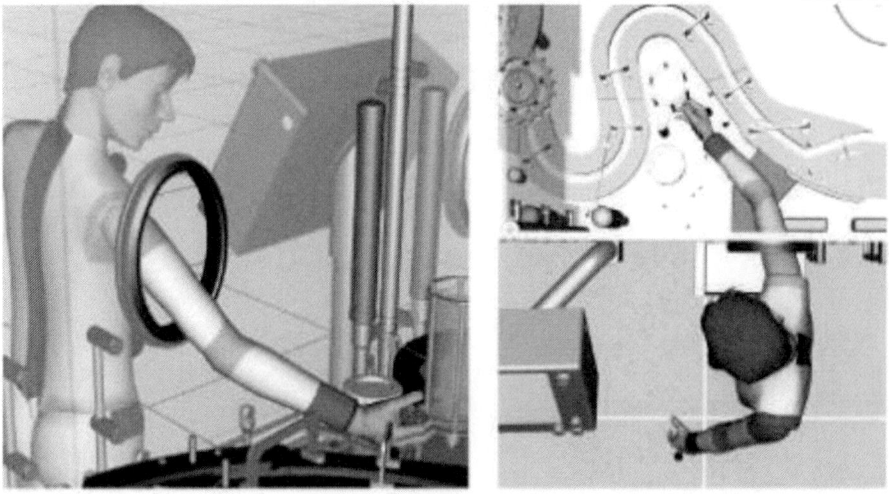

資料來源：Bausch+Strobel，資策會 MIC 經濟部 ITIS 研究團隊整理，2022 年 8 月

圖 5-7　Bausch+Strobel VR 雛模擬型機台

在汽車業，汽車製造的模擬設計不僅僅考慮外型、內裝空間的舒適性或是空調舒適的模擬等，亦包含機械動力系統、電子系統、系統晶片等模擬，進一步還能包含道路駕駛模擬，提供消費者更舒適、更安全保障的產品。例如：西門子 PAVE360 汽車驗證系統可以協助汽車製造商、汽車晶片設計者、軟體業者、供應商進行協同設計與模擬，甚至融合感測系統、交通狀況等進行城市駕駛狀況的模擬測試，稱為汽車閉環模擬。

在材料科學的模擬上同樣受到矚目，如：Math2Market 公司發展 GeoDict 材料模擬軟體，可以協助複雜結構的非織物、發泡材、陶瓷和其他多孔性材料材料性質構成，有時會結合矛盾的材料特性如輕且穩定，特別是複合材料由多種設定出一個最佳的材料並不容易。利用軟體進行模擬，不但可以減少實驗室耗時以及耗費材料成本的實驗，甚至能突破實驗室無法實驗的障礙。此外，也可以用於岩層中物理參數評估，以協助石油業探尋大量蘊藏的儲油氣層。

3. 設備智慧化控制

讓設備資產可以智慧化是機器人與自動化領域的終極目標，也人類的夢想。人工智慧、電腦視覺、物聯網系統的發展讓設備可以智慧運轉乃至於自動駕駛，例如：福特汽車在其新款 Miami 車中搭載 5G 聯網晶片，實現 L2++等級的自動駕駛水準；泰國曼谷西里拉醫院與泰國國家電信局合作發展 5G 無人駕駛醫藥運送車等。

在工廠，AGV 自動搬運車（Automated Guided Vehicles）透過機器視覺、Lidar 光學雷達技術，能夠加快獲搬運作業。此外，利用 3D 機器視覺系統可以使機器手臂更有效地檢測、取出、放置零件或產品。例如：Swisslog 是智慧倉儲設備商，發展智慧倉儲產品，可以學習顧客訂單行為、預測訂單需求，而將最銷售貨物放在最佳能自動化檢貨的位置，以減少撿貨人員的工作，甚至可以將客戶不同貨品撿貨一起並自動化包裝，貨品堆垛、貨品排序、貨車上載等作業，均可利用先進機器手臂處理，強化顧客工廠作業效率；DMG MORI 自動化機床商在產品中具備主軸的監控技術，並能夠根據切削狀況自動化調整參數等。此外，DMG MORI 利用疊加技術或 3D 列印將材料的配件熔出，並結合原 5 軸銑床進行切削，形成一種混合的加工方式，讓 3D 列印產出加工件後，可以通過 5 軸設備進行機加工。同時，DMG MORI 也利用機器學習技術，根據材料的硬度、孔隙率、彈性等，最佳化調整參數。

除了提高生產效率、產品品質之外，提高設備運作的安全也是設備產品智慧化的方向。例如：小松機械是工程業重工設備廠商，利用 AI 硬體裝置嵌入在大型機具設備上，具備電腦視覺能力，提供 360 度環境視野，能夠辨識現場作業人員與其他器具，以避免碰撞或操作不當事故發生；Sandvik 是一家探勘設備廠商，透過人工智慧、電腦視覺、大數據等技術，發展地下自動探勘車。自動探勘車可以根據動態的環境，諸如：障礙偵測、碰撞避免及 3D 探勘圖等，自動規劃探勘挖掘的路徑。

在交通上，則可以透過路口物聯網、攝影機、駕駛人或行人的手機訊號、地理資訊、ETC 收費資訊、汽車上的監控攝影機等，匯集各個群眾的資料進而分析交通壅塞狀況或即時控制交通號誌，減少城市政府利用人力交通監控與控制設備。如：SURTRAC 新創公司就是一家利用匯集各路口汽車排隊資訊，進而根據排隊理論、機器學習等技術，即時控制鄰近區域的交通號誌，以減少交通壅塞；勞斯萊斯發展自動化運輸船隊，可以依據航線自動化運輸，並在不易航行狀況下，由人員遠端遙控及修改船行計畫。同時，透過群眾智慧，運輸船間可分享水下的障礙物、最佳運輸路徑及引擎狀況等。

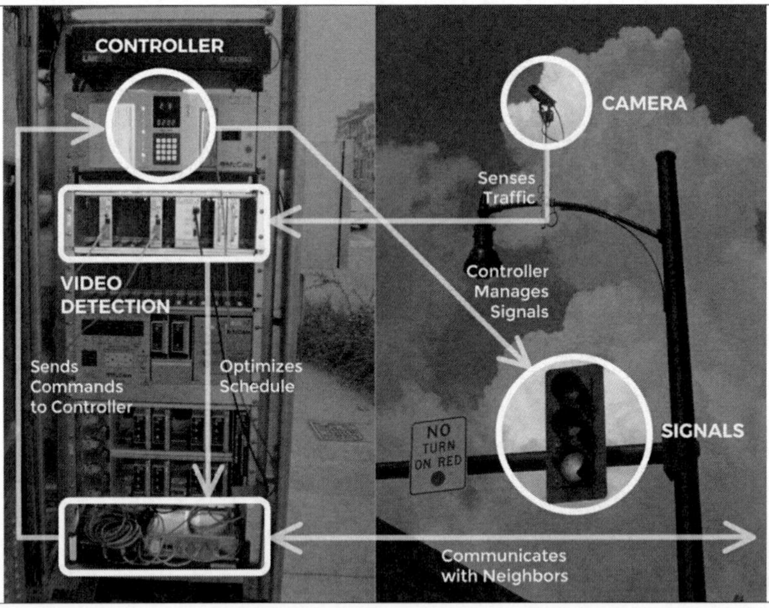

資料來源：SURTRAC，資策會 MIC 經濟部 ITIS 研究團隊整理，2022 年 8 月

圖 5-8　SURTRAC 智慧交通控制系統

4. 人機智慧協作

工業設備商常常具有操作面板或者人機介面（Human Machine Interface, HMI）提供操作人員操作，但往往較不重視直覺操作或互動體驗。隨著智慧移動科技、人機介面發展後，可以利用各項軟硬體結合來提升客戶的操作互動體驗。如：Emerson 是一家大型的自動控制設備公司，提供移動平板 App 的人機介面，可以讓使用者透過平板進行操作，並能即時收到警訊及圖形分析設備運作狀況與效率。

當然，最極致人機互動是達到人機協作，如：KUKA 發展的協作機器人可以利用感測器感覺人們的觸摸而停止，進一步由操作人員導引方向進而自動運轉或與操作人員搭配工作；Festo 亦發展協作仿生機器人，可以感測操作員的接近而停止，操作人員可以透過觸摸、語音、手是或者透過遠端控制的方式與該協作機器人互動。

在醫療業中，醫生進行手術最需要進行人機智慧協作。例如：Vicarious Surgical 是一家利用 VR 虛擬實境頭盔並結合機器手臂微型手術，協助醫生更精確地操作手術刀的新創公司。系統連結機器手臂與相機，透過相機上感測器追蹤手臂位置、傾斜角度等，回饋給頭盔顯示器，讓操作手術刀的醫師可透過頭盔顯示器更清楚地看到手術切口狀況並精確地操作；Verb Surgical 公司發展腹腔鏡導引機器人系統 AutoLap，協助醫師手術時精確位置導引。AutoLap 視覺導引機器透過手術醫師穿戴的手環無線發射器以及設置在手術刀夾鏡頭，蒐集腹腔鏡手術時影像作為引導醫師的依據。

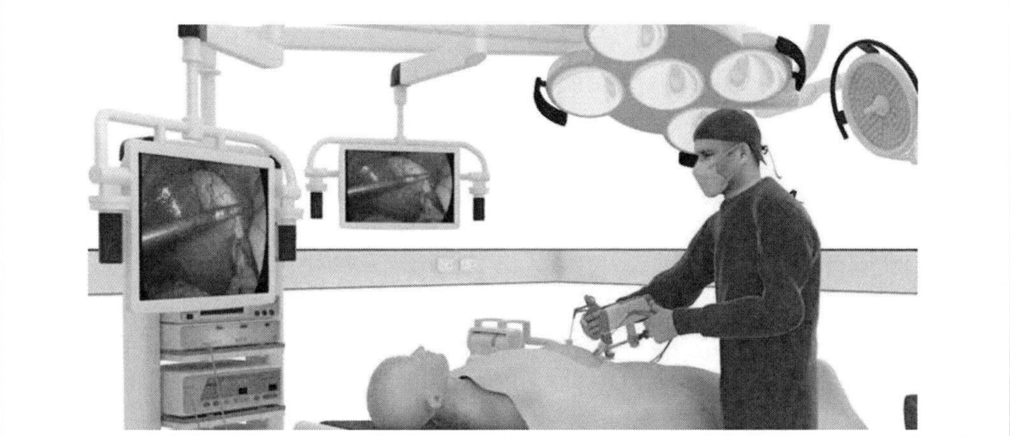

資料來源：Vicarious Surgical，資策會 MIC 經濟部 ITIS 研究團隊整理，2022 年 8 月

圖 5-9 腹腔手術導引機器人

最後，自然語言人工智慧的發展，使得機器人對於語言理解能力強化，語音導引也成為一種常發展的人機協作方式。例如：倉儲管理人員利用語音助理協助，詢問下一個撿貨儲位、語音查詢貨品

倉儲位置等，可以引導搬運機前往或是讓該倉儲儲位燈亮起等。在汽車上，利用語音助理可以播放音樂、開啟電話或開啟車庫門等。

5. 設備使用服務化

基於設備感知偵測、設備智慧化、人機智慧協作等發展，設備業者愈來愈重視使用階段的客戶體驗、客戶服務等。因此，前述的設備異常監控、預測維護等，均成為了設備附加價值乃至於增加收入來源的一部分。進一步，有些設備業者還將其改為使用計價、成果導向計價、數據貨幣化等商業模式。例如：ABB 是機器人及能源設備公司，發展 ABB Ability 設備監控服務，其中感測器可以依使用數目進行計價；Atlas Copcoh 壓縮機、採礦工程機具公司發展 FleetLink Telmatic 機具監測服務，可以依使用費計價，並能擴展監測其他廠牌的工程機具；Rolls-Royce 引擎設備發展引擎監控與預測維修服務給予航空公司，進一步發展「引擎即服務」，依引擎飛行時數來計算成本。Rolls-Royce 累積足夠的數據後，甚至可以銷售飛航數據，將數據貨幣化以獲取營收。

有些工業設備商進一步從核心的產品與服務，擴展到整體領域的解決方案。例如：農機具商 John Deere 除了提供設備監控與預測維修服務外，進一步發展農作物最佳收益顧問服務，輔導農地客戶種植；小松機械除了本身的智慧工程設備車外，也結合夥伴廠商，提供 3D 建模工具、模擬分析、無人飛機等解決方案，包括土地調查、規劃、建設、檢測等完整顧客生命週期的數位解決方案。許多設備商更透過標準設備連結、服務 API 及相關軟體或分析工具等，進一步建構平台服務，以聚合生態系夥伴。例如：自動化機床商 TRUMPF AXOOM 平台提供設備連網以及與合作夥伴商提供訂單管理、物料管理、生產排程、運籌物流等工廠等解決方案服務。

6. 關鍵技術

機器人與設備自動化領域來自於機器設備的聯網、智慧化等，使得機械設備業、交通業、製造業乃至於醫療業等重度仰賴「設備資產」的行業產生變革。以下幾項技術是深耕這些行業必須要留意與發展：

- **感測技術**：由於半導體、晶片等技術發展，感測技術得以成熟發展，使得可以協助機器人、自動化設備快速的感知環境，進一步能正確的行動。此外，3D 維度的影像擷取成為新興機器視覺的應用，可以嵌入在機器設備上進行應付複雜、動態的機器視覺應用，如：物件追蹤、安全監控、動態物件辨識等。光學雷達（LiDAR）技術則是一種機器設備常使用的光學感測技術，利用光來測量與目標距離、辨識物體輪廓並建立周遭 3D 地理資訊模型，掃描範圍為 100-200 公尺，可以滿足自駕車、AGV 搬運機器人等需要更遠、更精準感測需求。另外，嵌入式視覺可以將攝影鏡頭、影像處理軟體等整合在更小的系統、模組乃至於晶片中，能加快處理與回應，以協助更多智慧自動化控制系統發展，實現強大邊緣計算功能。

- **數位孿生**：數位孿生指的是利用資通訊技術產生虛擬物件，協助企業進行實體物件、產品、設備的監控、分析、模擬或預測甚至進行控制的技術或方法。數位分身關鍵技術在於 3D 視覺化模擬技術、AI 數據模型以及結合 IoT 物聯網技術，協助製造業產線模擬、生產監控、物流配置效率、材料模擬等，可以協助金屬製造業、半導體、資訊電子、石化製造業的生產效率提升，並強化 AIoT、數位內容等技術創新發展。

- **視覺化模擬技術**：3D 電腦視覺、VR/AR 及數據分析模擬技術的進一步發展後，視覺化模擬技術可提供數位分身系統更立體、多尺度、多參數及動態的模擬方式，讓數位分身對於產品設計與發展、生產製程模擬更為有效率。

- **3D 列印技術**：3D 列印又稱為積層製造（Additive Manufacturing, AM），在電腦控制下，將層層疊疊的材料不斷重複疊加，直到做出一個 3D 的成品，適用於廣泛的材料、產品類型和用途上。3D 列印技術可以提供工具輔助工具、視覺和功能原型，甚至最終用途零件。例如：在工業製造上，3D 列印快速原型製作可以更快地實施使用傳統製造方法需要數月才能完成的設計更改，通常在一週內完成。此外，可用於生產具有複雜幾何形狀的零件，在數小時內從數位圖形中生產出實體零件；或者機器設備整合 3D 列印技術，發展具備積層製造技術的設備，提高設備功能。

- **機器人**：機器手臂或機器人具備感測器、致動器、控制器以及靈活的關節手軸等，由於感測器辨識環境能力愈來愈強大以及機器學習技術提供機器人與環境互動過程中，能學習動態、模糊不清的狀況，讓機器人更為彈性、適應新環境或工作項目。此外，人機介面、人機協作技術將使得機器人持續地輔助人來各項運用。

（三）疫情下數位科技發展趨勢

因應 COVID-19 疫情發展以及企業跳過電商自己進行電子商務銷售的 D2C（Direct to Customer）發展下，形成了 MarTech 數位行銷科技的新發展。但並不是所有交易都會在電商平台中，現在 OMO（Online Merge Offline）模式發展，讓消費者即使在實體環境，如：零售店、計程車、餐廳等，都能夠透過智慧手機進行線上電商交易與付款。此外，物聯網技術、設備自動化等技術愈來愈成熟，也可能透過設備上的代理程式自動完成交易，例如：冰箱自動訂購食物、AWS Echo 語音語音助理訂購等。

零售與電商交易領域影響最大的行業包含：實體零售業、電子商務業、餐飲業、旅遊業以及進行支付與清償的金融業。零售與電商交易領域特別受到元宇宙、MarTech 數位行銷科技等影響，以下檢視零售與電商交易領域重要機會：

1. 嵌入式金融

嵌入式金融指的是在各種生活服務上嵌入付款、交易，便利人們的各項服務的享用。嵌入式金融已成為一種新趨勢，國內外銀行紛紛採用嵌入式金融，發展成為非銀行和非金融機構的服務提供商。同樣的，非金融機構也紛紛在服務上嵌入金融服務，提供消費者各項購物、生活服務支付等服務。一方面，來自於藉由智慧手機進行無所不在消費；一方面，各國開放金融、第三方支付政策，讓非金融機構得以從事類金融活動。例如：計程車 App，可以進行支付；通訊軟體可以購買商品；第三方支付可以繳稅等。蘋果卡、亞馬遜等非銀行業者提供傳統銀行融資服務；PayPal 和 Klarna 等公司推出的「先買後付」產品蓬勃發展，為客戶在網上購物時提供輕鬆的分期付款。以此，從支付到投資和借貸，各種嵌入式解決方案正在滲透到各個金融、消費服務上。

甚至，愈來愈多平台將預約、叫車、預訂航班、購物、食品配送、銀行服務等整合在一個平台的超級應用（super applications），例如：Revolut、Block 等，正在仿效微信、支付寶這種一站式解決方案，這意味著過去在提供金融服務、消費服務乃至於網路行銷服務的資訊服務商要進行各項的跨界整合。

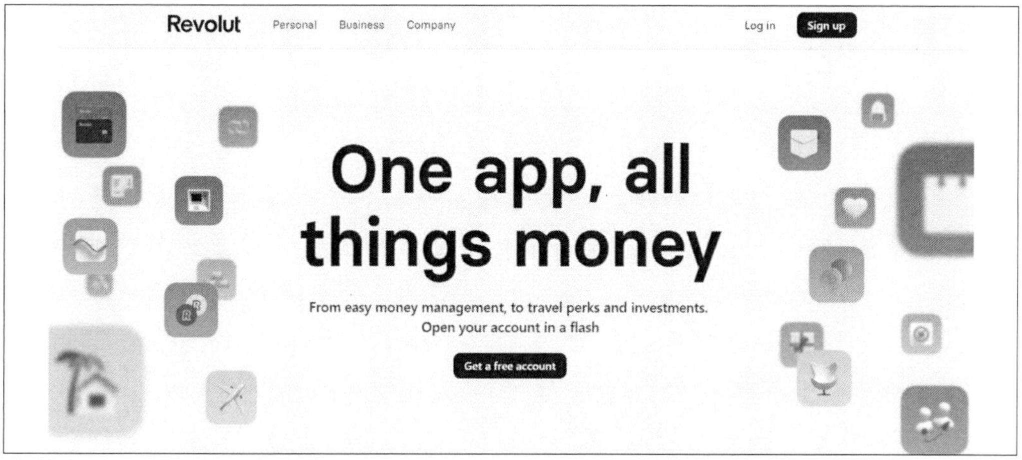

資料來源：Revolut，資策會 MIC 經濟部 ITIS 研究團隊整理，2022 年 8 月

圖 5-10 超級金融支付服務

2. 去中心化交易

元宇宙所引發對於區塊鏈、NFT 等分散式交易或稱為「去中心化金融」(DeFi)，將持續地影響數位媒體與娛樂、零售與電商領域，造成一種新電商交易型態。基於區塊鏈的分佈式帳本技術，去中心化金融消除了對銀行等中介機構的需求，允許用戶之間直接進行金融交易。隨著加密貨幣、代幣化和非同質貨幣 NFT 的發展，將有愈來愈多新創服務發展以突破各種交易型態。

區塊鏈具備許多優勢亦成為金融機構積極嘗試與接受的技術。區塊鏈技術可用於：(1) 自動記錄數據；(2) 保護銀行免受欺詐者的侵害；(3) 保護用戶免受金融交易錯誤的影響；(4) 更低佣金、更快速地進行國際支付和轉賬。

事實上，我們從前述的韌性供應鏈、ESG 數位轉型、元宇宙以及數位行銷科技都可以看到區塊鏈的技術應用身影。如：Power Ledger 區塊鏈能源交易平台、Circulor 供應鏈透明平台、OURSONG NFT 數位資產交易平台、Toucan 碳權交易平台等，經營相關行業的資訊服務廠商必須要緊緊跟隨著區塊鏈的技術應用與發展。

3. ESG 作為價值衡量

ESG 受到矚目的原因，除了全世界政府對於氣候變遷控制的警覺外，將公司 ESG 治理作為公司投資價值的衡量亦是一項重點。所以，在金融交易、投資領域，ESG 或永續性議題將持續地發酵。事實上，最為積極進行 ESG 的治理或發展的是金融業，可以帶來許多新金融資產的發展。例如：芬蘭金融科技公司 Cooler Future 推出一款應用程序，敦促消費者、公司進行氣候友好型投資並跟蹤其表現；支付業者 Stripe 推出氣候行動支付，協助消費者每次付款時，撥付小額資金協助除碳計畫的投資，預期未來將有愈來愈多金融或非金融機構連結 ESG、碳排、永續等價值，進行支付、投資、交易等。

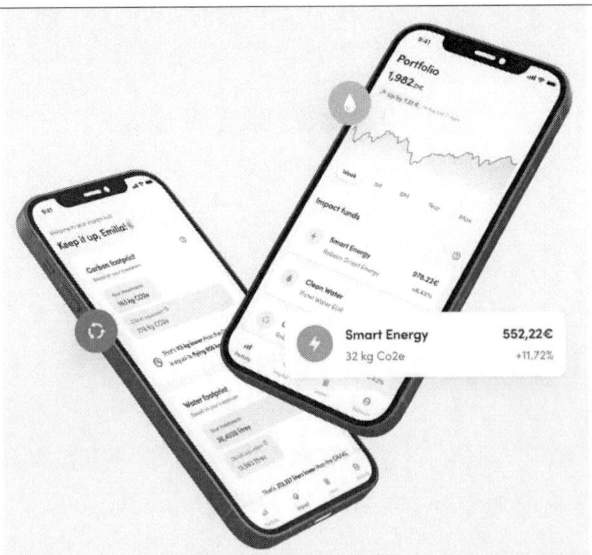

資料來源：Cooler Future，資策會 MIC 經濟部 ITIS 研究團隊整理，2022 年 8 月

圖 5-11 氣候友好投資服務

4. 關鍵技術

零售與電商交易主要重點在於進行交易、支付這個環節的應用，首先產生變革的是金融業、零售業、服務業才逐漸擴散至工業。以下幾項技術是深耕這些行業必須要留意與發展：

- **區塊鏈**：區塊鏈技術透過分散式交易資料儲存技術，將信任關係、交易紀錄還給參與交易網路的每個個體，有利於去中間化，創造新的信任與交易關係，包含虛擬貨幣、智慧合約、認證整合服務、非同質貨幣數位資產轉移等，區塊鏈技術帶來的去中心化交易將持續地受到矚目亦滲透到每個服務應用上。
- **人工智慧**：人工智慧持續地在各項交易上扮演重要但卻不容易發現的角色，例如：分析消費者信用卡交易記錄，適時提供消費者相關商家或餐廳的優惠訊息；快速配對支票以及收到付款，減少企業財務的對帳時間；利用 RPA 流程自動化機器人快速地進行貸款、交易審核程序等。

二、臺灣資服產業挑戰與策略

展望未來，受到疫情、美中貿易戰、ESG 議題等影響，帶來 ESG 數位轉型趨勢、韌性供應鏈、元宇宙、數位行銷科技、雲端運算、人工智慧技術持續發展、資安危脅的挑戰以及資服人才的缺乏等議題影響下，臺灣資服業者的機會將愈來愈多，但面臨的挑戰也不少。

總體來說，受到國際局勢與數位科技的影響，將使得資服產業原本所服務的產業的範疇正在模糊與重新建構。表 5-1 將從前段所闡述的三大領域的角度來分析機會、挑戰與建議策略。資服產業可以擴大思考原本服務產業領域別，思考領域下相關行業的合作可能性，發展相關解決方案並與其他生態系夥伴共同合作。以下從三大領域說明臺灣資服產業的機會、挑戰與策略：

（一）數位媒體與娛樂領域

數位媒體與娛樂領域的核心產業為線上音樂、遊戲、媒體、教育、體育運動、文化藝術等，受到元宇宙、數位行銷科技影響最深。其中，沉浸式社群體驗、創造新的虛擬空間、商品化數位資產、建構創造者經濟是主要的機會。在這個領域，主要是以數位內容為核心，創造各種數位產權、發展各項教育娛樂活動。對於資服業者來說，主要的挑戰是對於數位內容的掌握及如何利用 3D、VR/AR 乃至於結合音樂等科技展現令人沉浸體驗等。此外，數位媒體與娛樂領域也牽涉到數位內容製作商、電信服務／寬頻服務通路以及轉播、博物館等不同生態系。資訊服務業者可以積極拓展延伸這一塊的商機，可以與這些生態系合作，例如：進軍線上教育市場，如何與既有的出版商合作；進軍線上體育賽事市場，如何將體育賽事數位化等；進軍線上藝術市場，如何將藝術資產數位化等。由於這個領域是數位化的先鋒，許多新創業者亦積極地在這個領域發展。事實上，這個領域也最需要創意的概念以創造新的商機。因此，建議資訊服務業者可以積極地與新創服務業者合作或者透過創新競賽舉辦吸引新服務與商業模式構想。此外，區塊鏈、NFT 等技術是引爆數位內容資產化的技術，資服業者必須積極地掌握這項技術。

（二）機器人與自動化領域

機器人與自動化領域的核心產業為自動車、機械設備業、交通業、製造業、醫療業等，受到韌性供應鏈、ESG 數位轉型科技影響最深。其中，設備即時感知、設備模擬設計、設備智慧化控制、人機智慧協作、設備使用服務化是主要的機會。相較於數位媒體與娛樂領域的首重視數位內容，機器人與自動化領域是以實體設備或資產為中心，進行數位化與數位控制。對於資服業者來說，主要的挑戰是對於設備自動化或感測知識的掌握以及數位控制的安全等。所幸，機械設備製造是臺灣產業的強項，包含工具機、工業電腦等，以及相關行業著墨較久的設備工程整合與實施商，資服業者要積極與相關業者進行合作，以深入了解設備自動化領域。

事實上，資服業者過去已具有軟體與硬體整合的經驗，然而要更進一步牽涉到設備自動化、機器人等，需要更深入的知識以及整合經驗。資服業者亦可以透過交通業、製造業、醫療業等客戶的實際設備自動化應用場域為出發點，藉由專案深入理解設備特性，例如：設備預測維修、駕駛監控系統等。當然，對於資服業者對於設備自動化特性不會比機械設備業者來得熟悉，資服業者應該掌握對於領域流程熟悉、跨設備整合、對數位化技術(如：人工智慧、VR/AR)熟悉以及掌握人、作業流程、設備等人機協作知識來與其他業者進行合作。

此外，資服業者應對於領域多種異質數據的轉換具備理解乃至於遵從國際標準等，以主導設備數據化蒐集與整合。此外，ESG 對於機器人與自動化領域相關行業影響重大，資服業者應該積極地布局此塊領域的知識與經驗，並與相關管理顧問公司、產業界合作，發展新解決方案。

（三）零售與電商交易領域

零售與電商交易領域的核心產業為實體零售業、金融業、電子商務業、餐飲業、旅遊業等，受到元宇宙、MarTech 數位行銷科技等影響最深。其中，嵌入式金融、去中心化交易、ESG 作為價值衡量是主要的機會。這個領域主要重視是「交易」，亦即是搓合消費者與生產者以進行價值交換。對於資服業者而言，這個領域主要是扮演仲介商、平台角色，串聯生態系以協助產銷雙方進行合作。

資服業者主要挑戰來自於較大型電商業、金融業等已經跨足扮演平台的角色，並衍生出相關資訊服務成為競爭對手之一。例如：電商業發展相關進銷存服務或自建電商平台，協助中小型業者進行電商業；金融業建立開放 API 平台以串聯各個行業等。對於資服業者而言，除了可以持續扮演協助電商、金融業者雲端服務建立、資料庫支援、資訊安全、數位行銷科技、新技術引進等基礎建設服務角色；另一方面則可以思考串聯資訊化程度較差的中小型商家進行領域平台的建立，如：小農平台、旅遊平台、雲端廚房平台等，成為平台服務的建立者。

此外，平台或分享經濟等商業模式創新亦是新創服務蓬勃發展之處，資服業者可以嘗試培養新創業者或積極與新創業者進行合作。此外，交易領域的新興技術是區塊鏈、NFT 等領域，資服業者應積極探索並與相關業者試驗合作。

最後，ESG 數位轉型議題引發的碳權交易、能源交易等，建議資服業者思考發展可行方案或新創服務平台。當然，MarTech 數位行銷科技本身即是促進消費者進行產品購買、交易的重要科技，欲布局零售與電商交易領域的資服業者要積極掌握相關科技趨勢，並與現有的數位行銷科技整合、數據匯集與分析，滿足欲透過網路進行行銷、銷售的企業需求。

表 5-1　2022 臺灣資服產業挑戰與策略

領域	數位媒體與娛樂領域	機器人與自動化領域	零售與電商交易領域
相關行業	線上音樂、線上遊戲、媒體、線上教育、體育運動、文化藝術	自動車、機械設備業、交通業、製造業、醫療業	實體零售業、金融業、電子商務業、餐飲業、旅遊業
機會	● 沉浸式社群體驗、創造新的虛擬空間、商品化數位資產、建構創造者經濟 ● VR/AR、5G、區塊鏈	● 設備即時感知、設備模擬設計、設備智慧化控制、人機智慧協作、設備使用服務化 ● 感測技術、數位孿生、3D 列印技術、機器人	● 嵌入式金融、去中心化交易、ESG 作為價值衡量 ● 區塊鏈技術、人工智慧
資服挑戰	數位內容產權、3D 藝術展現、掌握區塊鏈／NFT 技術、新興商業模式發展等	設備自動化或感測器知識、實體資產數位化、數位控制安全問題等	扮演中間商平台、電商業或金融業資訊服務化
建議策略	● 與數位內容商、電信服務業者進行合作 ● 與新創業者合作或競賽徵求新創概念 ● 嘗試 VR/AR、區塊鏈等技術	● 與機械設備業、汽車業、工業電腦等業者進行合作 ● 培養流程導向、人機協作專長 ● 熟悉設備數位化標準 ● 發展 ESG 議題方案	● 整合眾多商業平台、串聯特定中小型業者與消費平台、結合新創業者、區塊鏈／NFT 技術試驗與應用服務合作 ● 發展 ESG 議題方案 ● 積極參與數位行銷科技發展

資料來源：資策會 MIC 經濟部 ITIS 研究團隊整理，2022 年 08 月

附錄

一、中英文專有名詞對照表

英文縮寫	英文全名	中文名稱
ADLM	APPlication Development Life Cycle Management	程式開發週期管理
AI	Artificial Intelligence	人工智慧
AO	APPlication Outsourcing	應用軟體委外
API	APPlication Programing Interface	應用程式介面
APS	Advanced Planning ＆ Scheduling System	先進規劃排程
APT	Advanced Persistent Threat	進階持續性威脅
ATM	Automatic Teller Machine	自動存提款機
AR	Augmented Reality	擴增實境
BI	Business Intelligence	商業情報系統／商業智慧
BPM	Business Process Management	商業流程管理
BPO	Business Process Outsourcing	企業流程委外
BYOD	Bring Your Own Device	自攜裝置
CDN	Content Delivey Network	內容遞送服務
CRM	Customer Relationship Management	顧客關係管理
CT	Communication Technology	通訊科技
DDoS Attack	Distributed Denial of Service Attack	分散式阻斷服務攻擊
DLP	Data Loss Prevention	資料外洩防護
EDR	Endpoint Detection and Response	端點偵測與回應
ERP	Enterprise Resource Planning	企業資源規劃
HPA	High Performance Analytics	高效能運算分析

英文縮寫	英文全名	中文名稱
IaaS	Infrastructure-as-a-Service	基礎服務
ICS	Industrial Control Systems	工業控制系統
IDS	Intrusion Detection System	入侵偵測系統
IO	Infrastructure Outsourcing	基礎建設委外
IoT	Internet of Things	物聯網
IPS	Intrusion Prevention System	入侵預防系統
IT	Information Technology	資訊科技
ITO	IT Outsourcing	資訊科技委外
MDM	Mobile Device Management	行動裝置管理
MES	Manufacturing Execution System	製造執行系統
MOM	Message-Oriented Middleware	訊息導向中介服務
NTA	Network Traffic Analysis	網路流量分析
NFC	Near Field Communication	近距離無線通訊
NGFW	Next-Generation Firewall	世代防火牆
NRI	Networked Readiness Index	網路整備度
O2O	Offline-to-Online	線上線下虛實整合
OLAP	Online Analytical Processing	線上分析處理
OT	Operational Technology	營運科技
PaaS	Platform-as-a-Service	平台即服務
PLM	Product Lifecycle Management	產品生命週期管理
POS	Point of Sales	終端銷售系統
RDBMS	Relational DataBase Management System	關聯式資料庫
SaaS	Software-as-a-Service	軟體即服務
SCM	Supply Chain Management	供應鏈管理

英文縮寫	英文全名	中文名稱
SCP	Supply Chain Planning	供應鏈規劃系統
SDN	Software-Defined Network	軟體定義儲存
SDS	Software-Defined Storage	軟體定義儲存
SFA	Sales Force Automation	銷售人員自動化
SOAR	Security Orchestration/Automation/Response	資安協調、自動化與回應
SOC	Security Operation Center	資安監控／維護／營運中心
TMS	Transporation Management System	運輸管理系統
UAP	Unified Analytics Platform	統一分析平台
UEBA	User and Entity Behavior Analytics	使用者與實體設備行為分析
UTM	Unified Threat Management	整合式威脅管理
VA	Vulnerability Assessment	弱點掃描
VAR	Value Added Reseller	加值經銷商
VPN	Virtual Private Network	虛擬私人網路
VR	Virtual Reality	虛擬實境
WAF	Web Application Firewall	網路應用防火牆
WMS	Warehouse Management System	倉儲管理系統

二、近年資訊軟體暨服務產業重要政策與計畫觀測

（一）歐洲

1. 歐盟

數位歐洲計畫（Digital Europe Programme）

項目	內容
願景或目標	希望加速歐洲企業部門及政府部門廣泛運用數位科技，推動社會和經濟轉型，進而為歐洲公民及產業帶來更大的效益
主要內容	• 高效能運算：著重於架設及提升歐洲超級電腦運算和數據處理能力，尤其是在醫療保健、再生能源、運輸安全和網路安全等領域的應用研發（經費將投入 27 億歐元） • 人工智慧：目標是推廣人工智慧在經濟與社會層面之應用，並且因應可能面臨的挑戰。同時考量人工智慧可能帶來的社會經濟變化，必須確保有相對應的道德和法律框架（經費將投入 25 億歐元） • 網路安全與信任：加強網路防禦和推動資訊安全產業發展，投資最先進的資安設備和基礎設施等，以保護歐洲的數位經濟、社會和民主發展（經費將投入 20 億歐元） • 數位技能：擴大長期和短期的培訓課程及在職培訓，確保勞動力能透過培訓養成當前和未來數位轉型所需之先進數位技能，提高就業能力（經費將投入 7 億歐元） • 確保在經濟與社會中廣泛使用數位科技：成立數位創新中心提供一站式（One-Stop Shops）的服務，促進歐洲境內所有行政機關、公共服務機構、企業，尤其是中小企業等的數位轉型，提供專業知識和試驗設備，以及數位轉型的解決方案（經費將投入 13 億歐元）

資料來源：歐盟執委會，資策會 MIC 經濟部 ITIS 研究團隊整理，2022 年 8 月

歐盟數位服務法／數位市場法（Digital Services Act / Digital Markets Act）

項目	內容
願景或目標	創建一個更安全的空間，保護數位服務用戶的基本權利。在歐洲單一市場和全球範圍內建立一個公平的競爭環境，以促進創新，增長和競爭力
主要內容	• 打擊線上非法商品、服務或資訊內容 • 為用戶提供有效的保障，包括平台內容審核決策的可能性 • 提升線上平台的問題透明度 • 大型平台有義務採取風險措施，並對其風險管理系統進行獨立審核，以防止濫用其系統 • 研究人員可以訪問大平台的關鍵數據，從而了解風險的演變方式 • Gatekeeper 平台必須在某些特定情況下允許第三方與自身的服務相互操作，允許其業務用戶訪問使用平台時生成的數據 • 使廣告商和發布者能夠對託管的廣告進行自己的獨立驗證 • 允許其業務用戶推廣其服務並與 Gatekeeper 平台之外的客戶簽訂契約 • 如不遵守，罰款額高達公司全球年營業額的 10%

資料來源：歐盟執委會，資策會 MIC 經濟部 ITIS 研究團隊整理，2022 年 8 月

歐盟電子化政府行動方案 2016-2020
（European eGovernment Action Plan 2016-2020）

項目	內容
願景或目標	電子化政府不僅只是導入科技，並使行政部門從市民與企業的角度來設計，且適時適地提供所需的公共服務，使達到公共行政服務現代化、開發數位內需市場、與市民及企業有更多互動，以提供高品質服務
主要內容	• 利用一些關鍵數位技術（例如連接歐洲基金中的數位服務基礎建設：電子身分證、電子簽名、電子文件交換等）來使公共行政服務現代化 • 透過跨境互通性（Cross-border interoperability）讓市民與企業可以更方便出入不同國家 • 促進公共行政部門與民間單位和民眾之間的數位互動 • 目前已有 20 項行動將立即啟動，而後續將會透過一個線上的利益相關者參與平台 eGovernment4EU，讓市民、企業及公共行政部門一同創造並提出新的方案

資料來源：歐盟執委會，資策會 MIC 經濟部 ITIS 研究團隊整理，2022 年 8 月

人工智慧規則（AI regulation）草案

項目	內容
願景或目標	2021 年 4 月 21 日提出，成為第一個結合人工智慧法律架構及「歐盟人工智慧協調計畫」（Coordinated Plan on AI）的法律規範。規範主要係延續其 2020 年提出的「人工智慧白皮書」（White Paper on Artificial Intelligence）及「歐盟資料策略」（European Data Strategy），達到為避免人工智慧科技對人民基本權產生侵害，而提出此保護規範
主要內容	• 「人工智慧規則」依原白皮書中所設的風險程度判斷法（risk-based approach）為標準，將科技運用依風險程度區分為：不可被接受風險（Unacceptable risk）、高風險（High-risk）、有限風險（Limited risk）及最小風險（Minimal risk） • 「不可被接受的風險」中全面禁止科技運用在任何違反歐盟價值及基本人權，或對歐盟人民有造成明顯隱私風險侵害上 • 在「高風險」運用上，除了作為安全設備的系統及附件中所提出型態外，另將所有的「遠端生物辨識系統」（remote biometric identification systems）列入其中 • 「有限風險」則是指部分人工智慧應有透明度之義務，例如當用戶在與該人工智慧系統交流時，需要告知並使用戶意識到其正與人工智慧系統交流 • 「最小風險」應為大部分人工智慧所屬，因對公民造成很小或零風險，各草案並未規範此類人工智慧 • 加強歐洲在以人為本，可持續、安全、包容和可信賴的 AI 方面的領先地位。為了保持全球競爭力，委員會致力於在所有成員國的所有行業中促進 AI 技術開發和使用方面的創新 • AI 法規將解決 AI 系統的安全風險，但新的機械法規（The Machinery Directive）將確保 AI 系統安全地整合到整個機械中

資料來源：歐盟執委會，資策會 MIC 經濟部 ITIS 研究團隊整理，2022 年 8 月

歐盟雲端政策（Cloud for Europe）

項目	內容
願景或目標	建立歐盟雲端運算信任度，定義公部門對雲端運算的需求和案例，以促進公部門對雲端服務的採用
主要內容	• 補助經費達 980 萬歐元，來自 12 個國家共同參與，將以公部門與業界協同合作的方式來支援公部門雲端運算服務導入 • 確保雲端運算用戶之間實現服務的互通性以及數據的可移植性 • 為提高雲端運算的可信度，支持在歐盟範圍內發展雲端運算服務供應商的認證計畫 • 開發包括保證服務質量的雲端運算服務含同在內的安全且公正的條款

資料來源：Homeland Security，資策會 MIC 經濟部 ITIS 研究團隊整理，2022 年 8 月

歐盟 PSD 2（Second Payment Services Directive）

項目	內容
願景或目標	允許第三方服務供應商（TPSP）直接存取消費者銀行的交易帳戶資料庫，更全面掌握消費者行為，提供更有效率、便宜的電子支付方案
主要內容	• 第三方服務供應商（TPSP）可做為支付供應商（PISP）或帳戶訊息提供商（AISP） • 帳戶訊息提供商（AISP）：藉由取得客戶銀行資料分析用戶支出與行為 • 支付供應商（PISP）：將消費者各銀行帳戶連結，進行快速有效付款 • 過往銀行可以拒絕 TPSP 的訪問請求。在 2015 年後，第三方服務供應商（TPSP）與銀行的互動受到監管，例如須拿到業務牌照、建立新型架構、異常事件報告、風管與內控 • 而銀行必須調整原先對客戶的資料封閉心態，因銀行將失去與客戶直接互動的優勢，須重新定其營運模型 • 從 2020 年 12 月 31 日起，PSD2 要求使用嚴格的用戶認證機制（SCA），並且所有歐洲電子商務交易都需要 SCA

資料來源：歐盟執委會，資策會 MIC 經濟部 ITIS 研究團隊整理，2022 年 8 月

歐盟 2020 年數據戰略（AEuropeanStrategyfordata）

項目	內容
願景或目標	歐盟可以成為一個由數據驅動的、在企業和公共部門做出更好決策的社會領導榜樣，實現真正的單一數據市場的願景
主要內容	• 歐洲共同規則和有效的執行機制應確保數據可以在歐盟內部和跨部門流動 • 充分尊重歐洲的規則和價值觀，特別是個人數據保護、消費者保護立法和競爭法 • 數據訪問和使用的規則是公平、可行和明確的，並且有清晰、可信的數據治理機制 • 在歐洲價值觀的基礎上，對國際數據流動有一種開放而自信的態度 • 增強個人能力，投資技能和中小企業 • 投資歐洲數據空間高影響力項目，其中包括數據共享體系架構和治理機制，以及歐洲節能和可信雲基礎架構聯盟和相關服務，旨在促進 40 到 60 億歐元的聯合投資 • 2020 年第三季度與成員國簽署關於雲聯盟的諒解備忘錄 • 2022 年第四季度啟動歐洲雲服務市場，整合全部雲服務供應 • 2022 年第二季度創建歐盟（自）約束雲規則手冊 • 加強成員國和歐盟一級的必要結構，以促進在部門或特定領域層面以及從跨部門角度將數據用於實現創新的商業構想

資料來源：歐盟執委會，資策會 MIC 經濟部 ITIS 研究團隊整理，2022 年 8 月

歐盟數據治理法（Data Governance Act）

項目	內容
願景或目標	DGA 是 2020 年歐洲數據戰略中宣布一系列措施中的第一個，為了促進整個歐盟內部以及部門之間的數據共享，該法規草案旨在加強機制，以提高數據可用性並增強對中介機構的信任
主要內容	• 設置引入條件，在這些條件下，公共部門機構可以允許重用其持有的某些數據，特別是基於商業機密、統計機密性、第三方智慧財產權保護或個人保護而受到保護的數據 • 服務提供商應在數據持有人和該數據用戶之間交換的數據方面保持中立 • 建立「公認的數據利他主義組織的登記冊」，以增加對註冊組織的運作的信任 • 建立一個正式的專家組，即「歐洲數據創新委員會」。該委員會將由成員國當局，歐洲數據保護委員會，委員會和其他各種代表組成

資料來源：歐盟執委會，資策會 MIC 經濟部 ITIS 研究團隊整理，2022 年 8 月

歐盟 GDPR（General Data Protection Regulation）

項目	內容
願景或目標	協調整個歐洲的數據隱私、保護並授權所有歐盟公民的數據處理與數據自由
主要內容	• 企業必須聘任「資料保護官」(DPO) • 數據控制者（Data Controller）對於數據主體（Data Subject）數據收集、使用需透明 • 知情與訪問數據的權力（Information and access to personal data）：數據主體有權得知數據處理目的、要求接收自身數據 • 請求更正與刪除的權利（The right to rectification and erasure）：數據主體有權要求刪除數據、攜帶與移轉數據 • 不受自動化決策約束（Automated individual decision-making）：數據主體有權不受人工智慧與大數據分析下自動化決定的約束 • 限制處理的權利（The right to Restriction）：要求數據控制者停止處理個人數據 • 「被遺忘權」：資料的當事人可以要求包括資料控制者以及資料處理者，必須協助抹除當事人個人資料、停止使用當事人個資 • 反對被自動化剖析（Profiling）權利：GDPR 賦予資料當事人有權了解某一項特定服務，是如何利用大數據分析、機器學習、人工智慧等技術，進行資料分析和研判的服務，當然也有權反對被如此剖析

資料來源：歐盟執委會、歐洲數據保護委員會（EDPB），資策會 MIC 經濟部 ITIS 研究團隊整理，2022 年 8 月

向第三國傳輸個人資料標準契約條款
（New Standard Contractual Clause for the transfer of personal data to third countries）

項目	內容
願景或目標	新 SCC 發布於 2021 年 6 月 27 日，旨在滿足歐盟法院（the Court of Justice of the European Union, CJEU）以 2020 年 7 月 Schrems II 判決所訂定之資訊保護需達「足夠充分（substantially sufficient）」的標準
主要內容	● 規範模組一：從資料控制者（Data Controller）到資料控制者的資訊傳輸（Transfer from controller to controller, C2C） ● 規範模組二：從資料控制者到資料處理者（Data Processor）的資料傳輸（Transfer from controller to processor, C2P） ● 規範模組三：從資料處理者到資料處理者的資料傳輸（Transfer from processor to processor, P2P） ● 規範模組四：從資料處理者到資料控制者的資料傳輸（Transfer from processor to controller, P2C）

資料來源：歐盟執委會，資策會 MIC 經濟部 ITIS 研究團隊整理，2022 年 8 月

資料治理法（Data Goverence Act）

項目	內容
願景或目標	2022 年 5 月 4 日正式通過，預計於 2023 年 8 月正式生效。DGA 是歐盟 2020 年 2 月發布歐盟資料戰略（European Data Strategy）後的第一個立法，歐盟希望透過本法建立一套能提升資料可利用性和促進公私部門間資料共享的機制，以創造歐盟數位經濟的更高價值
主要內容	● 針對資料中介服務（data intermediation）、資料利他主義（data altruism）、歐盟資料創新委員會（European Data Innovation Board）等機制建立的規定 ● 針對公部門所持有之特定類別資料的再利用（reuse）進行規定，當公部門持有的資料涉及第三方受特定法律保護的權利時，公部門只要符合特定條件可將此類資料提供外界申請利用 ● 若為提供符合歐盟整體利益的服務且具有正當理由和必要性的例外情況下，得授予申請對象專有權（exclusive rights），但授權期間不得超過 12 個月 ● 歐盟應以相關技術確保所提供資料之隱私和機密性

資料來源：歐盟執委會，資策會 MIC 經濟部 ITIS 研究團隊整理，2022 年 8 月

跨大西洋資料保護框架（Trans-Atlantic Data Privacy Framework）

項目	內容
願景或目標	促進美國與歐洲之間的資料流通，並解決歐盟法院在 2020 年宣布隱私盾協議（EU-U.S. Privacy Shield framework）無效時所提出的疑慮與問題
主要內容	美國在下列三個方面做出了「重大承諾」： ● 加強控管美國的情報活動，以確保所追求國家安全目的適法，且所採取的手段係在必要範圍內，而未過度侵犯公民的隱私與自由 ● 建立具有約束力且獨立的多層次救濟機制，其中包含一個由非政府人員所組成的「個人資料保護審查法院」，並賦予該組織完全的審判權 ● 針對情報活動強化分層且嚴格的行政監督機制，以確保其合乎隱私與自由的新標準

資料來源：歐盟執委會，資策會 MIC 經濟部 ITIS 研究團隊整理，2022 年 8 月

數位金融包裹法案（Digital Finance Package）

項目	內容
願景或目標	鼓勵金融產業之創新，同時使其遵循應有之責任，並讓歐盟金融消費者與商業機構享有更多之利益，歐盟執委會於 2020 年 10 月 24 日提出數位金融包裹法案（Digital Finance Package）
主要內容	● 為促進金融創新並同時保有金融穩定性與保護投資人，歐盟執委會提出加密資產管制框架立法提案（Proposal for Markets in Crypto-assets），並將加密資產分為已受監管與未受監管兩類，前者將持續依據既有規範進行管理。而針對尚未管制之加密資產，該提案針對加密資產發行人與加密資產服務供應商建立嚴格限制，要求取得核准後始可提供服務 ● 歐盟執委會於包裹法案內亦提出歐盟數位營運韌性管制框架立法提案（Proposal for Digital Operational Resilience），以確保相關企業可應對所有與通訊技術有關之干擾與威脅，另外，銀行、證券交易所、票據交換所以及金融科技公司將需遵循嚴格之標準以預防並降低 ICT 資安事件所產生之衝擊，另外亦將針對金融機構雲端運算服務供應商進行監管

資料來源：歐盟執委會，資策會 MIC 經濟部 ITIS 研究團隊整理，2022 年 8 月

歐盟數位十年網路安全戰略
(The EU's Cybersecurity Strategy for the Digital Decade)

項目	內容
願景或目標	2020 年 12 月 16 日，歐盟委員會和外交與安全政策聯盟高級代表提出了新的歐盟網路安全戰略。目的是增強歐洲抵抗網路威脅的集體應變能力，並確保所有公民和企業都能從可信賴和可靠的服務及數位工具中充分受益
主要內容	• 確保在有安全隱患和歐洲人民基本權利的地方，建立有力的保障措施，以確保全球開放的網路 • 為重要服務和關鍵基礎設施的世界級解決方案和網路安全標準制定規範，並推動新技術的開發和應用 • 韌性、技術主權和領導(Resilience, Technological Sovereignty and Leadership)：根據網路與資訊系統安全指令(Directive on Security of Network and Information Systems, NIS Directive)修訂更嚴格的監管措施，改善網路和資訊系統的安全。並建立由 AI 推動的資安監控中心(AI-enabled Security Operation Centres)，及時避免網路攻擊 • 建立防禦、嚇阻和應變能力(Building Operational Capacity to Prevent, Deter and Respond)：逐步建立歐盟聯合網路安全部門，加強歐盟各成員國之間的合作，以提高面對跨境網路攻擊時的應變能力 • 透過加強合作促進全球開放網路空間(Advancing a Global and Open Cyberspace)：希望與聯合國等國際組織合作，透過外部力量共同建立全球網路安全政策，以維護全球網路空間的穩定及安全

資料來源：歐盟執委會，資策會 MIC 經濟部 ITIS 研究團隊整理，2022 年 8 月

歐盟網路安全法（The EU Cybersecurity Act）

項目	內容
願景或目標	• 進行《歐盟網路安全法》修訂，強化歐盟網路安全機構（ENISA） • 提供發展全歐洲資通訊（ICT）服務、產品和流程一個網路安全認證計畫架構 • 第 526/2013 號（EU）法規應予廢除
主要內容	• 依據「非個人資料自由流通規則（Free Flow of Non-personal Data Regulation）」的目標，值得信任且安全的雲端基礎設施和服務，是實現歐洲資料可移動性的基本要求 • 確保企業、公共管理部門和公民的資料，無論在歐洲何處處理或儲存，都同樣安全 • ENISA 將開發針對雲端基礎設施和服務的網路安全認證計畫，並提案供 EC 採用 • 確保 ICT 產品、ICT 服務或 ICT 流程滿足網路安全認證計畫的安全要求基礎 • 網路安全威脅是一個全球性問題，需要進行更緊密的國際合作以改善網路安全標準，包括定義共同的行為規範、國際標準以及資訊共享

資料來源：歐盟執委會，資策會 MIC 經濟部 ITIS 研究團隊整理，2022 年 8 月

IPv6 最佳實踐、優勢、過渡挑戰及未來展望白皮書
（IPv6 Best Practices, Benefits, Transition Challenges and the Way Forward）

項目	內容
願景或目標	講述 IPv6 最佳實踐、用例、優勢和部署挑戰中汲取的經驗教訓，探討純 IPv6 部署的實踐案例並全面闡述 4G/5G、IoT 和雲時代對網路的新需求
主要內容	• 各界應於未來逐漸採用 IPv6（Internet Protocal Version 6），以因應 IPv4 位址耗盡之問題 • 得益於重定端到端模式（End-to-End Model），產業界採用 IPv6 將可大規模布建物聯網、4G/5G、物聯網雲端運算（IoT Cloud Computing）等

資料來源：ETSI，資策會 MIC 經濟部 ITIS 研究團隊整理，2022 年 8 月

非 IP 相關網路連接產業規範小組

項目	內容
願景或目標	非 IP 相關網路連接產業規範小組，即 ISG NIN（Industry Specification Group Addressing Non-IP Networking）解決非 IP 網路 5G 新服務相關問題，並定義技術標準，透過設計確保安全性，並提供直播媒體較低延遲的服務
主要內容	• 2022 年 8 月 7 日，ETSI 改革 ISG NGP 成立新小組 ISG NIN，以提供新 5G 應用之最適服務，並以較低投資成本（CapEx）與維運成本（OpEx）有效管理組織 • ISG NIN 將成果應用於專用行動網路、核心網路之公共系統以及端對端 • ISG NIN 與產業組織之合作成果，將提供行動通訊業者一套尖端協定以增加業者的服務組合 • 專注於可替代 TCP/IP 的候選網路協議技術，這些協議可以持續到 2030 年以後

資料來源：ETSI，資策會 MIC 經濟部 ITIS 研究團隊整理，2022 年 8 月

物聯網安全準則－安全的物聯網供應鏈
（Guidelines for Securing the IoT - Secure Supply Chain for IoT）

項目	內容
願景或目標	解決 IoT 供應鏈安全性的相關資安挑戰，幫助 IoT 設備供應鏈中的所有利害關係人，在構建或評估 IoT 技術時作出更好的安全決策
主要內容	• 分析 IoT 供應鏈各個不同階段的重要資安議題，包括概念構想階段、開發階段、生產製造階段、使用階段及退場階段等 • 構想階段對於建立基本安全基礎非常重要，應兼顧實體安全和網路安全 • 開發階段包含軟體和硬體 • 生產階段涉及複雜的上下游供應鏈 • 使用階段，開發人員應與使用者緊密合作，持續監督 IoT 設備使用安全 • 退場階段則需要安全地處理 IoT 設備所蒐集的資料，以及考慮電子設備回收可能造成大量污染的問題

資料來源：歐盟資通安全局，資策會 MIC 經濟部 ITIS 研究團隊整理，2022 年 8 月

地平線 2020（Horizon 2020）

項目	內容
願景或目標	● Horizon 2020 側重於卓越的科學發展，提升產業領導地位和因應社會挑戰，並透過研究與創新結合，從而實現這一目標 ● 確保歐洲發展世界一流的科學技術，消除創新上的困境，並使公營和私營部門能更輕鬆地共同合作 ● 主要目的為確保歐洲的全球競爭力
主要內容	● 此計畫投入近 4,100 萬歐元，致力促進歐洲網路安全與隱私系統的創新，將支持 9 個網路安全及隱私解決方案的創新計畫 ● 開發 2020 年及以後的歐洲研究基礎設施，確保 ESFRI 和其他世界級研究基礎設施的實施和運作，包括發展區域合作夥伴的設施 ● 整合和使用國家研究基礎設施，以及電子基礎設施的開發、部署和運營 ● 培養研究基礎設施及其人力資本的創新潛力 ● 加強歐洲研究基礎設施政策和國際合作 ● 提升奈米技術、生物科技、機器人領域、網路、內容技術及資訊管理等的發展 ● 為科學技術突破、相關企業成長和因應社會挑戰三大方面，擬定計畫與獎勵政策，促進共同發展

資料來源：歐盟執委會，資策會 MIC 經濟部 ITIS 研究團隊整理，2022 年 8 月

歐洲晶片法（European Chips Act）

項目	內容
願景或目標	增強歐洲在半導體技術和應用方面的競爭力和彈性，並幫助實現數字化和綠色轉型
主要內容	• 加強歐洲在更小更快晶片方面的研究和技術領先地位 • 制定框架，到 2030 年將產能提高到全球市場的 20% • 建立和加強先進晶片設計、製造和封裝方面的創新能力 • 深入了解全球半導體供應鏈，與志同道合的國家建立半導體國際合作夥伴關係 • 培養微電子技術、人才和創新，解決技能短缺問題，吸引新人才並支持熟練勞動力的出現 • 投資下一代技術，為歐洲各地的尖端晶片的原型設計、測試和實驗提供設計工具和試驗線 • 節能和可信晶片的認證程序，保證關鍵應用的質量和安全性 • 在歐洲建立製造設施的對投資者更友好的框架 • 支持創新型初創企業、擴大規模和中小企業獲得股權融資 • 預測和應對半導體短缺和危機以確保供應安全的工具

資料來源：歐盟執委會，資策會 MIC 經濟部 ITIS 研究團隊整理，2022 年 8 月

目標地球倡議（the Destination Earth initiative）

項目	內容
願景或目標	作為實踐歐洲「綠色協議」(European Green Deal)、「數位化戰略」(EU's Digital Strategy)此兩項計畫的一部分，旨在全球範圍內開發一個高度精確的地球數位模型，透過整合、存取具價值性的資料與人工智慧進行資料分析等技術，以監測、建模和預測環境變化、自然災害和人類社會經濟之影響，以及後續可能的因應和緩解策略
主要內容	• 逐步發展 DestinE 系統，稱為數位分身（Digital Twins） • 根據豐富的觀測資料集，對地球系統進行準確、動態的模擬 • 提高、加強預測能力並發揮最大化影響 • 支持歐盟相關政策的制定和實施，或預測環境災難、衍生的的社會經濟危機，以挽救生命並避免大規模經濟衰退

資料來源：歐盟執委會，資策會 MIC 經濟部 ITIS 研究團隊整理，2022 年 8 月

歐盟太空交通管理方法（An EU Approach for Space Traffic Management）

項目	內容
願景或目標	維護歐盟戰略自主性與產業競爭力的同時，提升太空使用之整體安全性（safety and security）與永續性
主要內容	• 歐盟必須明確認識 STM 所涉各利害關係人之需求與潛在影響，並需整合各領域之利害關係人，使其無論在認知或行動上皆能保持一致 • 為應對 STM 相關之挑戰，歐盟須提高其 SST 能力，透過加速對自動避碰服務（automatic collision-avoidance services）、人工智慧與量子技術的研發與使用，進一步提升歐盟的戰略自主性 • STM 之監管框架可分為三個面向，分別為在歐盟層級制定不具拘束力之標準與指引、具有拘束力之法規，以及藉由積極的獎勵措施，鼓勵歐盟之經營者遵守標準與指引 • STM 不僅是歐盟領域內之事務，更與全球各國息息相關。為此，聯合通告積極推動歐盟與其全球合作夥伴的雙邊、多邊合作，透過參與聯合國、確定或幫助建立處理 STM 相關議題之特定機關，以在全球層面執行具體的 STM 解決方案

資料來源：歐盟執委會，資策會 MIC 經濟部 ITIS 研究團隊整理，2022 年 8 月

2. 英國

全球人工智慧合作組織創始成員的聯合聲明
(Joint Statement from founding members of the Global Partnership on Artificial Intelligence)

項目	內容
願景或目標	• GPAI 是一項多方利益相關者的國際性倡議，旨在基於人權、包容性、多樣性、創新和經濟增長來指導負責任的 AI 開發及使用 • 透過支持 AI 相關優先事項的前沿研究和應用活動，尋求在 AI 理論與實踐之間架起橋樑
主要內容	• 澳大利亞、加拿大、法國、德國、印度、義大利、日本、墨西哥、紐西蘭、南韓、新加坡、斯洛文尼亞、英國、美國和歐盟共同加入，建立全球人工智慧合作夥伴關係(GPAI 或 Gee-Pay) • GPAI 將與合作夥伴及國際組織合作，召集來自企業、社會、政府和學術界的領先專家，就四個工作組主題進行合作：(1)負責任的人工智慧(2)數據治理(3)工作的未來(4)創新與商業化 • 至關重要的是，短期內 GPAI 的專家將研究如何利用 AI 更好地因應 COVID-19 並從中恢復

資料來源：英國政府法規，資策會 MIC 經濟部 ITIS 研究團隊整理，2022 年 8 月

英國 GDPR(UK-GDPR)

項目	內容
願景或目標	英國脫歐的過渡期後，將不再受歐盟 GDPR 的監管，取而代之的是英國自己的 UK-GDPR，自 2022 年 8 月 31 日生效
主要內容	• UK-GDPR 擴展的領域包括：國家安全、情報服務、出入境(移民)。它規定了某些例外情況，例如在國家安全或移民事務中，可以繞過個人數據的常規保護 • 當今英國領先的數據保護機構資訊專員將成為 UK-GDPR 的監管者和執行者 • 英國資訊專員辦公室(ICO)接管了與 UK-GDPR 法規和實施有關的所有事務 • 由於 UK-GDPR 的規範範圍，世界上任何蒐集或處理英國內部個人數據的網站或公司都必須遵守 UK-GDPR • 在英國提供服務的歐盟公司需要任命一名代表，這與歐洲 GPDR 的情況相反

資料來源：英國政府法規，資策會 MIC 經濟部 ITIS 研究團隊整理，2022 年 8 月

國家資料戰略（National Data Strategy）

項目	內容
願景或目標	活用相關知識與經驗，透過資料的開放、流通與運用，讓英國經濟自COVID-19 疫情中復甦，提高生產力與創造新型業態，改善公共服務，並使之成為推動創新的樞紐
主要內容	● 資料基礎（data foundation）：資料應以標準化格式，且符合可發現（findable）、可取用（accessible）、相容性（interoperable）與可再利用（reusable）的條件下記載 ● 資料技能（data skills）：應藉由教育體系等培養一般人運用資料的技能 ● 提升資料可取得性（data availability）：鼓勵於公共、私人與第三部門加強協調、取用與共享具備適切品質的資料，並為國際間的資料流通提供適當的保護 ● 負責任的資料（responsible）：確保各方以合法、安全、公平、道德、可持續、和可課責（accountable）的方式使用資料，並支援創新與研究 ● 釋出資料的整體經濟價值，建構具發展性且可信賴的資料機制，與建立資料基礎設施的安全性與彈性 ● 改變政府運用資料的方式，提升效率及改善公共服務 ● 推動國際資料流（international flow of data）

資料來源：英國數位、文化、媒體暨體育部，資策會 MIC 經濟部 ITIS 研究團隊整理，2022 年 8 月

英國資料保護法（Data Protection Act 2018）

項目	內容
願景或目標	個人數據的使用都必須遵循稱數據保護原則的嚴格規則
主要內容	● DPA 至今已於英國實行 20 餘年，奠定英國資料保護法律架構。為接軌歐盟的 GDPR，補齊與現行法規落差，2018 年制定更現代化與全面性的法律架構，賦予人們更多資料控制權，例如提供移轉或刪除資料的新興權力 ● 今年隨著脫歐而有細部修正：所有法律所指的歐盟法規和機構的地方均更改為英國

資料來源：英國金融行為監管局（FCA），資策會 MIC 經濟部 ITIS 研究團隊整理，2022 年 8 月

英國 5G 供應鏈多樣化策略

項目	內容
願景或目標	● 為確保電信供應鏈多樣化及其將來的彈性，英國數位、文化、媒體暨體育部（DCMS）於 2020 年 11 月 24 日提交國會審查的電信安全法案（The Telecoms Security Bill） ● 英國政府也於 2020 年 11 月 30 日發布 5G 供應鏈多樣化策略（The 5G supply chain diversification strategy），並尋求理念相近國家在全球電信供應鏈議題上共同協調努力
主要內容	● 三大主軸包含支持既有供應商、吸引新供應商進入英國市場及加速開放介面與互通技術，如開放式無線接取網路（Open RAN） ● 英國智慧無線接取網路開放式網路創新中心（SmartRAN Open Network Innovation Centre, SONIC）預計於 2021 年 5 月開始運作，與 Ofcom 及數位策進中心（Digital Catapult）攜手合作，提供產業用測試設施，扶植英國的 Open RAN，協助發展各階段的多元供應商供應鏈 ● 英國政府也將成立國家級電信實驗室並計畫於 2022 年啟用，結合產官學力量，研究英國網路安全性現況與未來

資料來源：英國政府，資策會 MIC 經濟部 ITIS 研究團隊整理，2022 年 8 月

產品安全及電信基礎設施法案
（Product Security and Telecommunications Infrastructure Bill）

項目	內容
願景或目標	保護消費者免受資安攻擊，並使政府得引入更加嚴格的安全標準
主要內容	● 禁止數位科技產品之業者使用單一且通用之預設密碼，產品之預設密碼都必須有所不同 ● 供應商應具備漏洞揭露政策，並應向客戶公開公司正採取何種防禦作為，處理該安全漏洞 ● 應公開相關聯繫資訊或建立聯繫平台，使安全研究人員或其他人發現產品缺陷及錯誤時，方便與其聯繫 ● 針對不符合要求之產品或服務，政府亦將有權阻止其於英國境內銷售 ● 在電信基礎設施改革方面，將促進營運商與電信託管設備之土地所有權人進行更快速有效之談判，減少相關冗長的法律爭訟事件

資料來源：英國政府法規，資策會 MIC 經濟部 ITIS 研究團隊整理，2022 年 8 月

開放銀行（Open Banking）

項目	內容
願景或目標	開放銀行（Open Banking）主張將銀行帳戶資訊控制權回歸消費者，由消費者決定帳戶數據存取機構為銀行或非銀行的第三方機構（TPP）
主要內容	• 允許第三方（TPP）透過 API 串接消費者金融機構資訊 • 使用者利用 App 將所有銀行入口納入做同一管理。使用者在選擇某銀行入口後 App 導入該銀行系統進行交易，交易完成後再導回 App，這時 App 會顯示使用者此次消費的現金流出與總體帳戶資產的存款金額 • 透過共享金融數據，消費者詳細了解其帳戶資訊，更容易、無縫管理不同銀行間交易

資料來源：英國金融行為監管局（FCA），資策會 MIC 經濟部 ITIS 研究團隊整理，2022 年 8 月

英國科技業的未來貿易戰略（future trade strategy for UK tech industry）

項目	內容
願景或目標	• 促進數位貿易並幫助英國成為全球科技強國 • 吸引來自世界各地的更多投資，以支持英國技術 • 在全球推廣英國的技術，並與全球合作夥伴共同促進發展
主要內容	• 對快速成長的國際市場（包括亞太地區）增加技術出口，加強規模擴大的市場準備出口，並吸引投資以推動創新並創造就業機會 • 由於 COVID-19 病毒的影響，許多數位技術行業的需求不斷成長，包括 EdTech、MedTech、金融科技和網路安全等，從而帶來了更多的出口機會 • 為 DIT-DCMS 聯合網啟動亞太地區數位貿易網（DTN），推動英國高科技產業於亞太地區的發展，為英國吸引資金與人才，並加強英國在國際上的數位經濟合作 • 成立新的技術出口學院，為高潛力的中小企業提供專業建議，以支持其向優先市場的發展 • 高科技技術將是「準備好交易」運動的核心，其中包括 EdTech、MedTech、網路、VR、遊戲和動畫 • 擴大對 DIT 高潛力機會（HPOs）技術計畫的支持，以推動外國直接投資（FDI）進入新興子行業，包括 5G、工業 4.0、光子學和沉浸式技術，確保英國仍然是歐洲最有吸引力的技術投資目的地

資料來源：英國政府法規，資策會 MIC 經濟部 ITIS 研究團隊整理，2022 年 8 月

（二）北美與俄羅斯

1. 美國

AI 原則：國防部關於以道德方式使用人工智慧的建議

項目	內容
願景或目標	透過提供五種道德原則和十二種關於國防部如何最好地結合這些原則的建議，推薦美國國防部使用人工智慧的道德準則
主要內容	• 負責任：人類以適當的判斷力，對開發、部署 AI 系統及監視其結果負責 • 公平：國防部在開發和使用會無意中對人造成傷害的 AI 系統時，應避免偏見 • 可追溯：必須以易於理解和透明的方式來製造和使用 AI 系統 • 可靠：AI 系統應具有明確定義的使用範圍，還必須安全、有效地完成其需要執行的特定任務 • 易於管理：AI 系統應經過設計以實現其預期功能，並能夠檢測、避免意外的傷害或破壞 • 加強 AI 測試和評估技術，以創建新的測試基礎結構 • 開發基於道德、安全和法律因素的 AI 風險管理方法，以管理 AI 應用程序的各級別風險

資料來源：美國 OSTP，資策會 MIC 經濟部 ITIS 研究團隊整理，2022 年 2 月

國防部雲戰略

項目	內容
願景或目標	國防部最近啟動了數字現代化戰略，旨在保持在現代戰場空間的競爭優勢。這一願景的一個核心組成部分是國防部雲戰略，它將有助於支持新計畫、支持國防戰略（NDS）和其他作戰需要
主要內容	• 評估當前的能力成熟度：重新評估關鍵任務核心和企業服務，最大限度地提高能力，為合作夥伴建立一個共同的環境和基礎，以建立作戰能力 • 採用數據和數位平台方法：為了向邊緣和作戰人員提供數據，強烈建議使用數據和數位平台（DDP）的概念 • 賦能作戰能力：採取用例驅動的方法來開發作戰能力、利用雲基礎和現代推動者至關重要 • 以下五個轉變將影響作戰雲的啟用：下一代安全模型、邊緣交付和處理、敏捷收購、自動認證及全域操作

資料來源：美國 OSTP，資策會 MIC 經濟部 ITIS 研究團隊整理，2022 年 8 月

資料中心優化戰略計畫（DCOI Strategic Plan）

項目	內容
願景或目標	解決 SBA 開發、實施、監視和報告數據中心戰略的備忘錄要求，以凍結新數據中心及當前資料中心；合併與關閉現有資料中心；進行雲端和資料中心優化
主要內容	• SBA 將盡可能地優化、整合和遷移其資料中心到雲端，並在適當情況下關閉資料中心 • 根據需求彈性分配資源是提供及時服務的關鍵，並且是雲端智慧策略中的重要概念 • OMB 優先考慮增加聯邦系統的虛擬化，以提高效率和應用程序可移植性 • SBA 致力於採用雲端解決方案，以簡化轉換過程並採用符合聯邦雲端智慧戰略的現代功能 • SBA 實施了 Microsoft Systems Center 和 Microsoft Operations Manager Suite，以進行自動監視和伺服器利用率管理

資料來源：美國小型企業管理局（SBA），資策會 MIC 經濟部 ITIS 研究團隊整理，2022 年 8 月

美國開放資料計畫（The Opportunity Project）

項目	內容
願景或目標	透過聯邦政府資源，把地方資料轉化為線上資料，並且開放給智慧應用的開發者們，使其有辦法為這些地方資料建立分析模型
主要內容	• The Opportunity Project 資料包含犯罪紀錄、房價、教育與政府職缺等，開放美國境內 9 大城市如紐約與舊金山等資料。此外美國聯邦政府也提供一些工具給開發者，方便其進行下一步應用開發 • 對於將智慧城市、物聯網定位於未來發展的城市來說，此計畫將帶來相當大的幫助

資料來源：美國小企業創新研究（SBIR）計畫，資策會 MIC 經濟部 ITIS 研究團隊整理，2022 年 8 月

監管數位資產的行政命令
（Executive Order on Ensuring Responsible Development of Digital Assets）

項目	內容
願景或目標	為使美國政府有整體性的政策以應對加密貨幣市場的風險與數位資產及其基礎技術的潛在利益，該行政命令以消費者與投資者保護、金融穩定、打擊非法融資、增進美國競爭力、普惠金融、負責任的創新為六大關鍵優先事項
主要內容	● 政府機關應合作來保護美國消費者與企業，以因應不斷成長的數位資產產業與金融市場變化 ● 鼓勵金融監管機構識別與降低數位資產可能帶來的系統性金融風險，制定適當的政策建議以解決監管漏洞 ● 與盟友合作打擊非法金融與國安風險，減輕非法使用數位資產所帶來非法金融與國家安全風險 ● 運用數位資產的技術，促進美國在技術與經濟競爭力上保持領先地位 ● 支持技術創新並確保負責任地開發與使用，同時優先考慮隱私、安全、打擊非法利用等面向 ● 鼓勵聯準會研究 CBDC，評估所需的技術基礎設施與容量需求

資料來源：美國政府，資策會 MIC 經濟部 ITIS 研究團隊整理，2022 年 8 月

基礎建設法案（Infrastructure Investment and Jobs Act）

項目	內容
願景或目標	旨在提供工作機會，改善港口與運輸以改善供應鏈，及其他關於美國基礎建設的投資等
主要內容	● 基建法案與加密貨幣產業有關者，分別將交易標的現金之定義新增數位資產（Digital Asset），及新增經紀商（Broker）之申報義務 ● 所謂數位資產係以數位方式表彰一定價值，並透過加密保全的分散式帳本或其他類似技術所記錄之資產 ● 經紀商認定範圍新增包括「關於任何為獲得報酬，而負責定期提供任何服務，代表他人實現數位資產轉移者」 ● 任何價值超過 10,000 美元之交易訊息（諸如交易者姓名、社會安全號碼等資訊）應申報至美國國家稅務局（IRS） ● 經紀商亦被要求申報其所經手交易至美國國家稅務局 ● 新規範適用於 2023 年 12 月 31 日後所應依法申報之文件

資料來源：美國政府，資策會 MIC 經濟部 ITIS 研究團隊整理，2022 年 8 月

美國安全通訊平台專案（Secure Messanging Platform）

項目	內容
願景或目標	應用區塊鏈（Blockchain）相關技術，打造安全的行動通訊與交易平台。運用分散式訊息骨幹的方式，讓使用者從建立訊息、傳輸訊息、發送與接收訊息等階段都能保障其訊息安全
主要內容	• 階段一：打造去中心化（decentralized）「區塊鏈」技術做為平台骨幹，讓該平台可抵禦監聽和駭客攻擊 • 階段二：持續平台開發、測試與評估，讓平台是可運作的雛形（prototype）階段，計畫時間為期二年，計畫經費最高為 100 萬美元 • 階段三：專注商業化和大規模推廣此平台的運用，此階段增加了去中心化的區塊鏈分散式帳簿系統中用戶的測試與平台的監控

資料來源：美國小企業創新研究（SBIR）計畫，資策會 MIC 經濟部 ITIS 研究團隊整理，2022 年 8 月

2019 年與未來 5G 安全法案（Secure 5G and Beyond Act of 2019）

項目	內容
願景或目標	總統和各聯邦機構制定一項「確保 5G 和下一代無線通信安全」的國家戰略，以維護美國 5G 技術安全，協助美國盟友最大限度地提高 5G 技術安全性，並保護行業競爭力及消費者隱私
主要內容	• 確保美國境內的 5G 通信技術是安全的；協助美國的戰略夥伴保護 5G 網路，以維護美國的國防利益；保護美國私營企業的競爭力；保護美國公民的隱私；保護標準制定機構的完整性，不受政治影響 • 確認國內外 5G 技術值得信賴的供應商，並調查此類設備的國際供應鏈中是否存在安全漏洞 • 制定外交計畫，以協調與其他可信賴盟友和戰略合作夥伴共享 5G 技術的安全性及風險資訊 • 除設備安全問題外，還要識別網路漏洞和資安風險 • 確保使用 5G 網路的經濟及國家安全利益

資料來源：美國 OSTP，資策會 MIC 經濟部 ITIS 研究團隊整理，2022 年 8 月

聯邦衛生 IT 計畫：2020-2025 年（草案）（Federal Health IT Strategic Plan）

項目	內容
願景或目標	• 美國衛生與公共服務部（HHS）發布此計畫草案，期望利用 IT 的力量來改善美國的醫療保健狀況 • IT 技術應改善患者的健康狀況、尋求護理的經驗 • 以機器學習等數據分析技術來促進更具個性化的護理，改善醫療保健研究和管理 • 促進醫療保健提供者和研究人員之間共享電子健康記錄（EHR）
主要內容	• 增加患者對數據的訪問，改善健康數據的可移植性，以便患者尋求最佳護理 • 促進健康行為和自我管理，將更多的社會因素納入電子健康記錄（EHR）中，並利用個人和社區級別的數據來解決流行病和其他公共衛生問題 • 利用機器學習來開發針對性的療法 • 鼓勵「對數據共享的期望」，加強不同利益相關者之間的協作，並提高患者對自己數據的理解

資料來源：美國 OSTP，資策會 MIC 經濟部 ITIS 研究團隊整理，2022 年 8 月

物聯網網路安全法（IoT Cybersecurity Improvement Act of 2020）

項目	內容
願景或目標	針對美國聯邦政府未來採購物聯網設備（IoT Devices）制定了標準與架構
主要內容	• 要求美國國家標準技術研究院（National Institute of Standards and Technology, NIST）應依據 NIST 先前的物聯網指引中關於辨識、管理物聯網設備安全弱點（Security Vulnerabilities）、物聯網科技發展、身分管理（Identity Management）、遠端軟體修補（Remote Software Patching）、型態管理（Configuration Management）等項目，為聯邦政府建立最低安全標準及相關指引 • 美國行政管理和預算局（the Office of Management and Budget）應就各政府機關的資訊安全政策對 NIST 標準的遵守情況進行審查，NIST 每五年亦應對其標準進行必要的更新或修訂 • 為促進第三方辨識並通報政府資安環境弱點，該法要求 NIST 針對聯邦政府擁有或使用資訊設備的安全性弱點制定通報、整合、發布與接收的聯邦指引

資料來源：美國政府，資策會 MIC 經濟部 ITIS 研究團隊整理，2022 年 8 月

自駕車全面性計畫（Automated Vehicles Comprehensive Plan, AVCP）

項目	內容
願景或目標	2021 年 1 月 11 日發布，建立了交通部促進合作、透明性與管制環境現代化，並將自動駕駛系統（Automated Driving Systems）安全整合入交通系統之策略
主要內容	• 基於過去「自駕車政策 4.0」建立之原則上 • 促進合作與透明性：交通部將會促進其合作單位與利益相關人可取得清楚且可靠之資訊，包含自駕系統的能力與限制 • 使管制環境現代化：交通部將會現代化相關規範並移除對創新車輛設計、特性與運作模組之不必要障礙，並發展專注於安全性之框架與工作以評估自駕車技術的安全表現 • 運輸系統之整備：交通部將會與利害相關人合作實施安全的評估與整合自駕系統於運輸系統之基礎研究與行動，並促進安全性、效率與可取得性

資料來源：美國交通部，資策會 MIC 經濟部 ITIS 研究團隊整理，2022 年 8 月

太空政策第 5 號指令（Space Policy Directive-5, SPD-5）

項目	內容
願景或目標	為避免太空系統受到網路威脅，白宮於 2022 年 8 月 4 日發布 SPD-5，該指令主要關注太空系統的網路安全，將現有地面使用的網路安全政策應用在太空系統中，旨在提高美國太空設施網路安全
主要內容	• 太空系統及相關軟硬體設施，應使用以風險等級為基礎的方式，進行開發運作並建構其網路安全系統 • 太空系統營運商應制定太空系統網路安全計畫（應包含防止未經授權的存取行為、防止通訊干擾、確保地面接收系統免受網路威脅、供應鏈的風險管理等功能），以確保能掌握對太空系統的控制權 • 監管機構應訂定規則或監管指南來實施 SPD-5 指令的原則 • 太空系統的營運商及其合作對象應共同推動 SPD-5 指令，並盡力減少網路威脅的發生 • 太空系統營運商在執行太空系統網路安全的保護措施時，應管理其風險承擔能力

資料來源：美國政府，資策會 MIC 經濟部 ITIS 研究團隊整理，2022 年 8 月

2. 加拿大

服務與數位政策（Policy on Service and Digital）

項目	ai4 內容
願景或目標	2022 年 8 月 1 日生效，取代過去舊有政策，希望透過數位技術改善客戶服務體驗和政府運營，提供更好的數位政府服務
主要內容	• 管理內、外部企業服務、資訊、數據、IT 和網路安全的戰略方向，並定期審查 • 優先考慮加拿大政府對 IT 共享服務和資產的需求 • 推動現代化政策，並提高創新技術和解決方案的能力，如 AI 和區塊鏈，提供該國人民更好、更快、更便利的政府服務 • 政府服務都改為一站式線上窗口、簡化稅務申報及改善就業保險程序等 • 促進服務設計和交付、資訊、數據、IT 和網路安全方面的創新和試驗

資料來源：加拿大政府政策，資策會 MIC 經濟部 ITIS 研究團隊整理，2022 年 8 月

自駕系統測試指引 2.0

項目	內容
願景或目標	建立全國一致的最佳實踐準則，以指導配有自動駕駛系統（Automated driving systems, ADS）之車輛能安全地進行實驗
主要內容	• 實驗前的安全考量：探討在開始實驗之前應考量的安全注意事項，包括（1）評估實驗車輛安全性、（2）選擇適當的實驗路線、（3）制定安全管理計畫等 • 實驗中的安全管理：討論在實驗過程中應重新檢視的安全考量，包括（1）使用分級方法進行測試、（2）調整安全管理策略、（3）制定事件和緊急應變計畫與步驟、（4）安全駕駛員的角色及職責、（5）遠端駕駛員和其他遠端支援活動的安全考量 • 實驗後注意事項：在結束其測試活動後應考量的因素，包括報告實驗結果、測試車輛及其部件的出口或處置

資料來源：資策會科法所，資策會 MIC 經濟部 ITIS 研究團隊整理，2022 年 8 月

2025 無人機方案（Drone Strategy to 2025）

項目	內容
願景或目標	概述其對無人機的願景及方案，並提出其至 2025 年前所應優先關注之項目，以確保無人機安全地整合進現代化航空系統並進入空域中
主要內容	• 透過安全規範支持創新 • 建立無人機交通管理系統 • 無人機的安全風險：與利益相關人合作釐清機場保安的角色與職責、通訊傳輸協定及突發事件回應期間的工作協調、評估機場威脅及漏洞以了解風險等 • 創新推動經濟發展：促進短、中期研發計畫、對先進無人機研發活動尋求合作機會等 • 建立民眾對無人機的信任

資料來源：資策會科法所，資策會 MIC 經濟部 ITIS 研究團隊整理，2022 年 8 月

3. 俄羅斯

2030 年前國家人工智慧發展戰略

項目	內容
願景或目標	• 在經濟、社會領域優先發展和使用人工智慧，確定人工智慧發展的七項基本原則，即保護人權與自由、降低安全風險、保持工作透明性、確保技術獨立自主、加強創新協作、推行合理節約資源、支持市場競爭 • 使俄羅斯在人工智慧領域居於世界領先地位，以提高人民福祉和生活質量，確保國家安全和法治，增強經濟可持續發展的競爭力
主要內容	• 支持人工智慧領域基礎和應用科學研究：合理增加科研人員編制數量；鼓勵企業和個人投入研發；開展跨學科研究等 • 開發和推廣採用人工智慧的軟體：支持創建國內外開源人工智慧程式庫；制定統一的質量標準等 • 提高人工智慧發展所需數據的可訪問性和質量：開發統一的資訊描述、採集和標記方法；創建和升級各類數據公共訪問平台，並保障政府優先訪問權等 • 提高人工智慧發展所需硬體的可用性：開展神經計算系統架構基礎研究；建立高性能資料處理中心等 • 提高人工智慧人才供應水平及民眾對人工智慧的認知水平：在各級教育計畫中引入編程、數據分析、機器學習等教育模組；普及人工智慧知識等 • 建立協調人工智慧與社會各方關係的綜合體系：簡化人工智慧解決方案的測試和引入程序；完善公私合作機制；制定與人工智慧互動的道德倫理規範等

資料來源：中國大陸商務部駐俄羅斯處，資策會 MIC 經濟部 ITIS 研究團隊整理，2020 年 9 月

草擬新 5G 網路發展戰略

項目	內容
願景或目標	為加速 5G 網路布建而草擬新 5G 網路發展戰略，提出合資公司、股份交換 5G 執照等新概念，並規劃 5G 可用之新頻段
主要內容	• 要求 4 大行動通信業者（MTS、MegaFon、Beeline 與 Rostelecom/Tele2）設立合資公司（Joint Venture），前述業者將被指派至特定區域進行專有（Exclusive）5G 網路布建 • 初期某一特定區域的「主要業者（Anchor Operator）」須與其他 3 家合資業者共用網路接取，而後者需要承擔部分營運成本；但當該特定區域有足夠的 5G 頻譜資源可使用時，則允許每家業者布建自有的 5G 網路 • 不進行競價拍賣即核發 5G 執照，而俄羅斯政府則獲得合資公司的股份作為回報；此外，該草案亦提及推動釋出電視服務使用之 700MHz 頻段（694-790MHz）供 5G 使用

資料來源：俄羅斯數位發展、電信和大眾傳播部，資策會 MIC 經濟部 ITIS 研究團隊整理，2022 年 8 月

（三）紐澳

1. 澳洲

澳洲消費者資料權法（Consumer Data Right）

項目	內容
願景或目標	消費者可以選擇與其值得信賴的金融機構之間進行安全數據共享，提高消費者在產品和服務之間進行比較和切換的能力，鼓勵服務提供商之間的競爭，為客戶提供更優惠的價格
主要內容	• 消費者有權獲得和分享存於金融機構個人資訊 • 允許消費者對金融機構提供的產品進行金融機構同業間比較，如：不同銀行發行的房貸商品 • 消費者有權力不參與資訊分享，如：決定不與第三方共享金融訊息 • CDR 旨在使消費數據為消費者提供益處，而不只是為大型機構提供服務 • 通過 2021 年 9 月澳大利亞議會通過的開放銀行立法將開放銀行寫入其消費者數據權利（CDR）法中，從 2020 年 7 月 1 日起，消費者可以指示澳大利亞的主要銀行提供信用卡和借記卡，存款和交易帳戶數據

資料來源：澳洲消費者資料權法，資策會 MIC 經濟部 ITIS 研究團隊整理，2022 年 8 月

擬定強制性的法規（Mandatory Code）

項目	內容
願景或目標	要求使用澳洲當地媒體機構新聞的數位平台支付新聞授權費，成為全球首個對此制訂強制性法規的國家
主要內容	• 鑒於 Google、Facebook 等具有市場主導地位的大型數位平台對於新聞產業影響甚鉅，澳洲政府認為應提高獲取新聞來源的透明度，使媒體業者獲取合理的收益 • 2022 年 8 月 20 日，澳大利亞政府宣布已指示 ACCC 制定強制性的行為準則，以解決澳大利亞新聞媒體企業與 Google 和 Facebook 各自之間的議價能力失衡問題 • 澳洲政府已與澳洲競爭與消費者委員會（Australian Competition and Consumer Commission, ACCC）共同研擬強制性法規，草案預計於 2020 年 7 月底發布

資料來源：ACCC，資策會 MIC 經濟部 ITIS 研究團隊整理，2022 年 8 月

資料可用性及透明度法案（Data Availability and Transparency Bill 2020）

項目	內容
願景或目標	2020 年 12 月 9 日提交至澳大利亞國會，並已完成一讀及二讀。該法案旨在建立一個新的公部門資料共享方案，將原先未開放的公部門資料，透過本法案所設計的共享公部門資料相關管理制度，以促進公部門資料的可存取性及保障措施的一致性，藉此提高公部門資料透明度和大眾利用公部門資料的信心
主要內容	• 資料共享機制由作為「資料保管者」（Data custodians）的各聯邦部門和州政府，自行或透過「被認證的資料服務提供者」（Accredited data service provider，下稱 ADSP）共享其所保管的政府資料，使「被認證的利用者」（Accredited user，下稱利用者）得以利用之 • 授權獨立監管機構「國家資料委員」（National Data Commissioner），負責認證 ADSP 及可利用共享資料之利用者，並監管所有的資料共享計畫，以及提供諮詢、指導和倡導資料共享計畫的最佳方案 • 該法案要求資料保管者必須在符合資料共享要件的情況下，才能共享資料，要件包含：（1）資料共享目的：係指該法案只允許資料保管者基於「提供政府服務」、「通知政府政策和計畫」、「研究與開發」等三個目的分享資料，倘涉及國家安全及犯罪調查等需要特殊監督利用機制的政府資料，則不包含在內；（2）資料共享原則：包含符合公共利益或道德評估之計畫、具備適合共享資格的人員、安全環境、資料最小化、合目的產出等五個原則；（3）資料共享協議：資料保管者與利用者之間，必須簽定「資料共享協議」，該法案有規定資料共享協議的應記載條款

資料來源：資策會科法所，資策會 MIC 經濟部 ITIS 研究團隊整理，2022 年 8 月

2. 紐西蘭

紐西蘭可信賴的 AI 指導原則（Trustworthy AI in Aotearoa AI Principles）

項目	內容
願景或目標	提供簡潔有力的人工智慧參考點，以幫助大眾建立對紐西蘭人工智慧的開發和使用的信任，此份 AI 指導原則對政府具有重要的參考價值
主要內容	• 適用紐西蘭及其他相關管轄地包含科克群島、紐埃、托克勞、南極羅斯屬地法律 • 須保護紐西蘭國內法及國際法所規範的人權 • 須保障懷唐伊條約中毛利人的權利 • 民主價值觀包含選舉的過程和在知情的情況下進行公眾辯論 • 平等和公正的原則，要求人工智慧系統不會對個人或特定群體造成不公正地損害、排斥、削弱權力或歧視 • AI 利益相關者須確保人工智慧系統及資料的可靠、準確及安全性，並在人工智慧系統的整個生命週期中，保護個人隱私以及持續的識別和管控潛在風險 • 人工智慧系統的運作應是透明的、可追溯的、並在一定的程度上具可解釋性，在面對責問時能夠被解釋且經得起質疑 • AI 利益相關者應該對人工智慧系統及其產出進行適當的監督。在利益相關者確定適當的問責制度和責任之前，不應使用會對個人或群體造成傷害的技術 • AI 利益相關者應在適當的情況下設計、開發和使用人工智慧系統，盡可能促進紐西蘭人民和環境的福祉，像是健康、教育、就業、可持續性、多樣性、包容性以及對懷唐伊條約獨特價值的認可

資料來源：紐西蘭人工智慧論壇協會，資策會 MIC 經濟部 ITIS 研究團隊整理，2022 年 8 月

（四）東南亞

1. 越南

國家數位化轉型計畫

項目	內容
願景或目標	• 計畫近期至2025年，遠期展望至2030年 • 在發展數位政府、數位經濟、數位社會的同時，還關注建設具有全球競爭力的數位企業
主要內容	• 發展數位化政府，提高政府運作效率和效力 • 進一步完善國家資料庫，包含住宅、土地、商業登記、金融、保險等領域，實現全國範圍內資訊共用，為建設電子政務打下基礎 • 到2030年，透過包括移動設備在內的各種工具提供100%四級線上公共服務 • 普及光纖寬頻網路服務和5G移動網路服務 • 加強推廣，使擁有電子支付帳戶的人口超過80%

資料來源：越南政府門戶網，資策會MIC經濟部ITIS研究團隊整理，2022年8月

電子身分識別和驗證的新法令草案

項目	內容
願景或目標	2022年2月2日發布，目的為電子識別和認證服務的管理、提供與使用奠定其法律基礎
主要內容	• 隨著安全性和可靠性的等級提升，電子身分被分為從一級到四級的四個不同級別 • 除非法律另有規定，服務提供商可以規定其服務所需的電子身分級別 • 雖然法令非具有強制性，但鼓勵公司使用電子身分來驗證電子交易中的用戶與客戶 • 規定提供電子身分識別和驗證服務的公司需取得相關執照之需求；規範公司獲取、交換有關電子身分識別和驗證資訊的平台

資料來源：越南公共安全部，資策會MIC經濟部ITIS研究團隊整理，2022年8月

2. 馬來西亞

馬來西亞 MyDigital 計畫

項目	內容
願景或目標	MyDIGITAL 藍圖代表了過去提出過的各種重新審視的計畫，以及旨在推動馬來西亞數字經濟的新計畫
主要內容	• 第一階段為 2021 至 2022 年，目標為增進數位應用接受程度 • 第二階段為 2023 至 2025 年，目標為推動數位轉型 • 第三階段為 2026 至 2030 年，目標成為地區數位與資安領域的領導者 • 未來十年內將投入 150 億馬幣（約 1,110 億新臺幣）於 5G 科技基礎建設 • 將雲服務作為重要重點，增加本地數據中心以提供高端雲端運算服務，並在聯邦和本地推動「雲優先」戰略 • 未來五年內培養超過 20,000 名網路安全人才

資料來源：IDC，資策會 MIC 經濟部 ITIS 研究團隊整理，2022 年 8 月

境外數位服務消費稅

項目	內容
願景或目標	為本地業者在數位技術領域的公平競爭提供條件，使其與外國公司公平競爭
主要內容	• 從 2022 年 8 月 1 日開始，包括各類線上應用程式、音樂、影音、廣告、遊戲等境外數位服務業者，必須在馬來西亞繳納 6%的數字服務稅（DST） • 年營業額超過 500,000 林吉特（120,000 美元）的企業有義務支付 DST • 投資者應持續追蹤馬來西亞在數位服務方面的監管政策，以保持合法性 • 同樣有實施數位稅的國家還包括澳洲（10%）、挪威（25%）和南韓（10%）等

資料來源：東協新聞官網，資策會 MIC 經濟部 ITIS 研究團隊整理，2022 年 8 月

3. 新加坡

研究、創新與企業 2025 計畫（RIE2025）

項目	內容
願景或目標	全球數位格局繼續快速發展，COVID-19 加速了跨部門的數位化，對數位平台、軟體、硬體和服務的需求增加。在 RIE2025 中，智慧國家和數位經濟（SNDE）領域將繼續支持戰略性和新興技術的發展，加強產業數位轉型。目標是實現新加坡的智慧國家雄心，並利用數位經濟加速成長
主要內容	• 未來 5 年將投入 250 億星元，持續強化星國的創新與研發能力，經費比過去同期高出 3 成，每年的投資金額占星國國內生產總值的 1% • 預算的四分之一將用於擴大現有的 4 個重點研究領域，即製造業、健康、永續發展和數位經濟，以因應星國的新發展需求 • 三分之一預算將用以支持基礎科學研究，包括量子科技研究等領域，並吸引更多國際頂尖人才加入 • 預算中的 37.5 億星元留給「白色空間」（white space），其用途不定，讓政府能配合科學和科技發展，隨時進行必要投資 • 擴大平台、推動技術轉化、增強企業創新能力、豐富科學技術基礎

資料來源：新加坡政府，資策會 MIC 經濟部 ITIS 研究團隊整理，2022 年 8 月

服務與數位經濟技術藍圖

項目	內容
願景或目標	在新加坡資訊通信媒體發展局（Info-communications Media Development Authority, IMDA）於 2019 年 1 月 28 日提出，希望藉由此藍圖帶動各產業領域的創新與轉型
主要內容	• 檢視未來 3 至 5 年的數位技術環境，並提出 AI、自然技術介面（Natural Technological Interfaces）、無代碼開發工具（Codeless Development Tools）、人為合作、混合雲&多雲的雲端發展、API 經濟及區塊鏈等 9 大關鍵技術趨勢 • 推行服務 4.0：整合 AI、大數據、沉浸式體驗及物聯網等新興技術並應用於未來服務，以達到點對點、平順，且透過自主預測滿足客戶需求的智慧服務（服務 4.0）

資料來源：IMDA，資策會 MIC 經濟部 ITIS 研究團隊整理，2022 年 8 月

數位政府藍圖

項目	內容
願景或目標	規劃政府應用數位科技改變公共服務提供模式，並圍繞著兩個主要原則：第一是政府必須完全數位化，透過數據與運算，改變政府服務人民和企業的方式；第二是數位政府仍需「用心去服務民眾」，不因採用數位科技而減少政府提供服務過程中的人情味，而是透過數位科技使政府與人民的互動體驗更多元豐富
主要內容	• 以民眾及企業需求為基礎、設計、建構並整合服務 • 強化政策執行與科技的整合：如運用資料科學、人工智慧、物聯網改造公共服務 • 建立共用數位與數據平台，讓所有政府機構可共享數位設施及服務，並訂定資料標準資料流通架構，確保數位服務的可用性 • 建立高安全性、可用性的數位服務系統，保障民眾與企業的資料安全 • 提升公員基數位能力以追求創新，強化 ICT 基礎設施，以及科學、AI 及網路安全等數位能力，培養追求創新的數位人才 • 政府與民間共同合作解決公共問題，以便提供符合其需求的服務，並透過公私協力建立創新服務

資料來源：新加坡政府，資策會 MIC 經濟部 ITIS 研究團隊整理，2022 年 8 月

Stay Healthy Go Digital 計畫

項目	內容
願景或目標	為因應 COVID-19，於 2020 年 3 月底推出，加寬母計畫 SMEs Go Digital 補助範圍
主要內容	• 積極協助受疫情影響較大的零售餐飲業者數位轉型 • 加大補助金額：將線上工作協作系統、虛擬會議與聯繫系統等加入補助範圍，也將原訂 70%的生產力提升補助拉高至 80% • 開創完整數位轉型解決方案總目錄，不僅供中小企業參照，亦讓各輔導中心順勢推廣數位轉型意識，政府除邀請銀行業者協力評估中小企業合適的方案，也歡迎業者從總目錄中自行選擇欲合作的對象 • 在疫情影響下，協助企業能更清楚並加快採用滿足其需求的解決方案，加深和增強數位能力，以便實現最終營運復原

資料來源：新加坡政府，資策會 MIC 經濟部 ITIS 研究團隊整理，2022 年 8 月

中小企業數位化計畫（SMEs Go Digital Programme）

項目	內容
願景或目標	新加坡企業發展局（ESG）、資通訊媒體發展管理局（IMDA）與數位化計畫的產業合作夥伴，共同協助中小企業推動數位化。目標降低中小企業參與數位轉型的門檻，以達中小企業全面數位化的願景
主要內容	• IMDA 提供資料分析、網路安全和物聯網等相關較先進領域中小業者專業建議，至於一般中小企業仍可向現有中小企業中心（SME Centres）索取由 IMDA 認證的現成科技方案 • SME Digital Tech Hub 亦將協助中小企業和科技與諮詢業者建立聯繫，以及主辦工作坊和研討會，以提升中小企業數位科技能力 • IMDA 將依據產業轉型藍圖（Industry Transformation Maps），推出各行業領域制定產業數位化藍圖（Industry Digital Plans） • IMDA 將扮演資訊長（CIO）角色，協調不同行業數位化發展藍圖，確保不同領域間互通性 • 為加快中小企業數位轉型步伐，先針對零售業、物流業、食品服務業和清潔業等部分行業輔導企業轉型，以為其他行業業者鋪路 • IMDA 亦將加強與具影響力的大型企業合作，整合可讓中小企業受益的數位科技方案配套 • 中小企業可至新加坡企業局成立的中小企業中心尋求諮詢，如只需基礎轉型需求，業者可進一步藉數位產業計畫了解所需要的轉型解決方案，並透過生產力解決方案補助以達轉型成功 • 另外，也可尋求由內部專家或政府聘請的數轉專案經理人協助，一旦經理人認定中小企業所提出的新轉型解決方案需求是可推廣擴散，會將此新方案納入領航計畫，以滿足該產業的新需求，成為生產力提升計畫的固定補助政策

資料來源：IMDA，資策會 MIC 經濟部 ITIS 研究團隊整理，2022 年 8 月

Start Digital Pack 數位轉型方案

項目	內容
願景或目標	針對新成立的中小企業，2019 年開始推出數位啟程計畫（Start Digital），並提供 Start Digital Pack 數位轉型方案，以達快速轉型成功目標
主要內容	● Start Digital Pack 的產業合作夥伴，包括 DBS Bank、Maybank、OCBC Bank、Singtel、StarHub 和 UOB 等 6 家銀行或電信公司 ● 提供的解決方案，涵括會計和財務、人力資源管理系統和薪資、數位營銷、數位交易，以及網路安全等 5 大類數位工具 ● 主要目的為降低新創企業邁入數位化的門檻，加速企業轉型

資料來源：新加坡政府，資策會 MIC 經濟部 ITIS 研究團隊整理，2022 年 8 月

區塊鏈創新計畫（Singapore Blockchain Innovation Programme）

項目	內容
願景或目標	新加坡區塊鏈創新計畫（SBIP）由該國國家研究基金會（NRF）出資 1,200 萬新幣（折合約 2.5 億新臺幣）打造，並獲得新加坡企業發展局（ESG）、資訊通信媒體發展管理局（IMDA）、新加坡金融管理局（MAS）等多方支持。因此希望藉由 SBIP 這項全國性計畫，整合區塊鏈技術研究與產業需求，以促進更廣泛的開發、商業化、實際應用
主要內容	● 由新加坡企業發展局（ESG）、資訊通信媒體發展局（IMDA）以及國立研究基金會（NRF）聯合推出，包括跨國企業、大型企業和資訊通信科技公司在內近 75 家企業將在未來三年構思 17 項區塊鏈相關專案 ● ESG 與新躍社科大學（SUSS）合作推出「區塊鏈互通網路路」（Blockchain for Trade & Connectivity Network），為多模式全球供應鏈業者、數位交易平台和科技專才提供一個推動創新和嘗試區塊鏈解決方案的共享平台 ● 加速推動創新的商業解決方案，協助新加坡企業與國際更緊密聯繫，並更具競爭力

資料來源：經濟部國貿局，資策會 MIC 經濟部 ITIS 研究團隊整理，2022 年 8 月

支付服務法修正案（Payment Services (Amendment) Bill）

項目	內容
願景或目標	於 2021 年 1 月 4 日通過，擴大監管範圍，以降低與數位支付型代幣有關的洗錢、資助恐怖主義及隱匿非法資產風險
主要內容	• 賦予新加坡金融管理局（Monetary Authority of Singapore, MAS）更大權責，可要求支付服務供應商落實相關客戶保護措施，例如要求數位支付型代幣服務供應商所保管之資產與自有資產分開存放，以確保客戶資產不受損失 • 將虛擬資產服務供應商（virtual assets service providers）納入法規監管，擴大數位支付型代幣服務定義，使其包括代幣轉讓、代幣保管服務與代幣兌換服務 • 擴大跨境匯兑服務（cross-border money transfer service）定義，凡是與新加坡支付服務供應商進行資金轉移，不論資金是否流經新加坡，皆受新加坡金融管理局監管 • 擴大國內匯款服務（domestic money transfer service）範圍，以涵蓋收付雙方均為金融機構之情形

資料來源：新加坡國會，資策會 MIC 經濟部 ITIS 研究團隊整理，2022 年 8 月

（五）東亞

1. 日本

以數位轉型構築新社區及新社會

項目	內容
願景或目標	希冀於後疫情時代建構高品質之日本經濟及社會，並藉由加速數位轉型活絡日本地方經濟，以消弭疫情影響所致損失
主要內容	• 加速數位轉型打造「數位新生活」：於保障網路安全之際，加速建設中央及地方數位政府以提升施政效率，同時以高品質之資通訊基礎設施協助民眾進行遠端辦公、遠距教學及遠距醫療等 • 協助地方經濟於 COVID-19 疫情中復甦：隨著回鄉意識漸興，日本政府將藉此實施去中心化措施，協助疏散東京等大城市聚集之人力資源回鄉，促進日本地方特色經濟發展 • 強化防災、減災及國土復原力：政府將適時提供災害防護援助，並協助災害頻繁區域之民眾遷至安全居所，同時宣導防災資訊以加強民眾防災意識，並提升國土安全及韌性 • 確保地方政府財政基礎穩健以支持經濟及社會發展：相關行政當局應制定應變措施阻止 COVID-19 疫情擴散，確保地方政府行政及財政基礎穩健，以實現完善之社會及經濟發展 • 確保永續運作之社會基礎：為了確保疫情影響下社會能持續穩定發展，政府將穩固各項社會基礎運作，包括郵政服務、社會福利制度、社會經濟統計調查、改善行政效率，並推廣公民教育等

資料來源：日本總務省，資策會 MIC 經濟部 ITIS 研究團隊整理，2022 年 8 月

基礎建設之數位轉型政策

項目	內容
願景或目標	COVID-19疫情突顯出日本ICT基礎建設不足和急需數位轉型之問題，為此於2021年2月9日公布該法，國土交通省積極促進各省基礎設施領域的數字化轉型，以提高非接觸／遠程工作方式之便利性與安全性
主要內容	• 第一部分：強調透過行政程序數位化及網路化，藉以提升效率並加強管理效能，並且提供運用數位生活中各項服務，以增加生活之便利與安全 • 第二部分：為實現安全與舒適之勞動環境，減少人工作業之負擔，未來欲活用 AI 與機器人，使施工作業與技術建設達到無人化，並透過數位化提高專業技術學習效率以培育相關人才 • 第三部分：聚焦於調查、監督檢查領域，如公路、鐵路、河川及機場之檢修，利用資料分析與自動化機械提升日常管理及檢修效率 • 為順利推行以上數位轉型政策，必須建構能支援數位化的社會。因此，未來除須結合智慧城市等數位創新政策，利用資料以具體化社會課題之解決方針外，亦須針對作為數位轉型基礎之3D資料進行環境整備，以利數位轉型之推動

資料來源：日本交通省，資策會MIC經濟部ITIS研究團隊整理，2022年8月

網路安全戰略

項目	內容
願景或目標	2022年8月28日閣議決定最新3年期《網路安全戰略》（サイバーセキュリティ戦略），根據網路安全基本法（サイバーセキュリティ基本法），針對日本應實施之網路安全措施進行中長期規劃
主要內容	• 提升經濟社會活力，並推動數位轉型與網路安全 • 實現國民得安全安心生活之數位社會：所有組織應確保完成任務，並加強風險管理措施 • 促進國際社會和平安定，並保障日本安全：為確保全球規模「自由、公正且安全之網路空間」，日本須制定展現該理念之國際規範，並加強國際合作 • 推動橫向措施：在橫向措施方面，將進行中長期規劃，推動實踐性研究開發，並促進網路安全人才培育

資料來源：日本國會，資策會MIC經濟部ITIS研究團隊整理，2022年8月

數位社會形成基本法草案

項目	內容
願景或目標	2021 年 2 月 9 日正式提出，目的為提升國家競爭力、國民生活便利性，以建置一個「數位社會」，基本原則為降低數位落差
主要內容	• 確認政府為建立數位社會應迅速且集中實施的措施及基本政策 • 促進世界上最高水平的先進資訊和電信網路的形成，確保各種行為者順利分發資訊 • 政府應在使用先進的資訊和通信網路以及確保使用資訊和通信技術利用資訊的機會方面迅速採取集中措施 • 政府應在教育和學習促進、人力資源開發、促進經濟活動、企業管理效率，業務複雜性和生產力提高方面迅速採取的措施 • 通過使用先技術提高人們整個生活中各種服務的價值 • 振興當地經濟，在該地區創造有吸引力和多樣化的就業機會 • 中央政府和地方政府應相互合作，以便迅速，優先地實施形成數位社會的措施 • 制定數位社會形成措施時，可以快速、安全地交換資訊（各實體安裝的數位系統，以交換和共享資訊），維護資訊系統和標準化數據

資料來源：日本國會，資策會 MIC 經濟部 ITIS 研究團隊整理，2022 年 8 月

個人資料保護法

項目	內容
願景或目標	2021 年 5 月 19 日公布新修正之《個人資料保護法》(個人情報の保護に関する法律),並預計於 2022 年 4 月正式施行
主要內容	• 法律形式及法律管轄一元化:現行日本個人資料保護法制依適用對象分為《個人資料保護法》、《行政機關個人資料保護法》、《獨立行政法人等個人資料保護法》及各地方政府個人資料保護條例等不同規範,修法後將統一適用《個人資料保護法》,並受到個人資料保護委員會之監督管理 • 整合醫療及學術領域之規範:無論公私立醫院、大學等原則上均適用相同規範 • 調整學術研究之豁免規定:2019 年日本取得 GDPR 適足性認定之範圍未包含學術研究,故修法調整豁免規定為例外情形排除適用,如變更利用目的、取得敏感性個人資料及提供予第三者之情形 • 整合個人資料及匿名化資料之定義:修法將公部門與私部門對個人資料之定義,整合為包含「易於」與其他資料比對後得以識別特定個人之要件

資料來源:日本國會,資策會 MIC 經濟部 ITIS 研究團隊整理,2022 年 8 月

ICT 基礎設施區域發展總體計畫 3.0

項目	內容
願景或目標	為迎向 Society5.0 時代,藉由活用 ICT 基礎設施解決地方課題的重要性日益提高,啟動 5G 和 ICT 基礎設施整備以及促進 5G 運用的策略,以加速在全國範圍啟動 ICT 基礎設施佈建工作
主要內容	• 條件較差地區的覆蓋範圍整備(基地台布建) • 5G 等先進服務普及化 • 鐵路/道路隧道的電波遮蔽對策 • 光纖整備 • 以期在 2023 年年底(Reiwa 5)啟動,以整合和有效利用 ICT 基礎設施,並儘快在全國範圍內進行擴展

資料來源:日本總務省,資策會 MIC 經濟部 ITIS 研究團隊整理,2022 年 8 月

TOKYO Data Highway 基本戰略

項目	內容
願景或目標	● 透過 5G 技術創造新產業、增強都市競爭力，以解決少子化、高齡化，及環境或其他社會問題 ● 整合東京市政府與電信業者的知識與經驗，達到東京成為世界區域性 5G（Local 5G）技術最先進城市的目標
主要內容	● 為鼓勵業者搭建天線或基地台，政府將採用一站式服務（單一窗口）簡化申請流程，並開放東京公共資產如建築、公園、道路、巴士站、捷運出入口、交通號誌等空間供業者使用 ● 於教育、醫療、防災、自駕車、虛實整合與遠距工作等領域，制定適合東京的區域性 5G 應用 ● 引入 MaaS 和自動駕駛系統來減少交通擁堵，減少交通事故 ● 利用 AI、物聯網、機器人等提高人均生產率，發展遠程醫療和機器人護理技術，應對人口下降 ● 利用無人機進行基礎設施檢查，發展 AI 損害預測 ● 提高資訊通信技術教育和遠程學習等教育質量，並確保學習機會 ● 全力發展重點區域性 5G 應用，包括 2020 年世界焦點的「東京奧運會場」；居民眾多且距離東京市政府較近，容易以政策引導促進區域性 5G 應用的「西新宿」；擁有尖端資通訊研究設備以研究區域性 5G 應用的「東京都立大學」等

資料來源：東京戰略政策情報推進部，資策會 MIC 經濟部 ITIS 研究團隊整理，2022 年 8 月

物聯網實證計畫

項目	內容
願景或目標	推動日本物聯網規格成為國際標準
主要內容	● 日本經濟產業省將提供經費補助，擴大進行實證研究，以加速推廣物聯網至各產業領域 ● 具體作法是利用智慧工廠（可自機器上的感應器蒐集資訊以提高生產效率）、人工智慧（不需成本即可計算出最快速的生產方法）等技術，建立城鎮間的工廠可共享資訊，以攜手接單及生產之系統，並藉以推動做為國際標準

資料來源：日本經濟產業省，資策會 MIC 經濟部 ITIS 研究團隊整理，2022 年 8 月

73.6 兆日圓刺激方案

項目	內容
願景或目標	日本政府於 2020 年 12 月 8 日宣布，日本將編列新 73.6 兆日圓（相當於 7,080 億美元）經濟刺激計畫，以加快景氣復甦步伐
主要內容	• COVID-19 病毒感染擴大防治：財政支出 5.9 兆日圓，事業規模 6 兆日圓 • 數位化與零碳排放等成長戰略：財政支出 18.4 兆日圓，事業規模 51.7 兆日圓 • 防災、減災等國土強韌化：財政支出 5.6 兆日圓，事業規模 5.9 兆日圓 • 預備費：財政支出 10 兆日圓，事業規模 10 兆日圓 • 合計：財政支出 40 兆日圓，事業規模 73.6 兆日圓 • 改變營運模式的中小企業將可獲得最高達 1 億日圓補貼 • 約有 1 兆日圓將用來推動公立學校數位化轉型

資料來源：日本首相官邸，資策會 MIC 經濟部 ITIS 研究團隊整理，2022 年 8 月

教育資訊安全政策指引

項目	內容
願景或目標	2022 年 3 月發布「教育資訊安全政策指引」（教育情報セキュリティポリシーに関するガイドライン）修訂版本，本次修訂希望能具體、明確化之前的指引內容
主要內容	• 增加校務用裝置安全措施的詳細說明：充實「以風險為基礎的認證、異常活動檢測、惡意軟體之措施、加密、單一登入的有效性」等校務用裝置安全措施內容敘述 • 明確敘述如何實施網路隔離與控制存取權的相關措施：對於校務用裝置實施網路隔離措施，並將網路分成校務系統或學習系統等不同系統 • 針對校務用裝置攜入、攜出管理執行紀錄，並依實務運作調整控制存取權措施

資料來源：日本文部科學省，資策會 MIC 經濟部 ITIS 研究團隊整理，2022 年 8 月

世界最尖端 IT 國家創造宣言・官民資料活用推進基本方針

項目	內容
願景或目標	● 為集中因應日本社會持續邁向超高齡少子化之下，諸如經濟再生、財政健全化、地域活性化、社會安全安心等議題，指定 8 大領域（①電子行政②健康、醫療、介護③觀光④金融⑤農林水產⑥製造⑦基礎建設、防災、減災等⑧行動）為重點，視 2020 年為一個階段驗收點的前提下，未來將著眼於橫跨領域的資料協作，推展各領域應採取的重點措施 ● 希望成為世界最安全的自動駕駛社會、在各大國際 IT 相關評比上獲得最佳排名
主要內容	● 由首相官邸於 2017 年 5 月決議完成，取代過去自 2013 年推行的「世界最尖端 IT 國家創造宣言」 ● 打造電子行政的數位政府：遵循無紙化以及「Cloud by Default」原則，施行政府資訊系統改革、以服務為出發點的業務流程再造、行政手續化簡與網路化，期望在 2021 年使行政成本達到 1,000 億日圓的削減 ● 推動「Open by Design」發展、各領域資料公開、官民間的資訊流通 ● 建置跨領域資料協作的平台，包含資料標準化、推廣銀行體系 API、農業資料協作、中央及地方各團體對災害情報的共享等 ● 促進日本與美國、歐盟及亞太地區、G7 等各國間資料流通、協作 ● 確保離島等基礎設施條件較低落地區之超高速寬頻、網路和電信訊號的易達性 ● 培育人工智慧、物聯網與資安人才、普及程式設計教育 ● 以人工智慧推動高品質、個人化的醫療照護，開發多語言聲音翻譯技術並進行導入實證 ● 推廣分享經濟、遠距工作

資料來源：日本首相官邸，資策會 MIC 經濟部 ITIS 研究團隊整理，2022 年 8 月

2. 韓國

南韓智慧電網主要發展重點

項目	內容
願景或目標	• 藉由建置充電基礎建設與發展商業模式，帶動發展南韓電動車產業 • 知識經濟部提出智慧電網之國家發展藍圖，智慧電網試驗與運行計畫於 2020 年完成，到 2030 年達到全國普及
主要內容	• 智慧電網示範地點為濟州島，示範內容包括電動車相關基礎建設、節能住宅與再生能源等。政府與民間共同出資，計劃預定於 2011 年先設置 200 處電動車充電所 • 知識經濟部預計要在 2030 年前增設 27,000 處電動車充電服務場所，屆時南韓國內電動車將達 240 萬台。此外，政策上則是提升再生能源供電比例，並提高其輸入大電網之穩定性，發展儲能裝置，以建構新的電力交易系統 • 使用電端與供電端之電力供需資訊能雙向溝通，以及電力系統具備即時監控與自動修復能力；並促進用戶進行用電管理、新電價機制的建構與賦予用戶多樣化供電來源之選擇權等

資料來源：韓國知識經濟部，資策會 MIC 經濟部 ITIS 研究團隊整理，2022 年 8 月

2028 年 6G 服務商業化

項目	內容
願景或目標	為迎接即將來臨之 6G 行動通訊時代，韓國政府與民間共同推進 6G 技術發展，以 2028 年實現 6G 服務商業化為目標
主要內容	• LG 與韓國科學技術院（Korea Advanced Institute of Science and Technology, KAIST）於 2019 年 1 月成立 LG Electronics-KAIST 6G 研究中心，為第六代（6G）無線網路開發核心技術 • 韓國科學與資訊通信技術部已選定的 14 個戰略課題中把用於 6G 的 100GHz 以上超高頻段無線器件之研發列為「首要」 • 三星電子公司與 SK 電訊在 2019 年 6 月中旬宣布合作開發 6G 核心技術並探索 6G 商業模式，並且把區塊鏈、6G、AI 作為未來發力方向 • 2019 年 7 月，韓國科學技術情報通信部（Ministry of Science and ICT, MSIT）舉辦中長期 6G 研究計畫之公聽會，與通訊業者、大學等機構討論 6G 基礎設施和新技術開發業務之目標與方向，預計 2021 年至 2028 年展開 6G 核心技術研發並投入約 9,700 億韓元資金，目標使韓國於 2028 年成為首個實現 6G 服務商業化的國家

資料來源：韓聯社，資策會 MIC 經濟部 ITIS 研究團隊整理，2022 年 8 月

人工智慧（AI）國家戰略

項目	內容
願景或目標	● 該戰略旨在推動韓國從「IT 強國」發展為「AI 強國」，制定包括產業推動、教育、行政、工作革新等政府層面的「AI 國家戰略」，計劃在 2030 年將韓國在人工智慧領域的競爭力提升至世界前列 ● 達成數位競爭力世界前 3 名，透過 AI 創造高達 455 兆韓元的智慧經濟產值、世界前 10 名的生活品質等三大目標
主要內容	● 構建引領世界的人工智慧生態系統，成為人工智慧應用領先的國家，實現以人為本的人工智慧技術 ● 在人工智慧生態系統構建和技術研發領域，韓國政府將爭取至 2021 年全面開放公共數據，到 2024 年建立光州人工智慧園區，到 2029 年為新一代存算一體人工智慧晶片研發投入約 1 萬億韓元 ● 集中培育人工智慧創業公司，並為人工智慧初創企業發展提供管制放寬、完善法律服務等各方面的支持 ● 為建構 AI 生態系統，政府將擴展 AI 基礎設施及確保 AI 半導體技術安全，並預計於 2020 年為 AI 領域的創新制定《綜合監理藍圖》以整頓法律制度 ● 為鼓勵 AI 創業，將籌募「AI 投資基金」，並舉辦全球 AI 創業交流的「AI 奧運會」 ● 教育方面，政府將建立適用所有年齡及職業、專門培養 AI 基本能力的教育系統，擴大 AI 研究課程，將 AI 編入小學至高中的基礎課程，並允許 AI 相關學科之學校教授在公司任職 ● 政府還針對 AI 可能引發的道德問題研擬「AI 道德規範」，並計劃建立跨部會合作及品質管理機制，以解決各種新型問題並驗證 AI 的安全性

資料來源：韓聯社，資策會 MIC 經濟部 ITIS 研究團隊整理，2022 年 8 月

南韓 ICT 雲端運算發展計畫（K-ICT Cloud Computing Development Plan）

項目	內容
願景或目標	• 第一階段（2016-2018 年）：將國家社會 ICT 基礎設施移到雲端，促進南韓雲端產業發展動能；雲端運算的使用率從目前的 3%成長到 2018 年 30%，並將致力於在未來三年創造新的雲端運算市場，以鞏固產業地位 • 第二階段（2019-2021 年）：目標在 2021 年韓國成為雲端產業的領先者
主要內容	• 發展以雲作為新型態服務的 ICT 基礎設施，使創意經濟和 K-ICT 戰略及「以軟體為基礎的社會」的目標得以實現。雲將成為實現政府 3.0，即開放、共享、交流和協作的核心價值的關鍵基礎設施，有助於促進機構之間資訊共享和創造開放的溝通和無障礙政府 3.0 的基礎 • 促進雲端產業發展的三大策略，包括公共部門積極主動地採用雲端運算、私營部門增加使用雲；構建雲端產業發展生態系統

資料來源：韓國未來創造科學部，資策會 MIC 經濟部 ITIS 研究團隊整理，2022 年 8 月

2021 年度政府 5G 三大重點促進政策

項目	內容
願景或目標	推出三大重點促進政策：「2021 年度 5G+戰略推動計畫」、「5G 專網政策方案」及「以 MEC 為基礎之促進 5G 融合服務方案」
主要內容	• MSIT 於「2021 年度 5G+戰略推動計畫」中規劃三大方向：推動全國 5G 網路早期布建；開發與普及 5G 領先服務以活化 5G 融合服務；持續搶攻全球 5G 市場 • 在「5G 專網政策方案」中，MSIT 規劃優先釋出 28GHz 頻段（28.9-29.5GHz）共 600MHz 頻寬，並宣布於 2021 年 3 月制定頻率分配對象之區域劃分、釋出方式、頻率使用費及干擾排除方案等具體細部規定 • 而「以 MEC 為基礎之促進 5G 融合服務方案」則揭示三大目標：先行投資以領先 5G 市場；建立市場參與基礎以活化 5G 生態；連接上下游產業以提升競爭力

資料來源：MSIT，資策會 MIC 經濟部 ITIS 研究團隊整理，2022 年 8 月

韓國半導體戰略（K-Semiconductor Strategy）

項目	內容
願景或目標	未來十年計劃投入約 510 兆韓元（4,500 億美元），在南韓打造全球最大的晶片製造基地，成為全球的記憶體與非記憶體晶片巨擘
主要內容	• 政府將研擬規模 1.5 兆韓元的預算，支持業者開發下一代半導體與人工智慧（AI）晶片，包括指定半導體為「國家創新戰略科技」，提高大公司的半導體研發投資額可抵稅比重，從目前的 30%拉高到 40%，最高更可抵扣 50%，其他相關設施支出可扣抵 10%-20%的稅 • 政府和國營的韓國電力公司（KEPCO）將負擔打造晶片產線所需電力基建的多達 50%成本 • 響應這項計畫的「半導體國家隊」共 153 家廠商。以三星電子與 SK 海力士為首的晶片商承諾，未來十年將共投資約 510 兆韓元，包括三星未來十年支出額將提高 30%至 1,510 億美元，SK 海力士也承諾將投入 970 億美元擴建現有設施 • 政府也將提供 1 兆韓元的低利貸款，鼓勵當地晶片製造商擴大設備投資，包括 8 奈米晶片產線業者，目標是到 2030 年時晶片年出口額能提高至 2,000 億美元，較 2020 年的 992 億美元增加一倍多 • 希望能在 2022 至 2031 年之間訓練出 3.6 萬名晶片專家

資料來源：韓國科學技術情報通信部，資策會 MIC 經濟部 ITIS 研究團隊整理，2022 年 8 月

加強保護國家高科技戰略產業競爭力特別措施法（半導體特別法）

項目	內容
願景或目標	在《產業技術保護法》之「國家核心技術」外，額外定義「國家高科技戰略技術」，除出口、併購應依現行《產業技術保護法》事先取得產業通商資源部許可。對於不法侵害國家高科技戰略技術，訂定更嚴厲的罰則，同時針對相關產業提供系統性支援措施
主要內容	• 成立由韓國總理主導的「國家高科技戰略產業委員會」，制定5年戰略產業培育及保護的基本計畫 • 「國家高科技戰略技術」由「國家高科技戰略產業委員會」指定 • 加重不法侵害國家高科技戰略技術的罰則：意圖在境外使用或使技術在外國使用，而不法侵害國家高科技戰略技術者，處15年以下有期徒刑、15億韓元以下罰金；未取得許可出口、投資併購而不法侵害國家高科技戰略技術者，處15年以下有期徒刑、15億韓元以下罰金 • 中央及地方政府應制定培育、保護國家高科技戰略產業必要的政策 • 為支持國家高科技戰略產業，提供加速辦理許可、迅速處理環安或職安民事投訴、投入政府預算、減免稅金、培育專業人才等方案 • 為穩定國家高科技戰略產業供應鏈，政府因自然災害或國際貿易形勢導致相關技術供需穩定有疑慮時，經營者、進出口、運輸、倉儲業者或國營事業，應依據總統令，以六個月為期限，於期間內辦理生產計畫、國內優惠供應方案或設施擴建等事項

資料來源：韓國政府，資策會 MIC 經濟部 ITIS 研究團隊整理，2022 年 8 月

延展實境（XR）經濟發展策略

項目	內容
願景或目標	為成為全球延展實境經濟的領先國家，韓國科學技術情報通信部（Ministry of Science and ICT, MSIT）於 2020 年 12 月 10 日發布「延展實境（XR）經濟發展策略」，旨在 2025 年之前創造 30 兆韓元的經濟產值，並躋身世界前五大 XR 經濟體
主要內容	• 隨著 XR 技術擴展至製造、醫療、教育、物流等各領域，預估至 2025 年將為全球創造約 520 兆韓元（4,764 億美元）的經濟產值 • 制定三大推動策略，並先以製造、建築、醫療、教育、物流和國防等六大產業作為推動 XR 技術之核心產業 • 策略 1：在經濟和社會領域廣泛使用 XR 技術解決問題 • 策略 2：擴展 XR 必要基礎設施和相關制度整備 • 策略 3：支持 XR 技術相關企業，以確保全球競爭力

資料來源：韓國科學技術情報通信部，資策會 MIC 經濟部 ITIS 研究團隊整理，2022 年 8 月

南韓未來學校發展計畫（Future School 2030 Project）

項目	內容
願景或目標	• 預計在 2030 年之前，於世宗特別自治市完成 150 間智慧校園聚落，總計共有 66 所幼稚園、41 所小學、21 所國中、20 所高中、2 所特殊學校 • 主要驅動政府成立資訊策略計畫 ISP 和專家小組，建置智慧教育平台。建立雲端智慧學習環境，搭載平台承載雲端運算，提供全國所有學校智慧服務
主要內容	• 政府預計花費 23 億美元經費，目標 2030 年實現智慧校園導入建置 • 補貼 5 億美元發展數位教科書，幼稚園、小學、國中、高中之總建築成本為 6,900 萬美元 • 超過 60 個國家參訪該計畫

資料來源：韓國未來創造科學部，資策會 MIC 經濟部 ITIS 研究團隊整理，2022 年 8 月

3. 中國大陸

十四五規劃（2021-2025）和 2035 年遠景目標（2021-2035）綱要草案

項目	內容
願景或目標	• 通過「十四五規劃」與「2035 遠景目標」建議，為未來 5 年乃至 15 年大陸發展擘畫藍圖 • 著眼於搶佔未來產業發展先機，培育先導性和支柱性產業，推動戰略性新興產業融合化、集群化、生態化發展，戰略性新興產業增加值佔 GDP 比重超過 17%
推動主軸	• 將中國大陸建設成製造強國，加強關鍵核心技術攻關力度，新一代資訊技術、新能源車、生物技術、新材料、新能源、航太、高端裝備、綠色環保、海洋裝備、智慧醫療、人工智慧、量子資訊、集成電路等產業發展 • 強調在關鍵核心技術實現重大突破，經濟實力、科技實力大幅躍升，讓中國大陸進入創新型國家前列，參與國際經濟合作和競爭優勢明顯增強 • 歷經長達三年的美中貿易戰及 COVID-19 全球大流行，兩會可能由半導體產業自主性強化，進行政策規劃重點，目前，已有北京、上海、廣東等 13 個省都公布重點推進未來五年積體電路產業規劃 • 人工智慧（Artificial intelligence, AI）：中國大陸計劃將重點放在開發 AI 應用程式的專用晶片和開源演算法 • 量子資訊：涉及量子運算的技術類別與目前使用的電腦概念完全不同，借助量子運算技術有望實現新的壯舉，如新藥的發明 • 積體電路或半導體：半導體對中國大陸而言至關重要，過去幾年其已投入大量資金，努力追趕美國、臺灣和韓國。在其 5 年計畫中，將專注於積體電路設計工具、關鍵設備和關鍵材料之研發 • 基因學與生物技術：隨著 2020 年 COVID-19 疫情的爆發，生物技術的重要性日益提高，未來將專注於創新疫苗和生物安全性研究 • 太空、深層地球、深海和極地研究：太空探索是中國大陸近年的發展重點，其將專注於宇宙起源與演化研究、對火星的探索，以及深海和極地研究

資料來源：北京市經濟和資訊化局，資策會 MIC 經濟部 ITIS 研究團隊整理，2022 年 8 月

中國大陸國家智慧城市（區、鎮）試點指標體系

項目	內容
願景或目標	• 住建部要求申請試點之城市應對照《國家智慧城市（區、鎮）試點指標體系》制定智慧城市發展規劃綱要，住建部則會根據此評估試點城市 • 該指標體系可分為三級指標，一級指標包含保障體系與基礎設施、智慧建設與宜居、智慧管理與服務、智慧產業與經濟等四大面向
推動主軸	• 智慧城市發展規劃綱要及實施方案、組織機構、政策法規、經費規劃和持續保障、運行管理 • 無線網路、寬頻網路、下一代廣播電視網 • 城市公共基礎資料庫、城市公共資訊平台、資訊安全 • 城鄉規劃、數位化城市管理、建築市場管理、房產管理、園林綠化、歷史文化保護、建築節能、綠色建築 • 供水系統、排水系統、節水應用、燃氣系統、垃圾分類與處理、供熱系統、照明系統、地下管線與空間綜合管理 • 決策支援、資訊公開、網上辦事、政務服務體系 • 基本公共教育、勞動就業服務、社會保險、社會服務、醫療衛生、公共文化體育、殘疾人服務、基本住房保障 • 智慧交通、智慧能源、智慧環保、智慧國土、智慧應急、智慧安全、智慧物流、智慧社區、智慧家居、智慧支付、智慧金融 • 產業規劃、創新投入 • 產業要素聚集、傳統產業改造 • 高新技術產業、現代服務業、其它新興產業

資料來源：中國大陸住建部，資策會 MIC 經濟部 ITIS 研究團隊整理，2022 年 8 月

上海市關於進一步加快智慧城市建設的若干意見

項目	內容
願景或目標	• 到 2022 年，將上海建設成為全球新型智慧城市的排頭兵，國際數位經濟網路的重要樞紐；引領全國智慧社會、智慧政府發展的先行者，智慧美好生活的創新城市 • 堅持全市「一盤棋、一體化」建設，更多運用網路、大資料、人工智慧等資訊技術手段，推進城市治理制度創新、模式創新、手段創新，提高城市科學化、精細化、智慧化管理水準 • 科學集約的「城市大腦」基本建成；政務服務「一網通辦」持續深化；城市運行「一網統管」加快推進；數位經濟活力迸發，新模式新業態創新發展；新一代資訊基礎設施全面優化；城市綜合服務能力顯著增強，成為輻射長三角城市群、打造世界影響力的重要引領
推動主軸	• 深化資料匯聚及系統整合共用，支援應用生態開放 • 推動政務流程革命性再造，不斷優化「網路+政務服務」，著力提供智慧便捷的公共服務 • 加強各類城市運行系統的互聯互通，提升快速回應和高效聯動處置能力水準 • 深化建設「智慧公安」，優化城市智慧生態環境，積極發展「網路+回收平台」 • 提升基層社區治理水準，創新社區治理 O2O 模式 • 聚焦雲服務、數位內容、跨境電子商務等特色領域，建設「數字貿易國際樞紐港」，形成與國際接軌的高水準數字貿易開放體系 • 發展智慧綠色農業，促進農產品安全和品質提升 • 推進工業網路創新發展，聚焦個性化訂製、網路化協同、智慧化生產、服務化延伸 • 推動 5G 先導、4G 優化，打造「雙千兆寬頻城市」 • 率先部署北斗時空網路，深化 IPv6 應用 • 推動資訊樞紐增能、智慧計算增效 • 切實保障網路空間安全與增強智慧城市工作合力

資料來源：上海市人民政府，資策會 MIC 經濟部 ITIS 研究團隊整理，2022 年 8 月

北京市加快新型基礎設施建設行動方案（2020-2022 年）

項目	內容
願景或目標	• 聚焦「新網路、新要素、新生態、新平台、新應用、新安全」六大方向 • 到 2022 年基本建成具備網路基礎穩固、資料智慧融合、產業生態完善、平台創新活躍、應用智慧豐富、安全可信可控等特徵 • 具有國際領先水準的新型基礎設施，對提高城市科技創新活力、經濟發展品質、公共服務水準、社會治理能力形成強有力支撐
推動主軸	• 建設新型網路基礎設施，包含 5G 網路、千兆固網、衛星網路、車聯網、工業網路及政務專網 • 建設資料智慧基礎設施，如新型資料中心、大資料平台、人工智慧基礎設施、區塊鏈服務平台及資料交易設施 • 推進資料中心從「雲+端」集中式架構向「雲+邊+端」分散式架構演變 • 建設生態系統基礎設施，打造高可用、高性能作業系統，聚焦分析儀器、環境監測儀器、物性測試儀器等領域 • 發揮產業集群的空間集聚優勢和產業生態優勢，在生物醫藥、電子資訊、智慧裝備、新材料等中試依賴度高的領域推動科技成果系統化、配套化和工程化研究開發，鼓勵聚焦主導產業，建設共用產線等新型中試服務平台，構建共用製造業態 • 以國家實驗室、懷柔綜合性國家科學中心建設為牽引，打造多領域、多類型、協同聯動的重大科技基礎設施 • 支援一批創業孵化、技術研發、中試試驗、轉移轉化、檢驗檢測等公共支撐服務平台建設 • 建設智慧應用基礎設施，包括智慧政務、智慧城市、智慧民生、智慧產業應用，並為傳統基礎設施及中小企業賦能 • 建設可信安全基礎設施及行業應用安全設施，支持開展 5G、物聯網、工業網路、雲化大資料等場景應用的安全設施改造與提升 • 綜合利用人工智慧、大資料、雲端運算、IoT 智慧感知、區塊鏈、軟體定義安全、安全虛擬化等新技術，推進新型基礎設施安全態勢感知和風險評估體系建設，整合形成統一的新型安全服務平台

資料來源：北京市人民政府，資策會 MIC 經濟部 ITIS 研究團隊整理，2022 年 8 月

北京市5G產業發展行動方案（2019年-2022年）

項目	內容
願景或目標	● 網路建設目標：到2022年，運營商5G網路投資累計超過300億元，實現首都功能核心區、城市副中心、重要功能區、重要場所的5G網路覆蓋 ● 技術發展目標：科研單位和企業在5G國際標準中的基本專利擁有量占比5%以上，成為5G技術標準重要貢獻者，重點突破6GHz以上中高頻元器件規模生產關鍵技術和工藝 ● 產業發展目標：5G產業實現收入約2,000億元，拉動資訊服務業及新業態產業規模超過1萬億元
推動主軸	● 實施「一五五一」工程 ● 「一」，即一個突破—突破中高頻核心器件技術等關鍵環節 ● 「五五」，即五大場景的五類應用—圍繞北京城市副中心、北京新機場、2019年北京世園會、2022年北京冬奧會、長安街沿線升級改造等「五」個重大工程、重大活動場所需要，開展5G自動駕駛、健康醫療、工業網路、智慧城市、超高清視頻應用等「五」大類典型場景的示範應用 ● 最終培育「一」批5G產業新業態，帶動一批5G軟硬體產品產業化應用

資料來源：北京市經濟和資訊化局，資策會MIC經濟部ITIS研究團隊整理，2022年8月

「5G+工業網路」512工程推進方案

項目	內容
願景或目標	● 到2022年，突破一批面向工業網路特定需求的5G關鍵技術，「5G+工業網路」產業支撐能力顯著提升 ● 培育形成5G與工業網路融合疊加、互促共進、倍增發展的創新態勢，促進製造業數位化、網路化、智慧化升級，推動經濟高質量發展
推動主軸	● 提升「5G+工業網路」網路關鍵技術產業能力：加強技術標準、加快融合產品研發和商業化、加快網路技術和產品部署實施 ● 提升「5G+工業網路」創新應用能力：打造5個內網建設改造公共服務平台、遴選10個「5G+工業網路」重點行業、挖掘20個「5G+工業網路」典型應用場景 ● 提升「5G+工業網路」資源供給能力：打造項目庫、培育解決方案之供應商、建立供給資源池

資料來源：工信部，資策會MIC經濟部ITIS研究團隊整理，2022年8月

關於推動工業網路加快發展的通知

項目	內容
願景或目標	為落實中央關於推動工業網路加快發展的決策部署，統籌發展與安全，推動工業網路在更廣範圍、更深程度、更高水準上融合創新，培植壯大經濟發展新動能，支撐實現高品質發展，故加快新型基礎設施建設、拓展融合創新應用、健全安全保障體系、壯大創新發展動能及完善產業生態布局
推動主軸	● 改造升級工業網路內外網路、完善工業網路標識體系、提升工業網路平台核心能力、建設工業網路大數據中心 ● 積極利用工業網路促進復工復產、深化工業網路行業應用、促進企業上雲上平台、加快工業網路試點示範的推廣普及 ● 建立企業分級安全管理制度、完善安全技術監測體系、健全安全工作機制、加強安全技術產品創新 ● 加快工業網路創新發展工程建設、深入實施「5G+工業網路」512 工程、增強關鍵技術產品供給能力 ● 促進工業網路區域協同發展、增強工業網路產業集群能力、統籌協調各地差異化開展工業網路相關活動

資料來源：工信部，資策會 MIC 經濟部 ITIS 研究團隊整理，2022 年 8 月

北京市關於促進北斗技術創新和產業發展的實施方案（2020 年-2022 年）

項目	內容
願景或目標	• 為加強全國科技創新中心建設，推動北京市北斗技術創新和產業發展，特別制定本實施方案 • 到 2022 年，北斗導航與位置服務產業總體產值超過 1,000 億元，建設一個具有全球影響力的北斗產業創新中心，形成一套北斗產業融合應用的標準體系 • 打造一個國際領先的新一代時空資訊技術應用示範區，實現北斗系統在關係國家安全與國計民生的關鍵行業領域全面應用
推動主軸	• 提升「高精度+室內外」定位服務能力，建設高精度信號服務網及重點區域室內定位網 • 發揮「服務+資料」公共平台價值，完善北斗導航與位置服務產業公共平台與空間資料運營服務雲平台 • 授時定位、地圖服務、個性化位置服務、智慧城市、智慧物流、安防監控、智慧農業、資產監管、環境監測、智慧網聯汽車、無人機和小型機器人 • 研發面向 5G 手機的多感測器融合定位軟體 IP 核及雲端性能增強技術，構建高精度室內外無縫導航新型商業模式 • 結合物聯網、大資料、AR/VR 等技術實現智慧巡檢、作業管理、設施普查、應急救援、災害預警等環節的全面應用 • 推動北斗高精度時間同步技術在軌道交通運營管理的普及化應用 • 建設城市資訊模型網（Internet of CIM）資料平台與全過程動態監測預警資訊化網路 • 城市生態環境保護、智慧出行服務、高效物流提升、智慧冬奧

資料來源：北京市經濟和資訊化局，資策會 MIC 經濟部 ITIS 研究團隊整理，2022 年 8 月

4. 臺灣

服務型智慧政府 2.0

項目	內容
願景或目標	為運用開放資料強化智慧政府治理能量，並鼓勵民間多元應用，創造資料經濟，推升我國數位競爭能力，政府自民國 110 年起執行「服務型智慧政府 2.0 推動計畫」(110-114 年)，將以民眾需求為出發點，深化智慧政府各項作為，同時厚植數位經濟基礎及加強數位治理效能，打造精準可信賴的智慧政府
主要內容	● 針對民生領域強化數位服務，簡化民眾申辦程序，透過智能應用加強為民服務模式，提供民眾更好的服務與體驗 ● 利用新興科技強化民眾對政府的信任，並善用多元身分識別技術，建構跨機關全程線上服務，以資料為基礎，提供個人精準服務 ● 建立政府資料申請、授權、收費等原則性規定及開放資料諮詢、輔導機制，並擴大釋出高價資料集、資料再利用程序化、跨領域資料互通使用 ● 優先推動民生相關的資料集，例如大眾運輸、金融商品等，並導引政府善用資料及樹立資料應用典範 ● 以解決民生關切議題出發，從過往的資料輔助決策，進展到利用資料分析找出決策缺口，釐清政策推動瓶頸或民意輿論焦點，透過串聯跨機關、跨業務之資料，運用分析模式與演算法，提供決策輔助，循證式訂定政府施政作為

資料來源：行政院新聞，資策會 MIC 經濟部 ITIS 研究團隊整理，2022 年 8 月

臺灣顯示科技與應用行動計畫

項目	內容
願景或目標	2020 至 2025 年，5 年預計投入 177 億新臺幣，聚焦智慧零售、交通、醫療和育樂等 4 大應用領域，以實現「Beyond Display—透過新興顯示科技與應用建構 2030 智慧生活」為願景，讓臺灣的先進科技產業，繼續居於國際領先地位
推動主軸	● 將推動國產化落地內需，建置最佳解決方案展示櫥窗，並協助產業加強國際行銷能力，提升臺灣國際品牌形象 ● 擴展自造基地培育新創公司，提升國內顯示器領域創新能力 ● 發展先進顯示技術與應用系統（如智慧感測、虛實融合及資訊安全等新興科技），並推動跨領域合作發展新技術，實現既有產線轉型並再創新價值 ● 開發差異化材料與綠色製程技術，推動產業發展循環經濟模式 ● 建構產業發展環境，除建立智慧零售、智慧交通、智慧醫療及智慧育樂 4 大生活實驗平台及溝通機制，促進產官學研合作，還要培育前瞻顯示科技跨領域整合研究創新應用及國際合作之人才，並引進國際人才 ● 以政策性資源，如推動智慧顯示應用主題輔導計畫，促進智慧顯示跨域系統整合發展

資料來源：行政院科技會報，資策會 MIC 經濟部 ITIS 研究團隊整理，2022 年 8 月

臺灣 AI 行動計畫

項目	內容
願景或目標	政府為掌握 AI 發展的契機，繼宣示 2017 年為臺灣 AI 元年後，續於同年 8 月推出「AI 科研戰略」，並於 2018 年 1 月 18 日起推動 4 年期的「臺灣 AI 行動計畫」(2018 年至 2021 年)，全面啟動產業 AI 化
主要內容	● AI 人才衝刺：在千人智慧科技菁英方面，已在台大、成大、清大、交大各成立 1 個「AI 創新研究中心」，涵蓋人工智慧技術、健康照護、智慧製造、智慧服務、智慧生技醫療等領域 ● AI 領航推動：晶片是支持 AI 運算的心臟，行政院科技會報辦公室成立跨部會「AI on Chip 示範計畫籌備小組」，已有台積電、聯發科等 15 家晶片設計與半導體廠商參與 ● 建構國際 AI 創新樞紐：臺灣已成為全球矚目的 AI 創新應用舞台，國際級旗艦公司陸續在臺成立 AI 研發基地，並與臺灣本土 AI 產業鏈結，共構我國產業生態系統 ● 法規與場域開放：在台南沙崙建置臺灣第一座封閉式自駕車測試場域「臺灣智駕測試實驗室」並開始營運，並於 2018 年 12 月 19 日公布了全球第一套涵蓋陸、海、空的無人載具科技創新實驗條例。另建置民生公共物聯網，2018 年底已布建水、空、地、災各類感測器，即時及歷史感測資料約 7,000 站，供民間介接使用 ● 產業 AI 化：從產業創新的實務需求出發，建立「產業出題，人才解題」機制，2018 年辦理第一梯次解題，共收到醫療生技、資訊服務、電商廣告、人力資源、監控安全、物聯網等六大產業之 32 家企業提出 53 題 AI 轉型需求，並媒合解題團隊解題，共產出 21 個解題方案

資料來源：行政院政策，資策會 MIC 經濟部 ITIS 研究團隊整理，2022 年 8 月

AI on chip 研發補助計畫

項目	內容
願景或目標	「發展核心技術、產出自主利基智慧運算軟體及 AI on Device 系統整合晶片」政策指導方向，以「AI on chip 示範計畫籌備小組」整合跨部會及產學研團隊能量，並以政策工具鼓勵業界領軍投入 AI 晶片前瞻技術與產品發展，產出具有國際競爭力的產品、系統應用與服務，協助我國廠商在邊緣裝置端 AI 取得市場地位
主要內容	• 補助具有關鍵指標意義的 AI 晶片研發，藉此刺激臺灣 AI 晶片發展，協助臺灣半導體產業延續以往優勢，在 AI 仍能居於全球領先群 • 今年 7 月在行政院指導下，攜手臺灣半導體協會成立臺灣人工智慧晶片聯盟 AITA • AITA 邀請廠商和學界加入，並成立 AI 系統應用、異質 AI 晶片整合、新興運算架構 AI 晶片、AI 系統軟體等四大關鍵技術委員會 • 全力協助產業降低 AI 晶片研發成本 10 倍、縮短晶片軟體開發時程 6 個月以上、提升 AI 晶片運算效能 2 倍、建立自主專利，讓臺灣成為 AI 產業晶片的輸出國

資料來源：經濟部技術處，資策會 MIC 經濟部 ITIS 研究團隊整理，2022 年 8 月

金融資安行動方案

項目	內容
願景或目標	將從強化主管機關資安監理、深化金融機構資安治理、精實金融機構資安作業韌性、發揮資安聯防功能等四大面向，提出 36 項資安措施，以 4 年為期分階段推動，希望作為各金融機構及公會檢討資安策略、管理制度及防護技術等遵循的指引，藉此強化我國金融業資安防護能力，打造安全、便利、不中斷的金融服務
主要內容	• 型塑金融機構重視資安的組織文化 • 強化新興科技的資安防護 • 系統化培育金融資安專業人才 • 深化資安情資分享與國際合作 • 建構資源共享的資安應變機制 • 建置金融資安監控協同體系 • 鼓勵導入資安國際標準 • 落實復原應變運作機制

資料來源：行政院新聞，資策會 MIC 經濟部 ITIS 研究團隊整理，2022 年 8 月

加速半導體前瞻科研及人才布局

項目	內容
願景或目標	透過產業、國家、全球三層級由內而外布局，推動四大重點工作，從製造、人才、技術與資源等方向突圍，對內強化人才質量、科技研發、綠電供應等軟實力，促進我國整體半導體產業鏈之共榮互惠
主要內容	● 確保半導體人才供應：提出《國家重點領域產學合作及人才培育創新條例》，鬆綁法規，讓高教更具彈性，將遴選 1-2 所大學新設國家重點領域研究學院，與企業共同培育產業所需人才 ● 強化半導體前瞻科研：矽基半導體領域、化合物半導體領域、量子領域 ● 推動南部半導體材料聚落：建立南部半導體材料 S 形廊帶，以掌握關鍵化學品自主、確保材料優化參數不外流，建立在地戰略供應鏈 ● 增加產業空間、擴大吸引投資

資料來源：行政院新聞，資策會 MIC 經濟部 ITIS 研究團隊整理，2022 年 8 月

發展 5G 加值應用服務

項目	內容
願景或目標	2021 年至 2025 年更將透過前瞻基礎建設計畫預算投入 490 億元，協助業者加速、加大力道推動 5G 普及建設，並藉由《產業創新條例》修法，鼓勵業者投入，期善用臺灣半導體和資通訊產業的既有優勢，以 5G 強化資訊及數位相關產業發展，讓臺灣成為下一個世代資訊科技的重要基地
主要內容	● 引導產業升級轉型：布局 5G 前瞻技術、加速 5G 科技運用與擴散 ● 催生 5G 先進示範：推動場域實證，如在高雄亞洲新灣區打造全臺最大的 5G 研發創新試驗場域，鼓勵業者參與實證，探索商業模式，建立完整產業生態系 ● 加速國際鏈結：營造 5G 共通驗測環境，打造 5G 開放網路驗測平台；擴大國際合作 ● 厚植 5G 產業人才：推動 5G 人才研發實戰，採「產業出題、人才實戰」模式，引導產業就商用化 5G 產品研發出題，搭配大專院校推薦大三以上及碩博生到公司實習參與

資料來源：行政院新聞，資策會 MIC 經濟部 ITIS 研究團隊整理，2022 年 8 月

臺灣5G行動計畫（2019-2022年）

項目	內容
願景或目標	• 打造智慧醫療、智慧製造、智慧交通等5G應用國際標竿場域 • 建構5G技術自主與資安能力，打造全球信賴的5G產業供應鏈 • 以5G企業網路深化產業創新，驅動數位轉型 • 實現隨手可得5G智慧好生活，均衡發展幸福城鄉
推動主軸	• 推動5G垂直應用場域實證，於各地廣設5G多元應用實驗場域（如臺北流行音樂中心、林口新創園區、沙崙創新園區），並帶動國內廠商參與，建立5G驗證實績，加速5G商轉普及 • 營造5G跨業合作平台，扶植5G新創業者並降低技術、資金、法規等門檻，廣納各領域業者進入市場，健全5G產業生態系 • 透過各種管道培育5G技術與應用人才，滿足5G產業發展需求；同時結合國內廠商力量，建構民生公共物聯網、文化科技、智慧醫療等5G創新應用標竿實例，帶動5G產業茁壯發展 • 完備5G技術核心及資安防護能量，制訂5G資安國家整體政策，推動國內廠商進入國際5G可信賴供應鏈 • 依產業需求、市場發展趨勢、國際脈動，分階段逐步進行5G頻譜釋照 • 與日本、德國、英國等國家同步規劃5G專網發展機制，鼓勵創新應用，例如遠距醫療照護偏鄉長輩健康、智慧安全守護鄰里安全及智慧製造提升工業安全等領域 • 調整法規創造有利發展5G環境，精進5G電信管理法規，放寬電信市場之創新應用及跨業合作彈性，促進5G網路基礎設施共建共用

資料來源：行政院科技會報，資策會MIC經濟部ITIS研究團隊整理，2022年8月

5+2科研計畫2.0

項目	內容
願景或目標	導入AI、5G兩項技術，強化新興產業、新科技發展，並透過《產創條例》等既有法規政策的支持，要在接下來的四年內實現產業再升級的目標
主要內容	• AI、5G技術實現後，導入5+2現有產業 • 導入新技術發展、實現智慧機械等先進應用 • 藉由《產創條例》等法規政策，鼓勵產業發展 • 協助企業未來輸出先進應用至新南向國家等地

資料來源：行政院，資策會MIC經濟部ITIS研究團隊整理，2022年8月

領航企業研發深耕計畫

項目	內容
願景或目標	以「研究」(國際大廠在臺深耕研發)、「共創」(台商與國際大廠共同創新)及「發展」(帶動臺商發展應用加值及服務)為架構，優先推動新興半導體、新世代通訊、人工智慧 3 大核心科技，吸引國際大廠來台成立研發中心，結合國內產業鏈，加速布局臺灣研發體系，以強化我國產業領導性技術研發實力，引領臺灣從代工製造大國轉型為研發創新強國
推動主軸	● 推動新興半導體，除將爭取如美光等國際大廠投資，研發下世代記憶體外，並爭取國際大廠與國內企業研究，共創異質晶片產業鏈，穩住臺灣晶圓代工王國地位 ● 促進國內企業加速產品應用發展，滿足自駕車、智慧手機、資料中心等創新產品所需 ● 推動新世代通訊—5G 網路新架構，涵蓋開放式 5G 網路新架構、電信級網通產品等 ● 爭取如進思科和國際電信等國際大廠，投入研發電信級網路系統，擴大出口，提供全球值得信任的高性價比 5G 解決方案 ● 吸引國際大廠與國內企業合作建構新型態 5G 產業鏈，打造 5G 方案的臺灣品牌 ● 推動人工智慧(AI)，爭取如微軟、亞馬遜、谷歌等國際大廠，打造新興 AI 平台，建構智慧國家 AI 生態系 ● 爭取國際大廠與國內企業共創在地化 AI 產業鏈，使我國成為「企業對企業」(B2B) AI 解決方案輸出國 ● 推動國內企業發展產業 AI 化解決方案，打造產業 AI 化創新聚落

資料來源：行政院，資策會 MIC 經濟部 ITIS 研究團隊整理，2022 年 8 月

太空發展法草案

項目	內容
願景或目標	為促進我國太空產業的健全發展，希望結合我國既有半導體、資通訊、精密機械等產業，開拓太空新藍海商機
主要內容	● 預計 10 年投入 250 億元國家太空計畫，用來扶植衛星產業、培養太空科技人才 ● 第三期太空計畫規劃衛星，是國產元件飛試平台，通過驗證後就能進軍國際市場，增加臺灣廠商的技術與產品附加價值 ● 將投入 B5G（Beyond 5G）低軌通訊衛星產業，政府 2021 至 2024 年投入 40 億元，開發國內第一顆實驗型低軌衛星通訊技術開發與系統建置

資料來源：行政院新聞，資策會 MIC 經濟部 ITIS 研究團隊整理，2022 年 8 月

2016-2020 資訊教育總藍圖

項目	內容
願景或目標	以「深度學習、數位公民」為願景，從學習、教學、環境、與組織四個面向規劃目標，並依目標規劃出 24 項發展策略，期望在 2020 年，我國學生能具備深度學習的關鍵能力，同時成為數位時代下負責任與良好態度的數位公民
推動主軸	● 學習：培養關鍵能力，養成創新實作及自主學習之數位公民 ● 教學：強化培訓機制，支援教師發展及善用深度學習之策略 ● 環境：打破時空限制，提供學生隨時隨地學習之雲端資源 ● 組織：健全權責分工，落實資訊專業人力合理配置與進用

資料來源：教育部，資策會 MIC 經濟部 ITIS 研究團隊整理，2022 年 8 月

附表 2-104 《2015-2019 年學生參加國際資訊類及技能競賽歷年成績統計》

	2015	2016	2017	2018	2019
國際程式競賽（ACM - ICPC）（排名）	臺大（28）	臺大（14）、交大（44）	臺大（20）	臺大（14）	臺大（5）
國際技能競賽（排名）	5 金 7 銀 5 銅 19 優勝	-	4 金 1 銀 5 銅 27 優勝	-	5 金 5 銀 5 銅 23 優勝

資料來源：教育部，資策會 MIC 經濟部 ITIS 研究團隊整理，2022 年 8 月
說明：國際技能競賽每 2 年舉辦 1 次

三、資服業大廠動態

（一）Amazon

1. Amazon

Amazon 企業動向

年／月	事件
2021/07	• 傑夫·貝佐斯（Jeff Bezos）於 7 月 5 日卸任亞馬遜執行長，並由 AWS 負責人 Jassy 繼任 • Amazon 在華盛頓地區 Chevy Chase 籌備第二家 Amazon Fresh 全方位服務雜貨店
2021/06	• Amazon 宣布在 Baton Rouge 開設新的機器人配送中心
2021/03	• 準備在英國開設首家（美國以外的）實體無人商店－亞馬遜生鮮超市（Amazon Fresh）
2021/02	• 與印度信實集團（Reliance Industries）打官司，其導火線為信實集團對印度第 2 大零售連鎖業者「未來集團」（Future Group）的收購交易

資料來源：資策會 MIC 經濟部 ITIS 研究團隊，2022 年 8 月

Amazon 收購及投資動態

年／月	事件
2022/07	• 和 One Medical 簽署協議，收購 One Medical
2021/05	• Amazon 以 84.5 億美元買下知名電影製作公司米高梅（MGM），讓旗下 Prime Video 挑戰 Netflix
2021/04	• Amazon 斥巨資收購 UPS 和 FedEx
2021/01	• 自達美航空（Delta Air Lines）與西捷航空（WestJet）購買 11 架二手波音 767-300 飛機，以提升運送效率
2020/12	• 宣布收購 Wondery，增強 Amazon Music 應用的非音樂內容
2020/06	• 收購自動駕駛新創 Zoox，價值超過 10 億美元

資料來源：資策會 MIC 經濟部 ITIS 研究團隊，2022 年 8 月

Amazon 合作案

年／月	事件
2022/04	• 與波音聯手實現航空航天設計和製造轉型
2022/03	• 與德克薩斯州的大學、學院合作，以全額資助當地小時工的學費
2022/01	• 和 Stellantis 合作，在汽車中引入以客戶為中心的互聯體驗
2021/12	• 助輝瑞加速藥物開發和臨床製造
2021/09	• 與大自然保護協會合作，在巴西投資基於自然的碳去除解決方案
2021/04	• 與 Ula 簽署契約，發射 9 顆 Kuiper 專案網路衛星

資料來源：資策會 MIC 經濟部 ITIS 研究團隊，2022 年 8 月

Amazon 新發布之產品與服務

年／月	事件
2022/07	• 發布 Amazon EMR 無伺服器、Amazon MSK Serverless 以及具有 Amazon Redshift Serverless 的無伺服器數據倉庫
2022/06	• 亞馬遜時尚推出 Virtual Try-On for Shoes，可對鞋子進行虛擬試穿
2022/05	• 推出下一代 Fire 7 和 Fire 7 Kids
2022/04	• 推出 AWS Impact Accelerator • 推出「使用 Prime 購買」，將 Prime 購物優惠擴展到 Amazon.com
2022/03	• Luna 雲遊戲服務已為美國居民提供，且 Prime 會員有獨特優惠 • eero 推出其最快的 Mesh Wifi 系統— eero Pro 6E 和 eero 6+
2021/10	• 通過 Alexa Smart Properties 將 Alexa 帶入高級生活社區和醫療保健系統
2021/09	• 推出全新的 Fire TV 系列，包括有史以來第一台 Amazon 製的電視 • 推出下一代 Kindle Paperwhite 和新的 Kindle Paperwhite 簽名版 • 推出 Kindle Paperwhite Kids，為孩子們提供無干擾的閱讀時間 • 宣布 Blink 的第一個視訊門鈴，將 Blink 相機的強大功能帶到前門 • 推出 Echo Show 15：為家庭保持組織，聯繫和娛樂 • 介紹 Amazon Glow：將家庭聚在一起享受樂趣和學習的全新方式
2021/07	• Amazon 推出 Kindle Vella，以移動為先的交互式閱讀體驗連載故事
2021/06	• Amazon 宣布了 14 個新的可再生能源項目，現在全球共有 232 個，成為美國最大的可再生能源企業買家
2021/04	• Whole Foods Market 將引入掌上掃描支付系統

資料來源：資策會 MIC 經濟部 ITIS 研究團隊，2022 年 8 月

2. AWS

AWS 企業動向

年／月	事件
2021/11	• 宣布計劃在加拿大開設第二個區域
2021/09	• AWS 將在紐西蘭開放數據中心
2021/06	• 宣布舉辦 AWS BugBust，這是世界上第一個尋找和修復 100 萬個軟體錯誤的全球競賽 • 宣布將在 2023 年上半年於以色列開設數據中心
2021/05	• 將在 2022 年上半年於拉伯聯合大公國（UAE）開設三個數據中心

資料來源：資策會 MIC 經濟部 ITIS 研究團隊，2022 年 8 月

AWS 合作案

年／月	事件
2021/11	• 與 Qualtrics 擴展合作關係，將客戶反饋轉化為增強的體驗
2021/06	• 被指定為 Swisscom 的首選公共雲提供商，以加速數字化轉型戰略並轉向雲原生 5G 網路 • 與 Salesforce 宣布建立廣泛的合作夥伴關係，以統一開發人員體驗並推出新的智能應用程序 • 被法拉利選擇為其官方雲提供商，以推動道路和賽道創新 • 被加拿大最大的金融機構之一 BMO 金融集團選擇為首選雲提供商
2021/05	• 與 Schlumberger 展開合作，在 AWS 雲端部署由 DELFI*認知 E&P 環境支援的數位解決方案
2021/04	• 與 ABB 合作開發基於雲端的數位解決方案、單視圖平台，以用於電動汽車即時車隊管理 • 與 Tigo Business 合作，在中美洲、巴拿馬和哥倫比亞提供雲服務
2021/03	• 華米科技宣布將全面採用 AWS 雲端解決方案 • 大數據公司 Palantir 宣布所有 AWS 客戶，可在 AWS 平台上使用該公司新開發的企業資源規劃（ERP）系統
2021/02	• Daimler 的自駕車公司 Torc Robotics 選擇 AWS 作為首選雲提供商
2020/12	• Twitter 將使用 AWS 為全球雲基礎架構提供商，嘗試使用公有雲擴展即時服務

資料來源：資策會 MIC 經濟部 ITIS 研究團隊，2022 年 8 月

AWS 新發布之產品與服務

年／月	事件
2022/07	• 發布 AWS Cloud WAN
2022/06	• 正式發布 AWS 大型機現代化
2022/05	• 正式發布由 AWS 設計的 Graviton3 處理器提供支援的 Amazon EC2 C7G 實例
2022/04	• 正式發布 AWS IoT TwinMaker • 正式發布 AWS Amplify Studio • 正式發布 Amazon Aurora Serverless v2
2022/02	• 宣布在全球範圍內擴展 AWS Local Zones
2022/01	• 全面推出 Amazon EC2 Hpc6a 實例
2021/12	• 推出六項新的 Amazon SageMaker 功能及三項新的資料庫功能 • 推出兩項新計畫，使機器學習更易於訪問 • 宣布 AWS Amplify Studio • 推出 AWS Cloud WAN
2021/11	• 宣布實現 AWS 大型機現代化 • 推出 AWS Private 5G • 推出 AWS IoT FleetWise • 宣布 AWS IoT TwinMaker • 推出適用於三種分析服務的新無伺服器選項 • 推出三款由 AWS 設計的晶片提供支援的全新 Amazon EC2 實例 • 宣布推出四項新的儲存服務和功能
2021/10	• 正式發布 AWS Panorama Appliance • 實例正式發布 Amazon EC2 DL1 • 正式發布 Amazon Aurora PostgreSQL 的 Babelfish
2021/09	• 正式發布 Amazon FSx for NetApp ONTAP • 正式發布 Amazon QuickSight Q • 推出適用於 Prometheus 的 Amazon Managed Service • 宣布 Amazon Connect 的三項新功能
2021/08	• 推出 Amazon Managed Grafana
2021/07	• 推出雲端儲存區域網路 Amazon EBS io2 Block Express 磁碟區服務，可用來支援超大規模 I/O 密集的應用程式和資料庫 • 推出 Amazon HealthLake
2021/06	• 推出地圖與地理位置服務 Amazon Location，將與 Google 競爭 • 宣布 AWS Proton 全面上市，為第一個完全託管的容器和無伺服器應用程序交付服務
2021/05	• AWS ECS Anywhere 正式上線
2021/04	• 推出雲端視覺特效協作工具 Nimble Studio • 推出 Amazon FSx File Gateway 服務，供用戶快速存取雲端檔案伺服器資料

資料來源：資策會 MIC 經濟部 ITIS 研究團隊，2022 年 8 月

（二）Apple

Apple 企業動向

年／月	事件
2022/05	• 與谷歌、微軟共同承諾擴大對 FIDO 標準的支持 • 推出新的專業培訓以支持不斷增長的 IT 員工隊伍
2022/04	• Apple Myeongdong 現已在韓國開業 • 在其產品中擴大了可回收材料的使用範圍
2022/03	• 暫停在俄羅斯的所有產品銷售
2021/11	• 為遏止國家支持的間諜軟體濫用行為，對 NSO Group 提告 • 宣布以 1,000 萬美元資助網路監控研究人員與倡議者
2021/10	• Apple Bağdat Caddesi 於 10 月 22 日在伊斯坦堡開幕，特別的 Today at Apple 課程與獨家 AR 展覽將首次登場 • 朝 2030 年碳中和目標邁進，增加 9 百萬瓩清潔能源，供應商承諾翻倍 • 在第 26 屆聯合國氣候變遷大會（COP26）即將召開之際，推出 10 項支持全球社群的新計畫
2021/06	• Apple Tower Theatre 零售店於洛杉磯市中心開幕
2021/05	• Apple Via del Corso 於 5 月 27 日在羅馬開幕

資料來源：資策會 MIC 經濟部 ITIS 研究團隊，2022 年 8 月

Apple 收購及投資動態

年／月	事件
2020/10	• 以 5,000 萬美元收購專精於 AI 和電腦視覺技術的新創公司 Vilynx
2020/08	• 收購 DreamWorks Animation 旗下 VR 視訊會議平台 Spaces • 收購加拿大行動支付新創公司 Mobeewave
2020/06	• 收購 Mac 及 iOS 裝置管理工具業者 Fleetsmith • 收購機器學習新創公司 Inductiv Inc
2020/05	• 收購 VR 播放平台商 NextVR
2020/04	• 收購熱門天氣預報 App Dark Sky • 收購語言分析專業的 AI 新創 Voysis，來提升 Siri 的語言判斷能力

資料來源：資策會 MIC 經濟部 ITIS 研究團隊，2022 年 8 月

Apple 合作案

年／月	事件
2022/05	• 與 Google、微軟擴大對 FIDO 的支援以加速無密碼時代的到來

資料來源：資策會 MIC 經濟部 ITIS 研究團隊，2022 年 8 月

Apple 新發布之產品與服務

年／月	事件
2022/06	• macOS Ventura 添加了強大的生產力工具和新的 Continuity 功能 • Apple TV 應用程式將成為從 2023 年開始觀看每場 MLS 現場比賽的獨家目的地
2022/04	• 推出新版 iMovie，包含 Storyboards 和 Magic Movie
2022/03	• 在亞利桑那州的 Wallet 中推出了首個駕照和州身分證 • 宣布面向教育工作者的全新輔導計畫和功能 • Impact Accelerator 為美國企業開啟了加速環境進步的新機遇，其第二個 Impact Accelerator 類的應用程序已開放 • Apple Business Essentials 現可用於小型企業
2022/02	• Apple 通過 iPhone 上的 Tap to Pay 推出非接觸式支付
2021/12	• 《Disney Melee Mania》在 Apple Arcade 獨家上架
2021/11	• 推出自助維修計畫 • 推出「同播共享」，是 FaceTime 通話中分享體驗的一組強大功能
2021/10	• 為小學編碼與包容性 App 設計、推出新資源，教育工作者也可以嘗試運用 Apple 的全新一小時「包容性 App 設計」活動 • 推出「Apple Music 聲控」，專為 Siri 打造的全新音樂體驗 • 推出亮眼繽紛的全新顏色 HomePod mini • 新一代 AirPods 登場 • M1 Pro 與 M1 Max 為歷來最強大晶片，驅動全新 MacBook Pro • 推出開發者即時線上課程 Tech Talks 2021 • macOS Monterey 帶來開創性功能，幫助使用者以新方式聯繫、完成更多工作，並可於 Apple 裝置之間順暢協作
2021/09	• 公布 Apple Watch Series 7，將配備最大、最先進的顯示器 • 發表 iPhone 13 與 iPhone 13 mini，另推出 iOS 15 • 推出 iWork 系列生產力 App 新功能 • 推出 Keynote、Pages 和 Numbers 的新功能，強化遠距簡報與行動文件處理
2021/06	• 推出 Apple Podcasts 訂閱制，為 podcast 高級訂閱服務提供全球市場 • 發表 Xcode Cloud，協助開發者更容易打造互動體驗更高的 App • 在 iOS 15 中推出安全分享及全新分析，讓個人健康再升級
2021/05	• 推出專為行動不便、視障、聽障和認知障礙人士設計的軟體功能

資料來源：資策會 MIC 經濟部 ITIS 研究團隊，2022 年 8 月

（三）Google

Google 企業動向

年／月	事件
2022/03	• 將 K8s 無伺服器層專案 Knative 移交給 CNCF
2022/02	• Alphabet 財報出爐，Google Cloud 營收成長 45%
2021/04	• 美國最高法院宣布 Google 使用甲骨文原始碼開發 Android 作業系統，並未違反聯邦版權法
2021/02	• 首度揭露雲端業務的營運數據，顯示過去 3 年來已累積接近 150 億美元（約新臺幣 4,000 億元）的鉅額虧損

資料來源：資策會 MIC 經濟部 ITIS 研究團隊，2022 年 8 月

Google 收購及投資動態

年／月	事件
2022/04	• 投資 95 億美元於美國資料中心、實體辦公室
2022/03	• 斥資 45 億美元收購 Mandiant，創下歷年收購金額第二高的紀錄
2021/10	• 投資#ShareTheMicInCyber Fellowship 來支持#ShareTheMicInCyber
2021/04	• 收購 3D 音訊技術新創 Dysonics
2021/01	• 斥資 21 億美元完成收購穿戴式裝置廠商 Fitbit
2020/12	• 將收購數據管理和災難恢復供應商 Actifio，並併入 Google Cloud • 收購 Neverware 公司與旗下 CloudReady 作業系統，讓舊 PC、Mac 重生為 Chromebook
2020/08	• 將投資遠端醫療公司 Amwell 一億美元，合作改善智慧醫療服務，攻入醫療雲端市場 • 將以 4.5 億美元收購家庭和企業安全系統供應商 ADT 近 7%的股份，鞏固自家 Nest
2020/07	• 母公司 Alphabet 收購加拿大智慧型眼鏡新創公司 North
2020/02	• Google Cloud 完成 Looker 26 億美元收購案

資料來源：資策會 MIC 經濟部 ITIS 研究團隊，2022 年 8 月

Google 合作案

年／月	事件
2022/05	• 與三星宣布名為 Health Connect 的健康資訊平台及 API，讓不同 App 的健康與健身資訊可以跨 Android 裝置互通 • Google Workspace 的 Google 文件與試算表整合進 S/4HANA Cloud，讓企業員工可以存取 SAP 的資料，遠端協作商業文件及試算表
2021/09	• 與 NFTS 合作策劃了數位檔案館
2021/07	• Google News Initiative 與倫敦政治經濟學院新聞智庫 Polis 合作，為 媒體專業人士開設 AI 培訓學院
2021/06	• 宣布與 Jio Platforms 的後續合作，包括全新款 Jio 智能手機 • Douglas Coupland 融合 AI 和藝術，供 Coupland 用作靈感，為 2030 屆畢業生創建 25 個 Slogans
2021/05	• 與美國連鎖醫院 HCA Healthcare 合作，利用病患的數據開發醫療演算法，協助醫生進行決策 • 和三星共同將 Wear OS 與 Tizen OS 整合成單一平台，稱為「Wear」
2021/03	• Intel 聯手 Google，協助 5G 原生雲創新

資料來源：資策會 MIC 經濟部 ITIS 研究團隊，2022 年 8 月

Google 新發布之產品與服務

年／月	事件
2022/05	• Google 翻譯學習 24 種新語言 • 新款 Google AR 眼鏡具即時雙向翻譯功能 • 打造元宇宙的沉浸式 3D 實景地圖
2022/04	• Google Meet 新功能釋出，可從文件、簡報和試算表直接進行通話協作
2022/03	• 啟動強制追蹤 Workspace 搜尋的設定 • 宣布 Second Generation Cloud Functions • 推出「封存行動應用程式」功能，可透過它來臨時回收一個 App 約 60%的儲存空間 • Google cloud 發布社群安全分析（Community Security Analytics, CSA）專案，在持續檢測和持續回應工作流程中偵測常見的威脅 • 針對遊戲開發商推出整合 Google Cloud 的「沉浸式遊戲串流」（Immersive Stream for Games）B2B 服務
2022/02	• Google cloud 增加新的加密威脅檢測功能 Virtual Machine Threat Detection（VMTD） • Google Cloud 釋出架構圖繪製工具 Architecture Diagramming Tool
2021/12	• 推出 SignTown，是可與網路瀏覽器和相機配合使用的交互式桌面應用程序，幫助人們了解手語和聾人文化

年／月	事件
2021/11	• 推出 Google Flood Hub，使洪水數據本地化 • 公布新的多模態 AI 架構 Pathways
2021/10	• 宣布三項 Google 地圖更新：環保路由、騎行者的精簡版導航、自行車和踏板車共享資訊 • 在 Google Flights 搜索上增加檢視碳排放估算值功能 • 開放全系列的 Pocket Galleries，提供所有的 3D 袖珍圖庫 • Chromebook 新輔助功能：選擇朗讀語音選項 • 將在加拿大推出 Google News Showcase
2021/09	• 推出手機相機開關、項目啟用，更輕鬆地控制手機和使用面部手勢進行交流 • 推出了以維基百科為基礎的大型多模態資料集 WIT，含 3,750 萬筆圖文樣本
2021/07	• Google Cloud 推出雲端代管 IDS 服務
2021/04	• 宣布將整合 Android 手機上的加速器，透過演算法推算周邊的移動狀況與速率變化，藉此讓用戶的手機變為小型的地震儀
2021/03	• Google Cloud 推出醫療保健同意書管理 API，因應遠距醫療需求

資料來源：資策會 MIC 經濟部 ITIS 研究團隊，2022 年 8 月

（四）IBM

IBM 企業動向

年／月	事件
2022/05	• 為全球公立學校提供 500 萬美元的實物資助，以更好地應對不斷增長的勒索軟體威脅
2022/02	• 推出為期 2 年的全球非營利組織公益環境計畫
2022/01	• 加入 CISA 的聯合網路防禦合作，以增強美國的網路彈性
2021/12	• 推出新的 IBM Z 和雲現代化中心，以加速混合雲的發展
2021/11	• 完成對 Kyndryl 的分離
2021/06	• 德國斯圖加特的歐洲首台量子電腦「IBM Q System One」正式運作
2021/04	• 將 2020 年 10 月份出的基礎架構管理業務命名為 Kyndry
2020/10	• 為了加速轉向混合雲及 AI 業務，將管理伺服器、儲存、網路等的服務部門由全球科技服務（GTS）獨立出來，成為全球最大的基礎架構管理服務供應商，業務規模高達 190 億美元

資料來源：資策會 MIC 經濟部 ITIS 研究團隊，2022 年 8 月

IBM 收購及投資動態

年／月	事件
2022/07	• 收購 Databand.ai，加強在數據、AI 和自動化方面的軟體組合
2022/06	• 收購 Randori 來應對不斷增長的攻擊面風險
2022/02	• 收購 Sentaca 以進入 5G 時代 • 收購 Microsoft Azure Consulting 的 Neudesic
2022/01	• 收購 Envizi 以幫助組織加速可持續發展計畫並實現環境目標
2021/11	• 收購 ReaQta，推出 IBM QRadar XDR 套件 • 收購澳大利亞混合雲諮詢業務
2021/10	• 收購 Adobe Workfront Consulting，增強業務轉型專業知識
2021/07	• 收購 Bluetab 以擴展歐洲和拉丁美洲的數據和混合雲諮詢服務 • 將收購 Premier 混合雲諮詢公司
2021/05	• 將收購雲端運算諮詢公司 Taos Mountain
2021/04	• 收購義大利流程採礦軟體新創業者 myInvenio • 計劃以 20 億美元收購軟體供應商 Turbonomic，完善 AIOps 產品
2020/12	• 收購芬蘭雲端諮詢服務提供商 Nordcloud

資料來源：資策會 MIC 經濟部 ITIS 研究團隊，2022 年 8 月

IBM 合作案

年／月	事件
2022/07	• 與 DMEA 簽訂契約，提供安全服務，旨在增強國防部（DoD）關鍵任務平台的微電子供應鏈
2022/06	• 為 2022 年溫布爾登網球公開賽推出全新的 AI 和雲風扇體驗
2022/05	• 與 Amazon Web Services 簽署協作協定，在 AWS 上交付 IBM SaaS • 通過 RISE with SAP 解決方案實現業務運營轉型，並與 SAP 擴展合作夥伴關係 • 和 MBZUAI 聯手，通過新的卓越中心推進 AI 研究 • 和紅帽技術在 EnduroSat 的共用衛星服務上向太空推出
2022/03	• 圍繞 AI 驅動的天氣數據和 Adobe 體驗平台，擴展與 Adobe 的合作夥伴關係
2022/02	• 和 SAP 加強合作夥伴關係，幫助客戶將工作負載從 SAP®解決方案遷移到雲端
2021/12	• 和 MuleSoft 宣布建立全球合作夥伴關係 • IBM Digital Health Pass 與醫療保健 IT 領導者健康回報實踐整合，以提供 COVID-19 數位憑證

年／月	事件
2021/11	• 和亞馬遜網路服務聯手幫助石油和天然氣行業加速能源轉型，打造全面的 OSDU™數據解決方案 • 與延世大學展開合作，將 IBM Quantum System One 帶到韓國
2021/10	• 與本田汽車歐洲有限公司簽署五年協定，整合和管理其財務和採購業務，並最終使其走上「零接觸」願景 • 和 Deloitte 推出新產品 DAPPER，一種支援 AI 的託管分析解決方案，在混合雲環境中解鎖業務洞察 • 與雷神技術公司將在 AI、密碼學和量子技術方面進行合作，推進新的航空航太、國防和情報解決方案 • 與 Apptio 合作，通過 IBM 的開放式混合雲方法幫助加速企業轉型 • 和 Cisco 攜手合作，幫助實現 5G 網路的編排和管理
2021/09	• 和 Mercedes 共同為 Mercedes me 服務開發「被盜車輛幫助」，協助查詢和追回被盜車輛
2021/07	• 與班加羅爾國際機場有限公司合作進行數位和 IT 轉型 • 將 IBM Safeguarded Copy 與 FlashSystem 系列整合，為組織提供增強的數據保護和從網路攻擊中快速恢復的能力 • 與佳能公司共同在日本開展娛樂和藝術合作 • 與 Atos 合作為荷蘭國防部構建安全的基礎設施 • 與 Heifer International、宏都拉斯的咖啡和可可種植者合作，以增加對數據和全球市場的訪問
2021/06	• 加入日本「先進半導體製造技術聯盟」，和日本攜手研發先進半導體製造技術 • 和台智數位科技一同助臺灣企業迎接 ESG 浪潮
2021/04	• 與專利 IP 商 IPwe 合作，把專利鑄成 NFT 並存於 IBM Cloud 區塊鏈
2021/03	• 與工業解決方案供應商 Lumen 合作，推出混合雲 Cloud Satellite • 為強化工業物聯網（IIoT）安全性，與西門子（SIEMENS）、紅帽（Red Hat）宣布將共同推出全新合作計畫 • 與印度珠寶零售商 Joyalukkas 合作開發雲電子商務平台
2020/12	• 與 Mimik Technology 開發基於混合邊緣技術與 AI 基礎架構相結合的轉型解決方案 • 與三星電子展開最新合作計畫，聚焦研發邊緣運算、5G 及混合雲解決方案，實現工業 4.0 願景

資料來源：資策會 MIC 經濟部 ITIS 研究團隊，2022 年 8 月

IBM 新發布之產品與服務

年／月	事件
2022/04	• 推出 IBM z16，是用於大規模事務處理的即時 AI，同時為業界首個量子安全系統 • 旗下公司 The Weather Company 擴展了 Max 平台產品
2022/03	• 推出實現軟體許可證合規性自動化的全新 AIOps 解決方案
2021/11	• IBM Watson Advertising Weather Targeting 已在 MediaMath 的 DSP 中推出 • IBM 推出突破性的 127 量子位量子處理器 • 發布 IBM Imaging AI Orchestrator 和 IBM Workflow Orchestrator 與 Watson
2021/10	• 推出面向環境智慧的 AI 驅動型軟體
2021/09	• 推出新一代 IBM Power 伺服器，用於無摩擦、可擴展的混合 • IBM Watson 推出新的 AI 和自動化功能，幫助企業更快地使用 IntelePeer 設置語音代理
2021/06	• 翻新 Cloud Paks，分為六大產品項目，涵蓋業務自動化工作流程平台、整合套件組、業務自動化工作流程平台、AIOps 解決方案、網路作業自動化產品組合，以及資安解決方案 • 推出全球首個 2 奈米晶片製造技術
2021/04	• 推出可在 x86 Linux 環境運作的 COBOL 版本，使 COBOL 應用程式也能雲端化

資料來源：資策會 MIC 經濟部 ITIS 研究團隊整理，2022 年 8 月

（五）Meta

Meta 企業動向

年／月	事件
2022/06	• Sheryl Sandberg 將辭去 Meta 的執行長一職，Javier Olivan 將成為下一任執行長
2021/11	• Meta 將關閉 Facebook 上的人臉識別系統
2021/10	• Facebook 創立 17 年，美國時間 10 月 28 日正式宣布改名為「Meta」 • 宣布到 2030 年，在運營中及價值鏈中實現淨零排放，支援預算調節法案中的氣候和清潔能源條款 • 宣布更新欺凌和騷擾政策，以更好地保護使用者；並推出一項政策，保護人們免受大規模騷擾和恐嚇 • 推出 Ego4D，此是 Facebook AI 的一個長期專案，旨在解決圍繞自我中心感知的研究挑戰 • 宣布未來五年內在歐盟（EU）創造 10,000 個新高技能工作崗位
2021/06	• 加入歐洲氣候公約，承諾採取行動建設更綠色（環保）的歐洲
2021/04	• 計劃成立語音創作者基金，向為 Soundbites 提供內容的創作者給予報酬
2020/03	• 推出 COVID-19 資訊中心

資料來源：資策會 MIC 經濟部 ITIS 研究團隊，2022 年 8 月

Meta 收購及投資動態

年／月	事件
2022/02	• Meta 完成 10 億美元收購 Kustomer
2021/06	• 收購群眾外包地圖公司 Mapillary，結合機器學習與社群合作提升地圖品質
2021/05	• VR 作品《Onward》的開發商 Downpour Interactive 被收購，並將加入 Oculus Studios 團隊
2020/11	• 將收購專門協助商家在網路與客戶互動的新創公司 Kustomer
2020/05	• 收購 Giphy，並將整合至 Instagram

資料來源：資策會 MIC 經濟部 ITIS 研究團隊，2022 年 8 月

Meta 合作案

年／月	事件
2022/05	• Meta Elevate 和 Adobe 啟動了全球合作夥伴關係，以支援多元化的小型企業
2022/04	• 宣布長期的 AI 研究計畫，與神經成像中心 Neurospin（CEA）和 Inria 的合作，以更好地瞭解人類大腦如何處理語音和文本
2021/12	• Meta 與全球 50 多個非政府組織合作夥伴一起，支持英國推出 StopNCII.org
2021/05	• 與微軟合作，啟動 PyTorch 企業支持計畫
2021/04	• 揭露 Boombox 計畫，將與 Spotify 建立合作

資料來源：資策會 MIC 經濟部 ITIS 研究團隊，2022 年 8 月

Meta 新發布之產品與服務

年／月	事件
2022/07	• 新的 AI 模型 NLLB-200 可翻譯 200 種語言 • 推出用於 VR 的 Meta Accounts 和 Meta Horizon Profiles • 發布用於 Instagram 上的聊天支付，及擴展 Remix 工具 • 推出 Feed 標籤頁
2022/06	• 構建了三種新的人工智慧（AI）模型－視覺－聲學匹配，視覺告知 Dereverberation 和 VisualVoice • 將在 Instagram 上發布 AMBER Alerts，供使用者查看和分享他們所在地區失蹤兒童的通知 • 在 Quest 上推出家長儀表板，並在 Instagram 上引入新的監督工具 • 用 Oculus 移動應用程式或 Apple Health 跟蹤 VR 健身統計數據
2022/05	• Meta Store（第一個實體零售空間），於 5 月 9 日在加利福尼亞州伯林蓋姆的校園開業 • Mark Zuckerberg 宣布將在 WhatsApp Business Platform 上使用基於雲的新 API，向所有企業開放 WhatsApp • 發布 MyoSuite，將機器學習（ML）應用於生物力學控制問題
2022/04	• Meta 計劃 2024 年發布首款 AR 眼鏡
2022/03	• 在 Messenger 上向使用 iOS 或 Android 手機的美國使用者推出 Split Payments • 在 Instagram 上引入七項新的消息傳遞功能
2022/01	• 推出 data2vec，是第一個高性能的自我監督演算法 • 推出首款用於語音、視覺和文本的自監督演算法 AI Research SuperCluster（RSC）

年／月	事件
2021/12	• 在 Facebook Gaming 上推出 PAC-MAN 社區 • 部署了 Few-Shot Learner（FSL），為新的 AI 技術
2021/10	• 推出 1,000 萬美元的創作者基金，以鼓勵更多人與構建 Horizon Worlds • 宣布新的 AR 體驗：群組效應，可在 Messenger 視頻通話和 Messenger Rooms 上使用，並將很快在 Instagram 上推出
2021/09	• 在美國的 Facebook 上推出適用於 iOS 和 Android 的 Reels
2021/07	• 計畫投資超過 10 億美元，為創作者提供新的方式來給他們在 Facebook 和 Instagram 上創作的內容賺錢 • 推出 Instagram 安全檢查的新功能，幫助人們保護其帳戶安全 • 在美國推出基於 Android 和網路的雲遊戲，覆蓋已超過 98%
2021/06	• 推出 Bulletin，為用於支持美國創作者的發布和訂閱工具 • 開源 FLORES-101，為首創的多對多評估數據集，涵蓋來自世界各地的 101 種語言
2021/04	• 發表三款新服務，包含：Soundbites 的短語音服務、語音聊天室服務 Live Audio Rooms 以及自己的 Podcast 功能
2020/10	• 推出#BuyBlackFriday，支持黑人擁有的企業 • 宣布雲遊戲平台的封閉測試版，以擴展 Facebook 上的手機遊戲庫

資料來源：資策會 MIC 經濟部 ITIS 研究團隊，2022 年 8 月

（六）Microsoft

Microsoft 企業動向

年／月	事件
2022/03	• 宣布停止在俄羅斯所有產品和服務的新銷售活動 • 宣布在印度設立第 4 座資料中心
2022/02	• 宣布舊版本的 Windows 10 將在 5 月正式停止支援
2022/01	• 組建「Vortex」工作團隊，擴大元宇宙應用布局 • 停產 Xbox One，以專注新世代 Xbox Series X/S • 斥資逾 13 億發展低碳技術
2021/09	• 宣布啟動「無密碼登入」，加速全球邁向無密碼時代
2021/07	• Microsoft Inspire 2021 登場，宣布多項雲端布局與夥伴計畫
2021/05	• 宣布年底前將在 10 個新城市建置 Azure 資料中心 • 正式宣布 2022 年 6 月 15 日將終止支援 IE 服務
2021/04	• 終止獨立 Cortana 服務，將 整合到旗下各個產品
2020/11	• 於瑞典成立第一個由 100%可再生能源提供動力的資料中心園區

資料來源：資策會 MIC 經濟部 ITIS 研究團隊，2022 年 8 月

Microsoft 收購及投資動態

年／月	事件
2022/03	• 完成對 Nuance 的收購
2022/01	• 以 687 億美元（約 1.9 兆新臺幣）收購遊戲大廠 Activision Blizzard，是遊戲業最大規模的收購案，Microsoft 因而成為世界第三大的遊戲公司
2021/12	• 收購 AT&T Xandr 以強化廣告業務
2021/04	• 以 197 億美元（約新臺幣 5,600 億元）買下語音辨識公司 Nuance
2021/01	• 投資通用汽車及自動駕駛子公司 Cruise，成為長期戰略合作夥伴
2020/10	• 投資英國自動駕駛新創公司 Wayve
2020/07	• 收購電腦視覺新創 Orions Systems • 收購軟體開發公司 Movial
2020/06	• 收購數據模型公司 ADRM software • 收購資安公司 CyberX，強化 IoT
2020/05	• 收購電信軟體公司 Metaswitch • 收購機器人流程自動化（RPA）新創公司 Softomotive
2020/03	• 收購 5G 雲端新創 Affirmed Networks

資料來源：資策會 MIC 經濟部 ITIS 研究團隊，2022 年 8 月

Microsoft 合作案

年／月	事件
2022/07	• 與 Build School 及青築未來協會 Build the Future 公益合作培育科技人才
2022/06	• 與寶潔共同創新，共建數位製造的未來 • 與埃森哲和埃維諾擴大合作夥伴關係，幫助組織應對最大的可持續發展挑戰
2022/04	• 與卡夫亨氏聯手加速供應鏈創新 • 和萬事達卡合作推出下一代身分識別技術，讓消費者更安全地線上購物
2022/01	• 與高通合作開發 AR 眼鏡專用晶片
2021/12	• 和 CVS Health 建立戰略聯盟，構想個性化護理並加速數位轉型
2021/11	• 與 Meta 合作，整合 Workplace 及 Microsoft Teams，讓使用者可自 Teams 存取 Workplace 內容
2021/07	• 微軟與趨勢科技共同宣布展開新的合作，雙方將共同開發 Microsoft Azure 上的雲端資安解決方案
2021/06	• 蘋果、微軟、Google 和 Mozilla 近期宣布將成立 WebExtensions Community Group（WECG），制定瀏覽器外掛程式的共同架構
2021/05	• 與零售科技公司漢朔科技（Hanshow）合作，為全球商店運營商開發基於雲端服務的軟體 • 攜手埃森哲、GitHub 及軟體諮詢公司 ThoughtWorks 一同成立了「綠色軟體基金會」(Green Software Foundation)
2021/02	• 與 Bosch 合作開發汽車軟體平台
2020/10	• 與 SpaceX 合作推出太空雲端服務

資料來源：資策會 MIC 經濟部 ITIS 研究團隊整理，2022 年 8 月

Microsoft 新發布之產品與服務

年／月	事件
2022/07	• 宣布推出專為政府部門打造的 Microsoft Cloud for Sovereignty 協助公部門客戶在 Microsoft Cloud 中建立與數位化相關工作 • 推出全新的數位聯繫中心平台，將多個產品（包含稍早收購的 Nuance 等）一併整合 • 宣布將推出 Azure Space Partner 社群 • 於 Microsoft 365 與 Microsoft Teams 加入多項新功能，並推出員工體驗平台 Microsoft Viva
2022/06	• 宣布 Viva Sales，重新定義賣家體驗並提高生產力
2022/05	• 發布 Microsoft Defender for Business，旨在提高中小型企業（SMB）的安全性
2022/04	• 推出專為 Windows 設備打造的 Microsoft Journal 筆記新應用
2022/03	• 資料控管服務 Azure Purview 提供 Azure SQL 動態資料處理歷程
2022/02	• SIEM 平台 Sentinel 整合 GitHub，可持續監控企業儲存庫安全
2022/01	• Microsoft Cloud for Retail 全面推出 • 發布 Azure Arc 伺服器登陸區域加速器
2021/12	• 推出新版 Teams 商用通訊軟體「Teams Essentials」，客戶群主打小型企業
2021/11	• 元宇宙產品 Altspace，加強員工互動 • 釋出可將 Microsoft 365 資料複製到 Azure 租戶的 Microsoft Graph Data Connect • 推出.NET 6，針對.NET 效能進行多項改進
2021/10	• 10 月 5 日 Windows 11 正式推出 • 永續雲公開預覽，引領產業邁向零碳時代
2021/07	• 發表 Windows 365，開創 Cloud PC 為全新雲端運算類別
2021/06	• 重新推出 Cortana 語音助理 • 更新 Office 應用程序，幫助擁有遠程和現場員工組合的公司 • Visual Studio 2022 預覽版開放下載 • Microsoft 365 功能增加，包括免費 Visio 應用、Outlook 語音調度和 OneDrive for macOS Perks • 於 6 月 24 日推出新版 Window（Window11） • 升級 Microsoft Teams 會議室
2021/05	• 為美國陸軍提供 12 萬台軍用 HoloLens 混合實境頭戴裝置
2021/02	• 推出三朵產業雲：金融雲 Microsoft Cloud for Financial Services、製造雲 Microsoft Cloud for Manufacturing 及非營利事業雲 Microsoft Cloud for Nonprofit

資料來源：資策會 MIC 經濟部 ITIS 研究團隊，2022 年 8 月

（七）Oracle

Oracle 企業動向

年／月	事件
2022/06	• 被 Ventana Research 評為整體數位創新獎得主 • 宣布在墨西哥開設第一個 OCI 區域
2022/04	• 擴展全球行業創新實驗室網路，在芝加哥郊外開設了新的 30,000 平方英尺的工廠
2022/02	• 美國國防部（DoD）已授權 OCI 託管絕密／敏感分區資訊（TS/SCI）和特殊訪問計畫（SAP）任務 • Oracle Aconex 獲得英國標準機構建築資訊建模軟體認證
2022/01	• 在非洲開設第一個雲區域
2021/12	• 在義大利開設首個雲區域 • 在北歐開設首個雲區域
2021/11	• 在法國開設首個雲區域 • Oracle 研究版推出全新雲服務和獎項，加速科學創新
2021/09	• 為 Oracle 雲基礎設施提供免費培訓和認證
2021/06	• 承諾到 2025 年實現 100%可再生能源
2021/03	• 聘請 Microsoft 高管 Doug Smith，負責與雲端及獨立軟體供應商相關的事務

資料來源：資策會 MIC 經濟部 ITIS 研究團隊，2022 年 8 月

Oracle 收購及投資動態

年／月	事件
2021/12	• 將收購領先的數位資訊系統供應商 Cerner
2020/01	• 併購藥物安全監控與回報系統的供應商 NetForce

資料來源：資策會 MIC 經濟部 ITIS 研究團隊，2022 年 8 月

Oracle 合作案

年／月	事件
2022/07	• 和 Claro 合作在哥倫比亞擴展全球雲服務 • 和 Microsoft 宣布為 Microsoft Azure 提供 Oracle Database Service
2022/06	• NRI 部署第二個 OCI 專用區域，在高度可用、安全的雲平台上運行關鍵金融服務 • 與 Commvaul 合作，在 OCI 上提供 DMaaS，加速企業混合雲採用

年／月	事件
2022/05	• Unia 選擇 Oracle 融合雲應用來提高工作效率並推動創新 • TriHealth 選擇 Oracle Fusion Cloud HCM 來集中化 HR 流程 • 和 NIH 網路合作幫助終結愛滋病毒，Oracle 擴展了最初為抗擊 COVID-19 而構建的技術，加快將安全有效的 HIV 疫苗推向市場
2021/11	• 與 Airtel 合作，加速印度的數位經濟
2021/10	• 與 TIM（義大利電信）、Noovle 共同計劃在義大利提供多雲服務
2021/09	• 牛津大學和 Oracle 雲系統讓研究人員更快地識別 COVID-19 變體
2021/07	• TTX 公司將財務、供應鏈和 HR 遷移到 Oracle 雲，以提高效率並快速響應不斷變化的客戶需求 • Servier 選擇 Oracle Health Sciences 的 Clinical One 雲平台來優化關鍵臨床試驗的速度和數據準確性
2021/05	• 與牛津大學合作，加快 COVID-19 變體的識別 • 與 Dish Wireless 簽訂雲端運算契約，Dish 選擇 Oracle Cloud 為 5G 網路提供基於服務的架構
2021/03	• 與在線營銷和企業數據解決方案提供商 iClick 宣布與 Oracle 合作，推出量身訂製的 SaaS 產品 • 與 Saama 合作提供生命科學行業基於 AI 的應用程式，以加速臨床試驗

資料來源：資策會 MIC 經濟部 ITIS 研究團隊，2022 年 8 月

Oracle 新發布之產品與服務

年／月	事件
2022/07	• NetSuite 引入智慧計數以簡化庫存管理，並增強分析倉庫，幫助客戶簡化決策流程
2022/06	• 以 OCI 專用區域擴展分散式雲服務，並預覽計算 Cloud@Customer
2022/03	• OCI 實現 FedRAMP+授權，並擴展 11 項新的計算、網路和儲存服務和功能 • 宣布推出 Java 18 • 推出 MySQL HeatWave ML，完全自動化模型訓練、推理和解釋
2022/02	• NetSuite 通過新的加速器計畫促進創業的多樣性和包容性 • 推出新的物流功能，幫助客戶提高供應鏈效率和價值 • 推出供應商返利管理，幫助醫療保健組織實現盈利能力最大化並推動業務增長 • 推出 Oracle Advanced HCM Controls，是一種由 AI 提供支援的監控解決方案

年／月	事件
2022/01	• Oracle NetSuite 宣布推出 Oracle NetSuite Cash 360，幫助組織有效管理現金流 • NetSuite Project 360 使專案經理能夠在預算範圍內按時交付專案
2021/12	• 推出 OCI DevOps 服務：一個完整的 CI/CD 平台
2021/11	• 擴展 Fusion Cloud HCM Analytics 以增強工作力洞察 • 更新 Oracle Fusion HCM Analytics，使人力資源領導者快速訪問工作力洞察 • 更新 Oracle Fusion ERP Analytics，使財務和運營領導者能夠更好地瞭解成本和資產，並加快決策速度 • 推出面向 Oracle 雲基礎設施的全新 AI 服務，面向開發人員和數據科學家的新服務使將 AI 應用於企業方案變得容易
2021/09	• 發布 Java 17 • 推出 Fusion Marketing，為首款完全自動化潛在客戶生成和資格認證的解決方案 • 推出新一代 Exadata X9M 平台 • 為政府間組織和非政府組織推出 SaaS 薪資服務
2021/08	• 宣布 MySQL Autopilot for MySQL HeatWave Service
2021/07	• Oracle Communications 的雲原生融合計費和計費解決方案支持電信提供商在亞洲的移動和下一代 5G 服務
2021/06	• 與歐洲聯邦銀行、Infosys 合作，通過 Oracle CX 平台提供更好的客戶體驗 • 通過來自小型初創公司 NetFoundry 的 ZTNA 技術來增強 Oracle 雲端和網路安全功能 • 通過 Skills Insights 幫助組織建立更加敏捷的員工隊伍 • Oracle 雲幫英國政府提高整個公共部門的效率、成本節約和生產力
2021/03	• 推出採用第三代 AMD EPYC 處理器 Oracle Cloud Compute E4 平台
2021/02	• 擴展混合雲解決方案推出 Roving Edge 基礎設施，部署 IaaS 和 PaaS 服務執行低延遲運算
2020/07	• 推出 Autonomous Database on Exadata Cloud@Customer 自動化的資料庫管理服務

資料來源：資策會 MIC 經濟部 ITIS 研究團隊，2022 年 8 月

（八）HPE

HPE 企業動向

年／月	事件
2022/05	• 在加拿大開設新總部，為團隊成員實現全新的工作場所體驗 • 在捷克共和國開設新工廠，加強歐洲的超級計算機供應鏈
2022/04	• 在西班牙開設人工智慧和數據全球卓越中心，幫助客戶利用其數據的力量
2021/11	• 宣布已將 HPE 臺灣建設成為下一代技術的全球戰略中心，並作為其全球供應鏈模式的一部分，成為卓越中心
2021/09	• 與國家安全局（NSA）簽訂了一份價值 20 億美元的契約，該契約將在 10 年內用於通過 HPE GreenLake 平台提供 HPE 的高效能運算（HPC）技術即服務 • 宣布新任技術長 Fidelma Russo
2021/06	• 籌集 1.6 億歐元支持 PPRO • 舉行 HPE Virtual Discover 2021，描述成為超級數位經濟中心的願景
2020/12	• 宣布將總部從矽谷遷往德州休士頓
2020/10	• 宣布獲得超過 1.6 億美元的資金，將在芬蘭建設一台名為 LUMI 的超級電腦

資料來源：資策會 MIC 經濟部 ITIS 研究團隊，2022 年 8 月

HPE 收購及投資動態

年／月	事件
2021/07	• 收購雲數據管理和保護領域的領導者 Zerto，擴展 HPE GreenLake 邊緣到雲平台
2021/02	• 收購 CloudPhysics 使 IT 更加智慧化
2020/07	• 併購軟體定義廣域網路業者 Silver Peak
2020/02	• 併購雲端安全新創 Scytale，增加雲端大數據和雲端安全的實力

資料來源：資策會 MIC 經濟部 ITIS 研究團隊，2022 年 8 月

HPE 合作案

年／月	事件
2022/07	• Catharina 醫院選擇 HPE Ezmeral 來支持數據優先的現代化，並提高準確性 • 法國雲服務提供者 AntemetA 選擇 HPE GreenLake 推出新的自動化災難恢復服務
2022/06	• Iliane 選擇 HPE GreenLake 來擴展高性能雲產品 • Taeknizon 選擇 HPE GreenLake 擴展其在阿聯酋的完全託管雲產品 • Eclit 選擇慧與 GreenLake 推出新的雲產品並擴展其託管服務組合
2022/05	• SiPearl 的 Rhea 與 HPE 的超級計算解決方案結合，HPE 和 SiPearl 將利用即將推出的歐洲處理器提供廣泛的高級 HPC 和 AI 技術
2022/02	• 和 Ayar Labs 合作，為 HPE Slingshot 互連和高級分解伺服器設計未來的矽光子學解決方案
2021/10	• 宣布為 2022 年伯明罕英聯邦運動會提供安全靈活的網路連接
2021/06	• Qumulo 與 HPE GreenLake 雲服務合作，為客戶提供 Qumulo 文件數據平台 • HPE、Nutanix 在 ProLiant 伺服器和 HPE GreenLake 上推出 Nutanix Era
2021/04	• 上福全球以 HPE SimpliVity 為 SAP HANA 備妥最可靠能量，融合資料分析轉型跨域服務供應商 • 與擎昊共同推行 GreenLake 商業模式，協助企業規劃 IT 新架構 • HPE Nimble 儲存陣列與 Veeam Backup & Replication 軟體的深度整合，形成強大的「AI 全方位智能儲存資料保護解決方案」
2021/02	• 與 NASA 合作在國際太空站部署邊緣運算系統
2020/10	• 與亞崴機電合作，藉由 HPE Nimble Storage dHCI 智慧儲存融合式解決方案，同時滿足效能與空間的彈性擴充需求

資料來源：資策會 MIC 經濟部 ITIS 研究團隊，2022 年 8 月

HPE 新發布之產品與服務

年／月	事件
2022/06	• HPE GreenLake 通過現代私有雲和新雲服務提升混合雲體驗 • 通過基於雲原生晶元的新伺服器擴展了計算產品群組 • Hewlett Packard Enterprise 為 Evil Geniuses 行業領先的數據和分析程式增添了更多的 Genius
2022/05	• 為美國能源部橡樹嶺國家實驗室推出全球首台也是最快的百億億次級超級電腦 Frontier
2022/04	• 通過自動化和簡化的開放和傳統網路管理加速 RAN 部署 • 通過專為邊緣和分散式網站構建的 Swarm Learning 解決方案，開創 AI 創新的下一個時代 • 通過新的大規模 AI 開發和培訓解決方案，加速從 POC 到生產的 AI 之旅
2022/03	• 通過 Microsoft Azure Stack HCI 整合系統擴展 HPE GreenLake 雲服務產品群組，實現混合雲和數據
2021/12	• 為美國能源部國家可再生能源實驗室建造新的超級計算機：NREL 的新型 Kestrel 超級電腦，以加速可再生能源的發現
2021/11	• 建造超級計算機，以改善丹麥、冰島、愛爾蘭和荷蘭的天氣預報 • 為法國的 GENCI-CINES 建造新的超級計算機，名為「Adastra」，比 CINES 的現有系統快 20 倍
2021/10	• 宣布升級超級計算機系統 HPC4，以加速新能源的發現
2021/06	• 發表最新 SAN 儲存陣列：HPE Primera 600
2021/05	• 發表新世代中階儲存陣列：Alletra 6000
2021/03	• 為中端市場企業增加了模組化 GreenLake 服務 • 推出 HPE Open RAN Solution Stack，以實現商用 Open RAN 在全球 5G 網路中的大規模部署
2021/02	• 推出 Spaceborne Computer-2 國際太空站邊緣運算系統

資料來源：資策會 MIC 經濟部 ITIS 研究團隊，2022 年 8 月

（九）Accenture

Accenture 企業動向

年／月	事件
2022/07	• 任命 Leo Framil 為行銷長 • 最新的先進技術中心（ATCI）於印度開業
2022/06	• 任命 Jack Azagury 為集團執行長 • 在印度印多爾開設先進技術中心
2022/05	• 贏得 1.75 億美元的 NASA 契約，為其執行眾包和其他基於眾包的解決方案交付計畫
2022/04	• 被 IDC MarketScape 定位為生命科學銷售和行銷 IT 外包服務領導者
2022/03	• 停止在俄羅斯的業務
2021/07	• 網路安全主管 Rick Driggers 加入埃森哲聯邦服務部

資料來源：資策會 MIC 經濟部 ITIS 研究團隊，2022 年 8 月

Accenture 收購及投資動態

年／月	事件
2022/07	• 完成對 Trancom ITS 能力的收購 • 收購 Eclipse Automation，這是一家總部位於加拿大的訂製製造自動化和機器人解決方案供應商
2022/06	• 完成對 Greenfish 的收購 • 收購了 Advocate Networks • 完成對 XtremeEDA 的收購，以擴大在加拿大和美國的矽設計能力
2022/05	• 收購 akzente 加強可持續發展能力
2022/04	• 完成對 Avieco 的收購 • 投資 Strivr，在元界連續時代推進沉浸式學習 • 收購 Ergo 以擴展數據和 AI 能力，並加速雲上以數據為主導的轉型
2022/03	• 收購阿爾法諮詢，拓展資本密集型產業的供應鏈能力 • 投資數據技術公司 Inrupt
2022/02	• 對 Talespin 進行了戰略投資，Talespin 是一家專注於勞動力人才發展和技能流動的空間計算公司
2022/01	• 對基於雲的現實數據解決方案提供商 Cintoo 進行戰略投資
2021/12	• 收購 Headspring 以擴展和增強 Cloud First 平台工程能力 • 收購 Zestgroup • 投資運營彈性和供應鍊網路安全公司 Interos

年／月	事件
2021/11	• 完成對沙特阿拉伯 AppsPro 的收購 • 收購專門從事採購支出管理的公司 ClearEdge Partners • 收購 TA Cook，增強資本密集型行業客戶的資產績效管理能力 • 收購 Founders Intelligence 以幫助企業高管通過創新推動增長 • 收購 Tambourine 以增強其在日本的世界級商業轉型能力 • 完成對 King James Group 的收購
2021/10	• 完成對 umlaut 的收購 • 收購 Advoco，擴展智能資產管理解決方案的能力 • 收購 BRIDGEi2i，擴展數據科學、機器學習和 AI 驅動的洞察力 • 完成對 BENEXT 的收購 • 收購 Glamit 以幫助客戶加速阿根廷的數字商務轉型 • 完成對巴西領先的基於雲的客戶體驗和商務解決方案提供商 Experity 的收購 • 收購 Xoomworks 以增強歐洲的採購和數字化轉型能力 • 收購 BCS Consulting 以加強其英國金融服務諮詢和技術服務能力
2021/09	• 完成對 Google Cloud Services Boutique Wabion 的收購 • 收購 Gevity 以加強加拿大的健康轉型服務能力 • 收購南非最大的獨立創意機構之一 King James Group • 完成對 Blue Horseshoe 的收購 • 完成對 HRC 零售諮詢公司的收購 • 收購 Experity，在拉丁美洲擴展其體驗和商務平台能力
2021/07	• 完成對 Open Mind 的收購 • 收購 Workforce Insight，擴展紐約的企業勞動力管理能力 • 收購 Cloudworks • 收購 Wabion 以通過擴展的 Google 雲功能加速雲優先戰略 • 完成對雲優先服務 Linkbynet 的收購 • 完成對 Nell'Armonia 的收購 • 收購 CS Technology 以擴展雲優先基礎設施工程能力 • 收購 Ethica Consulting Group，為義大利公司擴展 SAP®能力 • 收購 IT 服務提供商 Trivadis AG
2021/06	• 收購工程諮詢和服務公司 umlaut • 收購 Bionic 以幫助品牌推動客戶增長和創新 • 收購 Sentor 以加強其在瑞典的網路防禦和託管安全服務 • 對 Symmetry Systems 與數字支付公司 Imburse 進行戰略投資 • 有意收購戰略和業務管理諮詢公司 Exton Consulting • 收購 Novetta，為客戶任務帶來更先進的 AI、網路和雲功能
2021/05	• 收購 Industrie&Co 以幫助澳大利亞客戶最大化雲優先投資並轉型 • 收購 Electro 80 以幫助資源公司實現運營現代化並提高效率 • 收購 ThinkTank 來提升數字平台部署能力

年／月	事件
2021/04	• 完成 Cygni 收購，以擴展其雲優先和軟體工程能力 • 對非洲金融科技初創公司 Okra 進行戰略投資 • 收購 Core Compete，擴展人工智慧驅動的供應鏈、雲和數據科學領域的能力和人才
2021/03	• 收購技術諮詢公司 REPL Group，以擴大其零售技術和供應鏈 • 完成對 Imaginea 的收購以擴展雲功能 • 收購巴西的工業機器人和自動化系統公司 Pollux • 收購領導力和人才諮詢公司 Cirrus，支持最高管理層轉型
2021/02	• 收購英國的 SAP 雲和軟體諮詢合作夥伴 Edenhouse • 收購 Infinity Works 擴展英國的雲優先產品和工程能力 • 收購 Edenhouse 以提升 SAP Cloud 在英國的能力和領導地位 • 收購 Businet System 以幫助客戶快速提供基於雲的電子商務體驗 • 收購 Imaginea 以加速雲原生產品和平台工程服務
2021/01	• 收購 Wolox，在阿根廷和南美洲提升雲優先和數字化轉型能力 • 收購巴西資訊安全公司 Real Protect
2020/12	• 完成對 OpusLine 的收購 • 收購亞馬遜網路服務和微軟 Azure 專家公司 Olikka
2020/11	• 收購 Arca 以增強其 5G 網路能力
2020/08	• 併購總部位於義大利 Turin 的系統整合商 PLM Systems

資料來源：資策會 MIC 經濟部 ITIS 研究團隊，2022 年 8 月

Accenture 合作案

年／月	事件
2022/07	• 獲得美國國土安全部運輸安全管理局（TSA）的 10 年期 1.99 億美元契約，以提供廣泛的 IT 服務以支援 TSA 的安全飛行系統
2022/06	• 與 HDFC Ltd.合作加速數位轉型 • 和微軟和埃維諾擴大合作夥伴關係，幫助組織應對最大的可持續發展挑戰
2022/05	• 與 SAP 聯合推出產品，將 RISE 與 SAP 解決方案和 SOAR 與埃森哲服務產品相結合 • 與紅帽擴大聯盟，以加速混合雲創新
2022/01	• 與 Celonis 結成戰略聯盟，幫助客戶在業務流程中釋放新價值
2021/12	• 與 Generali、Vodafone Business 合作，推出網路保險解決方案

年／月	事件
2021/11	• 和 AWS 將在未來五年內進行額外的聯合投資，通過埃森哲 AWS 業務集團（AABG）提供解決方案，幫助客戶在 Cloud Continuum 上推動創新 • 和 Icertis 建立戰略合作夥伴關係，幫助公司實現契約管理現代化
2021/09	• 與 IonQ 合作加速全球和跨行業組織的量子計算業務實驗
2021/07	• 與 Free2Move eSolutions 攜手加速能源向淨零轉型
2021/05	• 和數位美元基金會合作，計畫在美國進行中央銀行數位貨幣試驗 • 與資生堂成立合資公司，加速資生堂數字化轉型
2021/04	• 被 Gavi 選擇為疫苗聯盟的 COVAX 設施提供財務運營支持
2021/03	• 與 Global Venture 建立戰略合作夥伴關係，進一步推動中東創新
2021/02	• 與 SAP 合作部署基於雲的 SAP 解決方案 • 與微軟擴大合作夥伴關係以支持英國低碳轉型
2021/01	• 和 SAP®共同幫助組織通過 SAP RISE 實現業務轉型
2020/12	• 和 CereProc 共同推出並開源世上第一個全面非二進制語音解決方案 • 助樂天移動推出完全虛擬化的雲原生移動網路 • 與 Inversis 簽署戰略協議，為整個歐洲的金融公司開發投資服務外包解決方案
2020/11	• 與 Orexo 團隊通過 INTIENT™平台提供數字治療

資料來源：資策會 MIC 經濟部 ITIS 研究團隊，2022 年 8 月

（十）Salesforce

Salesforce 企業動向

年／月	事件
2022/05	• 連續第九年被評為排名第一的 CRM 提供者 • 承諾投資 1 億美元來擴展和商業化碳去除技術
2022/02	• 將可持續發展確立為公司的核心價值

資料來源：資策會 MIC 經濟部 ITIS 研究團隊，2022 年 8 月

Salesforce 收購及投資動態

年／月	事件
2022/05	• 簽署最終協定，收購 Troops.ai
2022/04	• 完成對 Phenecs 的收購
2021/10	• 完成對 LevelJump 的收購，LevelJump 是一款基於 Salesforce 平台的銷售支援和就緒解決方案
2021/09	• 完成對 Servicetrace 的收購

資料來源：資策會 MIC 經濟部 ITIS 研究團隊，2022 年 8 月

Salesforce 合作案

年／月	事件
2022/07	• 富士通與 Salesforce Japan 合作開發個人化醫療保健解決方案
2022/06	• 支援 GoHenry 解決兒童金融知識差距
2022/05	• 宣布建立新的合作夥伴關係，以在世界領先的企業雲市場 Salesforce AppExchange 上擴展其客戶數據平台和商業生態系統

資料來源：資策會 MIC 經濟部 ITIS 研究團隊，2022 年 8 月

Salesforce 新發布之產品與服務

年／月	事件
2022/06	• 推出 Catalyst Fund 以擴大包容性慈善活動
2022/05	• 下一代 Tableau 雲帶來高級分析和自動化洞察
2022/04	• 推出 CRM Analytics • 推出無代碼工具，幫助實現政府計畫交付自動化 • 推出面向教育功能的新 Customer 360，為未來的學習提供動力 • 推出低代碼開發人員工具，將 Salesforce 應用程式和自動化引入 Slack
2022/03	• 推出智慧 AppExchange 主頁體驗，使客戶能夠比以往更輕鬆地發現相關應用、專家和內容 • 推出 Customer 360 for Health 的創新，包括對 Patient Data Platform 和 Patient Commerce Portal 的更新 • 推出行銷和商務雲功能，旨在提供安全、個人化的數位健康體驗
2022/02	• 推出 Safety Cloud 以幫助企業和社區安全地聚集在一起 • 推出製造雲創新以自動化服務流程 • 在全球推出淨零雲 2.0
2022/01	• 發布數位智慧解決方案，使用自動化來幫助連接品牌的商業和營銷數據，提供優化關係、投資回報率和收入的見解和分析
2021/12	• 發布 Dreampass 的下一階段以及其他健康和安全創新，包括 Salesforce Event Health and Safety Playbook 和可驗證的憑證管理
2021/10	• Salesforce Field Service 的新增 4 項功能包括：增強的調度和優化引擎、適用於現場服務的 Lightning Web 元件、預約助手自助服務日程安排、Visual Remote Assistant 雙向影片
2021/09	• 推出專為企業重新設計的新 Tableau 平台 • Salesforce Marketing Cloud 推出基於 AI 的參與度評分和數據整合，幫助營銷人員提升個人化 • 為 Einstein Automate 增加了新的機器人流程自動化和 AI 功能，包含 MuleSoft RPA、Einstein Document Reader • 推出 Health Cloud 2.0，這是一個連接平台，可幫助從任何地方提供健康和安全 • 推出 Sustainability Cloud 2.0，以加速客戶實現淨零排放的道路，其新的創新包括 Slack-First Sustainability • 推出 Trailhead for Slack，在數位總部提供學習和支援 • 首次推出「備份和恢復」，以保護業務數據免受意外和混亂

資料來源：資策會 MIC 經濟部 ITIS 研究團隊，2022 年 8 月

四、參考資料

（一）參考文獻

1. 2021年九大策略性科技趨勢, Gartner, 2021年
2. 2020年十大策略性科技趨勢, Gartner, 2020年
3. 2021年全球基礎設施即服務市場調查報告, Gartner, 2021年
4. 2020年全球公有雲服務市場的調查報告, Gartner, 2020年

（二）其他相關網址

1. IMF，https：//www.imf.org/external/index.htm
2. HPE，https：//en.wikipedia.org/wiki/Hewlett_Packard_Enterprise
3. Microsoft，https：//en.wikipedia.org/wiki/Microsoft
4. IBM，https：//en.wikipedia.org/wiki/IBM
5. Oracle，https：//en.wikipedia.org/wiki/Oracle_Corporation
6. Accenture，https：//en.wikipedia.org/wiki/Accenture
7. SAP，https：//en.wikipedia.org/wiki/SAP
8. Symantec，https：//en.wikipedia.org/wiki/Symantec
9. Amazon,https：//en.wikipedia.org/wiki/Amazon_(company)
10. CSC，https：//en.wikipedia.org/wiki/DXC_Technology
11. NTT DATA，https：//en.wikipedia.org/wiki/NTT_Data
12. Dell，https：//en.wikipedia.org/wiki/Dell
13. DevOps，https：//en.wikipedia.org/wiki/DevOps
14. RPA，https：//en.wikipedia.org/wiki/RPA
15. TCS，https：//en.wikipedia.org/wiki/Tata_Consultancy_Services
16. GDPR，https：//en.wikipedia.org/wiki/General_Data_Protection_Regulation
17. Coincheck，https：//en.wikipedia.org/wiki/Coincheck
18. Binance，https：//en.wikipedia.org/wiki/Binance
19. McAfee，https：//en.wikipedia.org/wiki/McAfee
20. Skyhigh Networks，https：//www.skyhighnetworks.com/
21. VeriSign，https：//en.wikipedia.org/wiki/Verisign
22. Blue Coat，https：//en.wikipedia.org/wiki/Blue_Coat_Systems
23. Lifelock，https：//en.wikipedia.org/wiki/LifeLock

24. 5G，https：//en.wikipedia.org/wiki/5G
25. AIOT，https：//en.wikipedia.org/wiki/Internet_of_things
26. ICS，https：//en.wikipedia.org/wiki/Industrial_control_system
27. APT，https：//en.wikipedia.org/wiki/Advanced_persistent_threat
28. Uber，https：//en.wikipedia.org/wiki/Uber
29. Airbnb，https：//en.wikipedia.org/wiki/Airbnb
30. CNN，https：//en.wikipedia.org/wiki/Convolutional_neural_network
31. GAN，https：//en.wikipedia.org/wiki/Generative_adversarial_network
32. DeepFake，https：//en.wikipedia.org/wiki/Deepfake
33. Style2paints，https：//golden.com/wiki/Style2Paints
34. MLPerf，https：//mlperf.org/
35. WEF，https：//en.wikipedia.org/wiki/World_Economic_Forum
36. Trend Micro，https：//en.wikipedia.org/wiki/Trend_Micro
37. Forcepoint，https：//www.forcepoint.com/zh-hant
38. RSA，https：//en.wikipedia.org/wiki/RSA_(cryptosystem)
39. Radware，https：//en.wikipedia.org/wiki/Radware
40. Cisco，https：//en.wikipedia.org/wiki/Cisco_Systems
41. Palo Alto Network，https：//en.wikipedia.org/wiki/Palo_Alto_Networks
42. RPA，https：//en.wikipedia.org/wiki/Robotic_process_automation

國家圖書館出版品預行編目資料

資訊軟體暨服務產業年鑑. 2022/朱師右, 張皓翔, 楊淳安, 童啟晟作. -- 初版. -- 臺北市 : 財團法人資訊工業策進會產業情報研究所出版 : 經濟部技術處發行, 民 111.09
面 ; 公分
經濟部技術處 111 年度專案計畫
ISBN 978-957-581-877-7(平裝)

1.CST: 電腦資訊業 2.CST: 年鑑

484.67058 111012995

書　　名：2022 資訊軟體暨服務產業年鑑
發 行 人：經濟部技術處
臺北市福州街 15 號
http：//www.moea.gov.tw
02-23212200

出版單位：財團法人資訊工業策進會產業情報研究所（MIC）
地　　址：臺北市敦化南路二段 216 號 19 樓
網　　址：http：//mic.iii.org.tw
電　　話：（02）2735-6070
編　　者：2022 資訊軟體暨服務產業年鑑編纂小組
作　　者：朱師右、張皓翔、楊淳安、童啟晟
其他類型版本說明：本書同時登載於 ITIS 智網網站，網址為 http：//www.itis.org.tw
出版日期：中華民國 111 年 9 月
版　　次：初版
劃撥帳號：0167711-2『財團法人資訊工業策進會』
售　　價：電子檔－新臺幣 6,000 元整；紙本－新臺幣 6,000 元
展 售 處：ITIS 出版品銷售中心／臺北市八德路三段 2 號 5 樓／02-25762008／http：//books.tca.org.tw
ISBN：978-957-581-877-7（紙本）；978-957-581-879-1（PDF）

聯絡資訊：ITIS 智網會員服務專線 （02）2732-6517

ICT Software and Service Industry Yearbook 2022

Compiled by：Shi-You Chu、Hao-Hsiang Chang、Chuen-Ann Yang、Qi-Sheng Tong

Published in September 2022 by the Market Intelligence & Consulting Institute.（MIC）, Institute for Information Industry

Address：19F., No.216, Sec. 2, Dunhua S. Rd., Taipei City 106, Taiwan, R.O.C.

Web Site：http：//www.itis.org.tw

Tel：(02) 2735-6070

Account No.：0167711-2（Institute for Information Industry）

Price： hard copy NT$6,000、electronic copy NT$6,000

Retail Center：Taipei Computer Association

Web Site：http：//books.tca.org.tw

Address：5F., No. 2, Sec. 3, Bade Rd., Taipei City 105,Taiwan, R.O.C.

Tel：(02) 2576-2008

Publication authorized by the Department of Industrial Technology, Ministry of Economic Affairs

ISBN：978-957-581-877-7（hard copy）；978-957-581-879-1（PDF）